MÓDULO 17
HÉLICES

JORGE LÓPEZ CRESPO

MÓDULO 17
HÉLICES

JORGE LÓPEZ CRESPO

Actualizado al Reglamento de Ejecución (UE) 2023/989

Paraninfo

Paraninfo

Módulo 17. Hélices

© Jorge López Crespo

Gerente Editorial
María José López Raso

Equipo Técnico Editorial
Paola Paz Otero
Sofía Durán Tamayo

Editora de Adquisiciones
Carmen Lara Carmona

Producción
Nacho Cabal Ramos

Diseño de cubierta
Ediciones Nobel

Preimpresión
Diseño y Control Gráfico

COPYRIGHT © 2025 Ediciones Paraninfo, SA
2.ª edición, 2025

C/ Sierra de Guadarrama, 35. Naves 2, 3, 4 y 5
Polígono Industrial San Fernando II
28830 San Fernando de Henares, Madrid

Teléfono: (+34) 914 463 350
clientes@paraninfo.es / www.paraninfo.es

ISBN: 978-84-283-7311-1
Depósito legal: M-23540-2025
(33.196)

Impreso en España / Printed in Spain
Liberdigital (Casarrubuelos, Madrid)

Las actividades contenidas en este libro han de realizarse en un cuaderno aparte.
Los espacios incluidos en las actividades son meramente indicativos y su finalidad es didáctica.

Índice de contenidos

UNIDAD 3

Control de paso de la hélice 55

UNIDAD 4

Sincronización de hélices 111

UNIDAD 5

Protección antihielo de la hélice 121

Introducción

Las aeronaves actuales son máquinas increíblemente complejas que operan con asombrosa precisión. Multitud de sistemas deben trabajar de forma coordinada para conseguir que el avión vuele de forma óptima: sistema hidráulico, neumático, eléctrico, de navegación, de comunicaciones, de instrumentación, de mandos de vuelo, etc. Ahora bien, hasta el sistema más sofisticado tiene sus orígenes en pequeños avances ocurridos, en muchos casos, hace cientos de años. La hélice, que impulsa a un sinfín de aviones, es un ejemplo de ello.

Podemos considerar que el primer ladrillo en el desarrollo de la hélice lo puso el pitagórico **Arquitas de Tarento** hacia el año 400 a.C. Este matemático, filósofo y estadista griego, contemporáneo y amigo de Platón, dispuso un plano inclinado alrededor de un cilindro para facilitar el traslado de cargas entre distintas alturas, formando una curva geométrica denominada *hélix* (hélice).

En torno al 300 a.C., el físico, ingeniero, inventor, astrónomo y matemático griego **Arquímedes de Siracusa** instaló la hélice de Arquitas dentro de un cilindro, consiguiendo elevar agua gracias al giro de esta (Figura I.1). A este ingenio, que algunos también atribuyen origen egipcio, se le conoce como **tornillo de Arquímedes** (tornillo sin fin).

Para el siguiente paso en el desarrollo de la hélice tenemos que avanzar hasta finales del siglo xv, cuando el polímata **Leonardo da Vinci** adapta el tornillo de Arquímedes a un vehículo volador conocido como **tornillo aéreo.** Aunque este invento nunca llegó a volar, muestra que da Vinci intuye que el aire es un fluido, al igual que el agua, y que una hélice puede desplazarlo hacia abajo para generar un empuje ascendente. Así pues, Leonardo también presiente el principio de acción y reacción, aunque no es capaz de cuantificarlo. Habría que esperar hasta el 1687 para que **Isaac Newton** definiera las leyes de la dinámica y, con ellas, el principio de acción y reacción: «por cada acción, existe una reacción igual y de sentido opuesto». Esto quiere decir que la fuerza con la que la hélice impulsa el aire hacia atrás es igual al empuje que esta proporciona al avión.

En 1738 Daniel Bernoulli publica *Hydrodynamica,* en donde se enuncia el principio que lleva su nombre: el **principio de Bernoulli,** que sienta las bases de la dinámica de

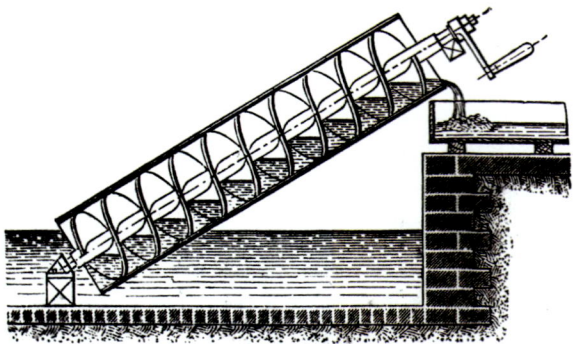
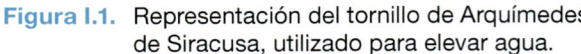

Figura I.1. Representación del tornillo de Arquímedes de Siracusa, utilizado para elevar agua.

Figura I.2. Representación del tornillo aéreo de Leonardo da Vinci.

fluidos y, a su vez, marca el camino a seguir en el estudio de la aerodinámica y el desarrollo de aviones y hélices.

En los años siguientes, multitud de ingenieros e inventores como David Bushnell, Robert Fulton, Josef Ressel o John Ericsson, entre otros, desarrollan distintos modelos de hélice que impulsan a los novedosos barcos de vapor. Ahora bien, las hélices que tan buen resultado dan en el agua apenas generan empuje fuera de ella. Para poder volar, hace falta reinventar la hélice. De esto se encargan los **hermanos Wright.**

A finales de 1901, los hermanos Wright estaban frustrados con los resultados obtenidos durante las pruebas de vuelo de sus planeadores. Sus diseños, basados en las experiencias de otro pionero de la aviación como Otto Lilienthal, apenas eran capaces de volar un centenar de metros. Decididos a resolver esta situación, los Wright construyen un rudimentario túnel de viento con la ayuda de su mejor mecánico, Charles E. Taylor. En este túnel de viento prueban distintos perfiles aerodinámicos y determinan qué formas y qué ángulos de ataque son los ideales. Utilizando los datos obtenidos en los ensayos, desarrollan una hélice capaz de producir un empuje de algo más de 55 kg, suficiente para conseguir que el Flyer I (Figura I.3) alce el vuelo el 17 de diciembre de 1903 desde las playas de Kitty Hawk, en lo que sería el primer vuelo controlado de una aeronave autopropulsada más pesada que el aire de la historia.

Mientras los hermanos Wright desarrollaban su Flyer, el resto de los físicos, ingenieros e inventores del mundo no estaban de brazos cruzados, seguían esforzándose en comprender los secretos de la aerodinámica y del vuelo, como es el caso de **Frederick W. Lanchester.** El interés de Lanchester por la aeronáutica nace en 1982, al observar el vuelo de las gaviotas y ver cómo estas son capaces de mantenerse en el aire sin mover las alas. Durante años compatibiliza su trabajo como diseñador de motores en la Lanchester Engine Company con el estudio de estas aves: posición del centro de gravedad, circulación del aire a su alrededor, etc. En 1906 publica *Aerial Flight* en donde trata los problemas del vuelo autopropulsado, explica el origen de los vórtices

Figura I.3. Representación del Flyer I de los hermanos Wright.

que dejan las alas tras de sí y describe de forma detallada la fuerza de sustentación y la resistencia aerodinámica. Dos años después, en 1908 ve la luz su obra *Aerodinetics,* que profundiza en la estabilidad del vuelo, la entrada en pérdida, modos fugoides, etc. Como guinda a su gran contribución a la aeronáutica, Lanchester diseña y patenta la **hélice contrarrotativa** en 1909, apenas seis años después del primer vuelo de los Wright.

En esos mismos años, **Ludwig Prandtl** ocupa la cátedra de mecánica aplicada en la Universidad de Göttingen (Alemania), donde aborda el estudio de la aerodinámica de forma eminentemente teórica. En 1904 descubre la **capa límite** que aparece alrededor de un cuerpo que se mueve a través de un fluido, marcando un antes y un después en la historia de la mecánica de fluidos y, por supuesto, de la aerodinámica. Cabe destacar también el trabajo de Prandtl sobre la teoría de las alas, llegando a las mismas conclusiones que Lanchester, respecto a los vórtices que aparecen tras los planos, de forma independiente (Teoría del ala Lanchester-Prandtl).

Con el paso del tiempo la forma de las hélices se refina, aumenta el empuje y el rendimiento propulsivo, mejora el comportamiento a alta velocidad, evoluciona el proceso de fabricación, se incrementa la fiabilidad y la reparabilidad. De la hélice de madera se pasa a las huecas de acero y a las macizas de aleación de aluminio. Las sencillas, pero poco eficientes, hélices de paso fijo dejan paso a las más modernas de paso variable. Los fabricantes de aeronaves son conscientes de la importancia de la hélice en el avión, ya que es el componente encargado de convertir la potencia del motor en empuje. Por ello, dedican gran cantidad de recursos en su diseño y desarrollo.

En 1914 estalla en Europa la Primera Guerra Mundial. Las naciones en conflicto emprenden una carrera armamentística sin precedentes para tratar de doblegar a sus enemigos. Desde un primer momento, la aviación tiene un papel importante en las tareas de reconocimiento, utilizándose para observar las posiciones y la evolución de las tropas rivales desde el aire, a una distancia segura (Royal Aircraft Factory BE2c, Figura I.4). Para evitar esta vigilancia, la industria aeronáutica de cada país desarrolla

Figura I.4. Avión biplaza de reconocimiento y adiestramiento Royal Aircraft Factory BE2c.

aviones equipados con ametralladoras, destinados a dar caza y derribar a los intrusos, naciendo de esta forma el avión de caza. En esta pelea aérea, las aeronaves con mejores prestaciones tienen una ventaja evidente, lo que desencadena una pugna por ver quién produce el avión más rápido, más maniobrable o con armamento más preciso. La evolución tecnológica de la aviación durante la Gran Guerra es extraordinaria. Al finalizar la contienda, en 1918, los estados implicados habrán fabricado en total más de 200 000 aviones, todos impulsados por hélices de madera laminada.

La industria aeronáutica no se detiene en tiempos de paz, si no que busca seguir mejorando sus diseños y así dar un impulso a la aviación civil. Las hélices de madera que tan buenos resultados han dado impulsando aviones lentos y ligeros, no cumplen con las nuevas exigencias aerodinámicas y estructurales de los diseñadores, haciéndose necesario experimentar con otros materiales. Con este fin, el ingeniero estadounidense **S. Albert Reed** desarrolla una hélice de aluminio macizo que prueba en vuelo sobre un biplano Curtiss-Standard en 1921. La hélice de Reed es muy sencilla, más bien plana y con una ligera torsión, pero con una mayor durabilidad y eficiencia que las de madera. En desarrollos posteriores la curvatura de la hélice se irá refinando, ganando grosor en unas zonas, afinándose en otras, ganando tracción y aumentando el rendimiento. También aparecen las hélices de paso ajustable en tierra, en las que el personal de mantenimiento puede adaptar el paso de la hélice para optimizar el funcionamiento en despegue o en vuelo de crucero.

En 1929, el ingeniero estadounidense **Frank W. Caldwell** ingresa en la Hamilton Standard Propeller Corporation, donde desarrolla una hélice de paso controlable que permite al piloto elegir entre dos pasos: uno bajo para el despegue y otro alto para el vuelo de crucero. La mejora es sustancial, pero no es suficiente. Durante los años siguientes, Caldwell y su equipo en Hamilton-Standard conciben la hélice hidromática, que alza el vuelo por primera vez en 1938, convirtiéndose rápidamente en todo un estándar de la aviación. La hidromática es una hélice de paso totalmente variable y abanderable, controlada automáticamente y capaz de mantener sus revoluciones por minuto, y las del motor que la arrastra, constantes. De esta forma se consigue que el rendimiento propulsivo sea siempre el máximo posible independientemente de la velocidad de vuelo.

La Segunda Guerra Mundial comienza en 1939 poniendo fin a un periodo de paz de poco más de veinte años. Desde el primer momento, las partes en conflicto destinan ingentes cantidades de dinero y recursos humanos a desarrollar y fabricar armamento, dando un papel principal a la aviación, que evoluciona rápidamente. Uno de los aviones más destacados de la contienda es el británico Supermarine Spitfire (Figura I.5), siendo fundamental para repeler los ataques alemanes durante la Batalla de Inglaterra. Este prodigio tecnológico está equipado con un motor Rolls-Royce Merlin de más de mil caballos de potencia y una ingeniosa hélice de paso variable fabricada por Rotol Airscrews. A finales de los años treinta, lo lógico hubiera sido fabricar las palas de la hélice metálicas, pero la escasez de duraluminio que sufría el Reino Unido durante la guerra no lo permitía. En su lugar, Rotol utilizó palas de abeto o pino laminado recubiertas por una malla metálica y celulosa, que son instaladas aplicando una gran presión, consiguiendo una pala resistente y ligera a base de materiales compuestos.

En 1945 la guerra llega a su fin. Durante los últimos seis años las naciones implicadas fabrican más de 800 000 aviones en total e instruyen a decenas de miles de pilotos y mecánicos. El esfuerzo bélico obliga a las fábricas a contratar grandes cantidades de ingenieros, montadores, técnicos de mecanizado, etc. para atender la demanda de aviones de combate que, una vez finalizada la contienda, cesa. Para que la producción no descienda, la industria aeronáutica vuelve a poner su mirada en la aviación civil y utiliza todo su potencial para desarrollar y construir aviones comerciales de transporte.

Figura I.5. Avión monoplaza de combate Supermarine Spitfire.

Figura I.6. Avión de transporte de pasajeros Douglas DC3.

En primera instancia se retoman los proyectos anteriores a la guerra como el Douglas DC3 (Figura I.6), que durante el conflicto se dedicó al transporte de tropas. Para satisfacer las exigencias del pasaje, se realiza un exhaustivo lavado de cara a estos aviones: interiores más cuidados, asientos confortables, cabina acondicionada, servicio de comidas, etc. También se empiezan a montar hélices reversibles, capaces de impulsar el aire hacia delante cuando el avión ha tomado tierra, acortando significativamente la carrera de aterrizaje y facilitando la operación en pistas más cortas.

Mientras los fabricantes optimizan y llevan al límite las prestaciones del motor de pistón, que tan buen resultado ha dado en los últimos años, los diseñadores se centran en las posibilidades de un nuevo tipo de planta de potencia: el motor de turbina. Dentro de los motores de turbina nos encontramos dos variantes, el turborreactor y el turbohélice. El turborreactor no necesita una hélice para generar empuje, se basta con el chorro de gas que expulsa a gran velocidad por su escape. Por su parte, el turbohélice extrae casi toda la energía de los gases de escape mediante una turbina, que a su vez arrastra a la hélice.

Los turborreactores trabajan de forma óptima cuando la altitud y la velocidad de vuelo son elevadas. Ahora bien, en vuelos cortos, como los realizados entre islas cercanas o en vuelos regionales, el avión no tiene tiempo de ganar altitud y velocidad puesto que enseguida debe iniciar la fase de descenso y aterrizaje. En estos trayectos el motor turbohélice resulta ideal, ya que es capaz de entregar una elevada potencia de forma eficiente a poca altitud y a velocidades de vuelo reducidas.

Con el desarrollo de los motores de turbina la aviación da un salto cualitativo. Durante los años cincuenta hacen su aparición aviones turborreactores emblemáticos como el De Hevilland Comet, el Boeing B707, el Douglas DC8 o el SUD Aviation SE210 Caravelle. Al mismo tiempo, muchos aviones diseñados con anterioridad disfrutan de remotorizaciones en las que sustituyen sus viejos motores de pistón en estrella por los nuevos turbohélices. Este es el caso del Lockheed Superconstellation (Figura I.7), que

Figura I.7. Avión de transporte Lockheed Superconstellation equipado con cuatro motores turbohélice.

sustituye sus cuatro motores Wright R-3350 Duplex-Cyclone por otros tantos turbohélices Pratt & Whitney T34, capaces de entregar el doble de potencia, pero con un peso menor. En 1956 entra en servicio el avión turbohélice cuatrimotor de transporte militar Lockheed C-130 Hércules (Figura I.8), todo un referente en el sector aeronáutico que aún está en servicio hoy en día.

A finales de la década de los cincuenta se gesta otra importante revolución tecnológica, la de los materiales compuestos. Algunos aviones militares empiezan a equipar componentes que utilizan resina reforzada con fibras de vidrio, en forma de carenas,

Figura I.8. Avión turbohélice cuatrimotor de transporte militar Lockheed C-130 Hércules.

paneles, alerones, spoilers, etc. Estos materiales compuestos o *composites* se popularizan rápidamente por su resistencia y ligereza. En la década de los sesenta, McDonnell Douglas ya instala componentes de fibra de carbono en la sección de cola de su MD F-4 Phantom II (1963), el constructor alemán MBB (Messerschmitt-Bölkow-Blohm) refuerza las palas del rotor principal del helicóptero Bo-105 con fibra de vidrio (1967) y entra en servicio el primer motor turbofán, el Rolls-Royce RB.80 Conway que utiliza fibra de carbono en sus álabes. En este periodo también aparecen dos de las fibras sintéticas más utilizadas en aviación actualmente: el Nomex y, sobre todo, el Kevlar. Es la química estadounidense de ascendencia polaca **Stephanie Kwolek** quien lidera el equipo de la compañía DuPont que desarrolla el kevlar, una fibra sintética a base de poliamida aromática (fibra aramida) con unas características excepcionales. En 1971 se empieza a comercializar el kevlar y en 1978 Hartzell Propeller construye y certifica una hélice con palas fabricadas de espuma y un revestimiento resistente de kevlar, que instala por primera vez el avión español CASA C-212 (Figura I.9).

Figura I.9. Avión turbohélice de diseño y fabricación española CASA C-212.

Durante los años siguientes la industria se concentra en el desarrollo de los materiales compuestos, con especial protagonismo para las fibras de carbono, que mejoran considerablemente su resistencia y módulo elástico. Durante los años ochenta se hace habitual encontrar componentes de fibra de carbono en las aeronaves, aunque aún predomina la tradicional estructura de aleación de aluminio. En 1984, Dowty Propellers comienza a fabricar palas construidas a base de materiales compuestos en su totalidad, montándose en un avión turbohélice Saab 340 (Figura I.10).

A lo largo de la década de los ochenta también hace su aparición el fabricante francoitaliano de aviones turbohélice ATR (aviones de transporte regional) con dos aviones, el ATR 42 y su «hermano mayor» el ATR 72 (Figura I.11). Ambos aparatos disponen de hélices Hamilton Sundstrand (Collins Aerospace) equipadas con palas completamente fabricadas con materiales compuestos. Por su parte, De Havilland Canada DHC (Bombardier Aerospace) lanza el Dash 8 en 1984, un avión bimotor turbohélice, similar

Figura I.10. Avión turbohélice bimotor Saab 340B.

Figura I.11. Avión bimotor turbohélice ATR 72-500.

a los ATR, impulsado por hélices Hamilton Sundstrand o Dowty Propellers, también con palas de composite. Ambas aeronaves presumen de tener consumos y costes de operación excepcionalmente reducidos cuando se trata de vuelos regionales de corto alcance. Esta competencia entre ATR y De Havilland Canada DHC por ver quién fabrica el mejor avión de su clase se prolonga durante años y en 2012 entran en servicio los últimos desarrollos de ambos fabricantes: el ATR 72-600 y el DHC Dash 8-400 NextGen (Figura I.12), dos aviones excepcionales.

En el año 2013 comienza su andadura otro avión turbohélice notable, el Airbus A400M (Figura I.13). El 30 % del peso estructural de esta imponente aeronave son materiales compuestos, principalmente fibra de carbono. Sus enormes hélices Hamilton Sundstrand de 8 palas fabricadas con materiales compuestos y más de 5 metros de diámetro convierten en empuje los 11 000 HP que es capaz de dar cada motor Europrop TP400-D6 a nivel del mar. Esto las convierte en las hélices que más potencia reciben de un motor de todos los tiempos.

Figura I.12. Avión bimotor turbohélice De Havilland Canada Dash 8-400.

Figura I.13. Avión cuatrimotor de transporte militar Airbus A400m.

Así pues, las hélices no solo tienen un pasado glorioso, también gozan de gran popularidad en el presente y forman parte de numerosas aeronaves punteras desarrolladas en este siglo. Y en lo que al futuro se refiere, las perspectivas no pueden ser mejores. Los proyectos actuales se centran en la eficiencia, la sostenibilidad, las bajas emisiones y el respeto al medio ambiente en general, garantizando a la vez la seguridad en la operación de la aeronave y la viabilidad económica. Fabricantes como Embraer y ATR, entre otros, ya están diseñando aviones híbridos eléctricos, empleando combustible sostenible SAF *(Sustainable Aviation Fuel),* híbridos de hidrógeno y cien por cien eléctricos para satisfacer la demanda actual por este tipo de medios de transporte. Todas estas aeronaves utilizarán hélices para convertir la potencia de un motor en empuje.

Por tanto, es fundamental que todos los técnicos que realizan el mantenimiento a los aviones conozcan el funcionamiento de las hélices y sus sistemas asociados, con el fin de mantener la aeronavegabilidad del aparato. Para mantener dicha aeronavegabilidad, el técnico deberá realizar una serie de tareas sobre el avión, tanto programadas como correctivas (reparaciones), reflejándolas en la documentación correspondiente. Esta documentación es similar a un diario, en donde se recoge desde el cambio de una bombilla hasta la reparación de un actuador hidráulico. Cada acción de mantenimiento debe ir acompañada de un documento con la firma de una persona que certifica que la tarea realizada se ha efectuado correctamente, responsabilizándose de ello. Para que el trabajador pueda «firmar», deberá estar en posesión de una licencia de mantenimiento. El trabajo de los ayudantes, que no tienen «firma», deberá estar supervisado por los técnicos que sí disponen de ella.

Seguro que, llegados a este punto, nos viene una pregunta a la cabeza: ¿un técnico de mantenimiento de aeronaves es capaz de acometer cualquier acción de mantenimiento o reparación y responsabilizarse de ella? La respuesta es no. Como nos podemos imaginar, hay distintos tipos de técnico en función del tipo de aeronave (avión o helicóptero), tipo de planta de potencia (motor de pistón o de turbina), tipo de mantenimiento (mecánico o electrónico-aviónico), o nivel de mantenimiento (tareas menores o más complejas). Para definir las funciones de cada técnico y los requisitos necesarios para obtener la licencia correspondiente, la Comunidad Europea, asesorada por la EASA *(European Aviation Safety Agency),* ha redactado un reglamento al respecto.

El Reglamento (CE) 2023/989, recoge la información relativa al mantenimiento de las aeronaves y personal que participa en dichas tareas. El reglamento distingue entre siete categorías:

- Categoría A (Mecánica, reparaciones menores).
- Categoría B1 (Mecánica).
- Categoría B2 (Aviónica).
- Categoría B2L (Aviónica de aeronaves más sencillas).
- Categoría B3 (Mecánica, aviación ligera con motor de pistón).
- Categoría L (Planeadores, motoveleros, globos y dirigibles).
- Categoría C (Ingeniería, certificación).

A su vez, la categoría B1 se divide en cuatro subcategorías:

- B1.1. Aviones con motor de turbina.
- B1.2. Aviones con motor de pistón.
- B1.3. Helicópteros con motor de turbina.
- B1.4. Helicópteros con motor de pistón.

Para obtener cualquiera de estas **licencias LMA** (Licencia de Mantenimiento de Aeronaves) se deberán superar una serie de exámenes de distintos módulos y tener una experiencia laboral de 1 a 5 años dependiendo de la licencia que se pretenda obtener y los estudios cursados. Este libro está adaptado a los contenidos del **Módulo 17 (Hélices)** para obtener las **licencias B1.1, B1.2** y **B3.** Cada apartado de la obra está tratado con la profundidad necesaria, según se indica en la parte 66 del reglamento (CE) 2023/989, mediante tres niveles de conocimiento (1, 2, 3). Los indicadores del nivel de conocimientos se definen de la forma siguiente:

NIVEL 1

Familiarización con los elementos principales de la materia. Objetivos:

- El solicitante debería estar familiarizado con los elementos básicos de la materia.

- El solicitante debería ser capaz de hacer una descripción sencilla de toda la materia, en lenguaje común y con ejemplos.

- El solicitante debería ser capaz de utilizar términos típicos.

NIVEL 2

Conocimientos generales de los aspectos teóricos y prácticos de la materia y capacidad de aplicar dichos conocimientos. Objetivos:

- El solicitante debería ser capaz de comprender los fundamentos teóricos de la materia.

- El solicitante debería ser capaz de hacer una descripción general de la materia, usando, en su caso, ejemplos típicos.

- El solicitante debería ser capaz de utilizar fórmulas matemáticas en combinación con las leyes físicas que describen la materia.

- El solicitante debería ser capaz de leer y comprender croquis, planos y esquemas que describan la materia.

- El solicitante debería ser capaz de aplicar sus conocimientos de forma práctica mediante procedimientos detallados.

NIVEL 3

Conocimiento detallado de los aspectos teóricos y prácticos de la materia y capacidad de combinar y aplicar elementos independientes de conocimiento de forma lógica y exhaustiva. Objetivos:

- El solicitante debería conocer la teoría de la materia y las interrelaciones con otras materias.

- El solicitante debería ser capaz de hacer una descripción detallada de la materia, mediante fundamentos teóricos y ejemplos concretos.

- El solicitante debería comprender y ser capaz de utilizar fórmulas matemáticas relacionadas con la materia.

- El solicitante debería ser capaz de leer, comprender y elaborar croquis, planos y esquemas que describan la materia.

- El solicitante debería ser capaz de aplicar sus conocimientos de forma práctica siguiendo las instrucciones del fabricante.

- El solicitante debería ser capaz de interpretar los resultados de distintas fuentes y mediciones y aplicar medidas correctivas cuando corresponda.

El examen del Módulo 17 (Hélices) para las licencias LMA B1.1, B1.2 y B3 es de 32 preguntas multirrespuesta y ninguna pregunta de desarrollo, para el que se conceden 40 minutos. El sistema multirrespuesta es un tipo test de tres opciones, solo una verdadera, en donde los fallos no restan, y el examen se aprueba con al menos el 75 % de las preguntas contestadas correctamente. A continuación, se muestra una tabla en la que se detallan los contenidos del Módulo 17 (Hélices) según aparecen en la parte 66 del reglamento 2023/989.

Tabla I.1. Contenidos del Módulo 17 (Hélices) según aparecen en la parte 66 del Reglamento 2023/989, para las licencias B1.1, B1.2 y B3

MÓDULO 17. HÉLICES	Nivel
17.1. Fundamentos	2
• Teoría del elemento de pala. • Ángulo de pala bajo y alto, ángulo inverso, ángulo de ataque, velocidad de giro. • Resbalamiento de la hélice. • Fuerzas aerodinámicas, centrífugas y de empuje. • Par motor. • Flujo de aire relativo en el ángulo de ataque de la pala. • Vibraciones y resonancia.	
17.2. Fabricación de hélices	2
• Métodos de fabricación y materiales usados en hélices de madera, metálicas y de materiales compuestos. • Sección transversal de la pala, cara de la pala, caña de la pala, conjunto de la raíz de la pala y el cubo de la pala. • Paso fijo, paso variable, hélice de velocidad constante.	
17.3. Control de paso de la hélice	2
• Métodos de control de la velocidad y el cambio de paso: mecánicos y eléctricos/electrónicos. • Puesta en bandera e inversión de paso. • Protección contra sobrevelocidad.	
17.4. Sincronización de hélices	2
• Equipo de sincronización y sincrofase.	
17.5. Protección antihielo de la hélice	2
• Sistemas de deshielo eléctrico y mediante fluidos.	
17.6. Mantenimiento de la hélice	3
• Equilibrado estático y dinámico. • Reglaje de palas. • Evaluación de daños, erosión, corrosión, daños por impacto y delaminación de palas. • Soluciones de tratamiento y reparación de hélices. • Funcionamiento del motor de la hélice.	
17.7. Almacenamiento y conservación de hélices	2
• Conservación de hélices.	

Fundamentos

Del estudio de la aerodinámica sabemos que, para que un avión vuele, este debe producir una fuerza dirigida verticalmente y hacia arriba, conocida como sustentación, que se oponga al peso de la aeronave. La sustentación es una fuerza aerodinámica, por lo que solo se produce cuando el aire incide con cierta velocidad sobre las alas. Por tanto, para generar sustentación y que el avión vuele, es necesario que este avance a cierta velocidad respecto al aire que lo rodea. El sistema encargado de dotar de velocidad a la aeronave es la planta de potencia.

La planta de potencia genera un chorro de aire o gas que, dirigido hacia atrás, origina la fuerza de empuje *(thrust)* que hace avanzar al avión en virtud del principio de acción y reacción (tercera ley de Newton). Este chorro puede ser producido por un motor a reacción o por una hélice giratoria. En un motor a reacción, el aumento de temperatura producido durante la combustión provoca un incremento de la presión de los gases, que se ven obligados a salir a gran velocidad por el escape, produciendo el empuje. En cambio, cuando la planta de potencia se ayuda de una hélice *(propeller),* el motor convertirá la energía en forma de presión, que tienen los gases calientes fruto de la combustión, en un trabajo útil en forma de eje giratorio que arrastra a la hélice. Cuando está girando, la hélice producirá el empuje, tal y como estudiaremos más adelante.

Los turborreactores *(turbojet)* son capaces de acelerar considerablemente un volumen de gas relativamente pequeño, mientras que las hélices mueven enormes cantidades de aire, pero le dan una velocidad menor (Figura 1.1). La hélice puede ser arrastrada por un motor de pistón o por un turbohélice *(turboprop).* También mencionar al **turbofán,** el motor de aviación más extendido en la actualidad, capaz de mover una gran cantidad de aire a una velocidad notable.

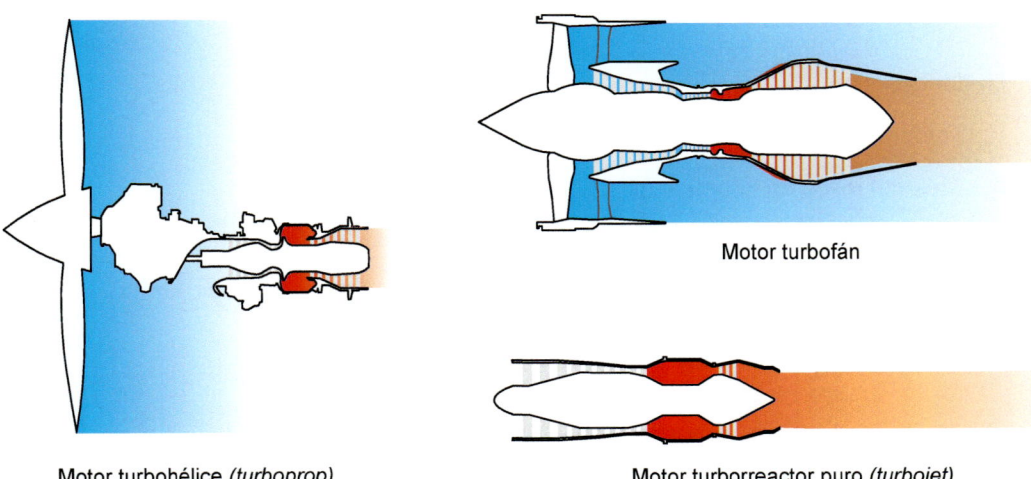

Motor turbofán

Motor turbohélice *(turboprop)*

Motor turborreactor puro *(turbojet)*

Figura 1.1. Comparación entre motores *turbojet*, turbofán y *turboprop.*

1.1. Teoría de la hélice

Independientemente del tipo de motor utilizado, el **empuje** o tracción que genera la planta de potencia es el producto de la cantidad de aire o gases que mueve por el incremento de velocidad producido (Figura 1.2):

$$T = G \cdot (v_E - v_0)$$

En donde:

T: fuerza de empuje o tracción *(thrust)* de la planta de potencia (N).

G: gasto másico (kg/s).

V_E: velocidad del aire o gases tras pasar por la planta de potencia (m/s).

V_0: velocidad del aire aguas arriba de la planta de potencia, velocidad de vuelo (m/s).

Por su parte, el **gasto másico** G es la cantidad de masa de aire (o gases) que mueve la planta de potencia por unidad de tiempo. Se obtiene multiplicando el caudal Q por la densidad del fluido ρ:

$$G = Q \cdot \rho$$

En donde:

Q: caudal de aire o gas que entrega la planta de potencia, en este caso, la hélice (m³/s).

ρ: densidad del aire que mueve la planta de potencia (kg/m³).

A su vez, el caudal Q es igual al producto de la velocidad del fluido v y el área del conducto A. En este caso, el área será la del disco que forma la hélice en su giro:

$$Q = v \cdot A = v_H \cdot \pi \cdot \frac{D^2}{4}$$

En donde:

V_H: velocidad del aire justo cuando atraviesa la hélice (m/s).

A: área del disco de la hélice (m²).

D: diámetro de la hélice (m). Es el diámetro del disco que forma la hélice al girar.

Si juntamos las expresiones anteriores, tenemos:

$$G = Q \cdot \rho = v_H \cdot A \cdot \rho = v_H \cdot \pi \cdot \frac{D^2}{4} \cdot \rho$$

Otra velocidad que debemos tener en cuenta es la que induce la hélice justo en su plano de rotación:

$$v_H = v_0 + v$$

En donde:

V_H: velocidad del aire justo cuando atraviesa la hélice (m/s).

V_0: velocidad del aire aguas arriba de la planta de potencia, velocidad de vuelo (m/s).

v: velocidad inducida por la hélice justo en su plano de rotación (m/s).

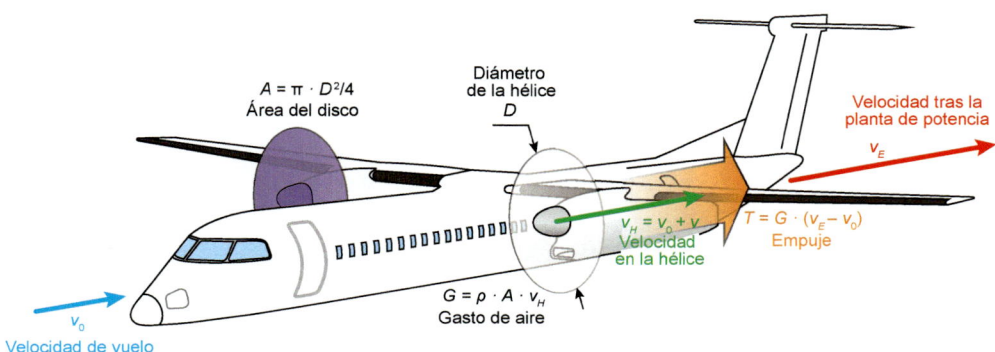

Figura 1.2. Empuje y velocidades en una aeronave impulsada por hélices.

Finalmente queda que el empuje T que entrega la hélice será:

$$T = \pi \cdot \frac{D^2}{4} \cdot \rho \cdot v_H \cdot (v_E - v_0)$$

Vemos que, cuanto mayor sea el diámetro de la hélice y mayor el incremento de velocidad que esta genera en el aire, mayor será el empuje producido.

Para profundizar en el estudio de la hélice vamos a estudiar dos teorías que describen su funcionamiento, la del incremento de presión y la del elemento de pala.

Actividad resuelta 1.1

La hélice de un avión monomotor mueve un caudal de aire de 180 m³/s a una altitud de 2000 m ($\rho = 1$ kg/m³), produciendo un incremento de velocidad al aire de 40 m/s. En estas condiciones, determina:

- El gasto másico de la hélice.

- El empuje producido por la hélice.

- La velocidad que tiene el aire a su paso por la hélice, sabiendo que esta tiene un diámetro de 1,8 m.

Actividad resuelta 1.1 (Cont.)

Solución

El gasto másico es el caudal por la densidad del aire. Por tanto, con un caudal de 180 m³/s y a una altitud de 2000 m ($\rho = 1$ kg/m³), el gasto será:

$$G = Q \cdot \rho = 180 \cdot 1 = 180 \text{ kg/s}$$

Así pues, el gasto másico será de 180 kg/s.

Por su parte, el empuje es igual al producto del gasto (180 kg/s) por el incremento de velocidad ($v_E - v_0 = 40$ m/s):

$$T = G \cdot (v_E - v_0) = 7200 \text{ N}$$

La hélice empuja a la aeronave con una fuerza de 7,2 kN (unos 734 kg de fuerza).

Para el cálculo de la velocidad v_H que tiene el aire cuando atraviesa la hélice:

$$G = v_H \cdot \pi \cdot \frac{D^2}{4} \cdot \rho \implies v_H = \frac{4 \cdot G}{\pi \cdot \rho \cdot D^2} = \frac{4 \cdot 180}{\pi \cdot 1 \cdot 1,8^2} = 70,77 \text{ m/s}$$

El aire tiene una velocidad de 70,77 m/s (254,7 km/h) justo a su paso por el disco de la hélice.

1.1.1. Teoría del incremento de presión

Mediante la teoría del incremento de presión, o de la cantidad de movimiento, podemos realizar una aproximación a las características generales de la hélice, facilitando la comprensión de algunos aspectos elementales de su funcionamiento. Iniciada por William Rankine y desarrollada por William Froude, esta teoría parte de las siguientes hipótesis:

- La hélice se sustituye por un **disco permeable** al aire que provoca un salto constante de presión en toda su superficie (Figura 1.3). Se supone que este salto de presión $\Delta P = P_3 - P_2$ es el que produce la tracción.

- El **fluido es ideal,** esto es, se desprecia el efecto de la viscosidad, así como el efecto de la resistencia aerodinámica. Por tanto, no sirve para estudiar el par motor absorbido por la hélice (o entregado por el motor).

Bajo estas dos premisas vamos a plantear dos sistemas cerrados, en los que no actúan fuerzas externas:

- Sistema A: formado por el aire que se encuentra aguas arriba de la hélice y que es «succionado» por esta (de color amarillo en la Figura 1.3). Este sistema está delimitado por las secciones 1 y 2.

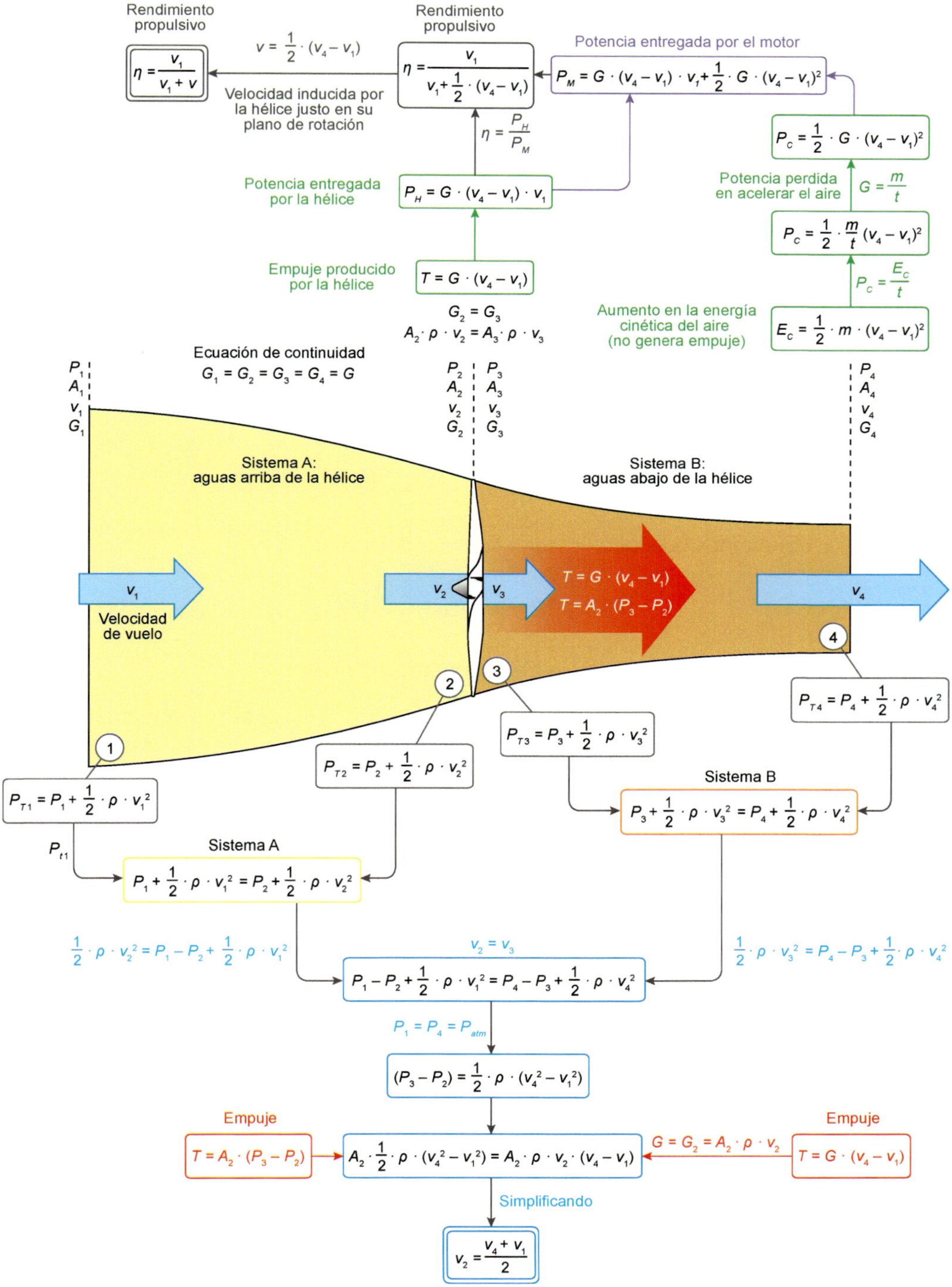

Rendimiento propulsivo

$\eta = \dfrac{v_1}{v_1 + v}$

$v = \dfrac{1}{2} \cdot (v_4 - v_1)$

Velocidad inducida por la hélice justo en su plano de rotación

Rendimiento propulsivo

$\eta = \dfrac{v_1}{v_1 + \frac{1}{2} \cdot (v_4 - v_1)}$

$\eta = \dfrac{P_H}{P_M}$

Potencia entregada por el motor

$P_M = G \cdot (v_4 - v_1) \cdot v_1 + \dfrac{1}{2} \cdot G \cdot (v_4 - v_1)^2$

$P_c = \dfrac{1}{2} \cdot G \cdot (v_4 - v_1)^2$

Potencia entregada por la hélice

$P_H = G \cdot (v_4 - v_1) \cdot v_1$

Potencia perdida en acelerar el aire

$G = \dfrac{m}{t}$

$P_c = \dfrac{1}{2} \cdot \dfrac{m}{t} (v_4 - v_1)^2$

Empuje producido por la hélice

$T = G \cdot (v_4 - v_1)$

$G_2 = G_3$

$A_2 \cdot \rho \cdot v_2 = A_3 \cdot \rho \cdot v_3$

$P_c = \dfrac{E_c}{t}$

Aumento en la energía cinética del aire (no genera empuje)

$E_c = \dfrac{1}{2} \cdot m \cdot (v_4 - v_1)^2$

Ecuación de continuidad

$G_1 = G_2 = G_3 = G_4 = G$

$\begin{array}{l} P_1 \\ A_1 \\ v_1 \\ G_1 \end{array}$

$\begin{array}{l} P_2 \\ A_2 \\ v_2 \\ G_2 \end{array}$

$\begin{array}{l} P_3 \\ A_3 \\ v_3 \\ G_3 \end{array}$

$\begin{array}{l} P_4 \\ A_4 \\ v_4 \\ G_4 \end{array}$

Sistema A: aguas arriba de la hélice

Sistema B: aguas abajo de la hélice

v_1

Velocidad de vuelo

v_2 v_3

$T = G \cdot (v_4 - v_1)$

$T = A_2 \cdot (P_3 - P_2)$

v_4

④

$P_{T4} = P_4 + \dfrac{1}{2} \cdot \rho \cdot v_4^2$

②

③

$P_{T3} = P_3 + \dfrac{1}{2} \cdot \rho \cdot v_3^2$

Sistema B

$P_3 + \dfrac{1}{2} \cdot \rho \cdot v_3^2 = P_4 + \dfrac{1}{2} \cdot \rho \cdot v_4^2$

①

$P_{T2} = P_2 + \dfrac{1}{2} \cdot \rho \cdot v_2^2$

$P_{T1} = P_1 + \dfrac{1}{2} \cdot \rho \cdot v_1^2$

P_{t1}

Sistema A

$P_1 + \dfrac{1}{2} \cdot \rho \cdot v_1^2 = P_2 + \dfrac{1}{2} \cdot \rho \cdot v_2^2$

$\dfrac{1}{2} \cdot \rho \cdot v_2^2 = P_1 - P_2 + \dfrac{1}{2} \cdot \rho \cdot v_1^2$

$v_2 = v_3$

$P_1 - P_2 + \dfrac{1}{2} \cdot \rho \cdot v_1^2 = P_4 - P_3 + \dfrac{1}{2} \cdot \rho \cdot v_4^2$

$\dfrac{1}{2} \cdot \rho \cdot v_3^2 = P_4 - P_3 + \dfrac{1}{2} \cdot \rho \cdot v_4^2$

$P_1 = P_4 = P_{atm}$

$(P_3 - P_2) = \dfrac{1}{2} \cdot \rho \cdot (v_4^2 - v_1^2)$

Empuje

$T = A_2 \cdot (P_3 - P_2)$

$A_2 \cdot \dfrac{1}{2} \cdot \rho \cdot (v_4^2 - v_1^2) = A_2 \cdot \rho \cdot v_2 \cdot (v_4 - v_1)$

$G = G_2 = A_2 \cdot \rho \cdot v_2$

Empuje

$T = G \cdot (v_4 - v_1)$

Simplificando

$v_2 = \dfrac{v_4 + v_1}{2}$

Figura 1.3. Desarrollo de la teoría del incremento de presión de la hélice.

- Sistema B: formado por el aire que ya ha atravesado la hélice y se encuentra aguas abajo de esta. El sistema se encuentra delimitado por las secciones 3 y 4 (de color naranja en la Figura 1.3).

Aplicando la ecuación de Bernoulli en la entrada y en la salida del sistema A tenemos:

$$P_{T1} = P_1 + \frac{1}{2} \cdot \rho \cdot v_1^2 \qquad\qquad P_{T2} = P_2 + \frac{1}{2} \cdot \rho \cdot v_2^2$$

Al tratarse de un sistema cerrado, en el que no se aporta ni realiza trabajo, la presión total se conserva, por lo que se pueden igualar ambas expresiones, obteniendo la expresión característica del sistema A:

$$P_1 + \frac{1}{2} \cdot \rho \cdot v_1^2 = P_2 + \frac{1}{2} \cdot \rho \cdot v_2^2$$

Haciendo lo propio para el sistema B:

$$P_{T3} = P_3 + \frac{1}{2} \cdot \rho \cdot v_3^2 \qquad\qquad P_{T4} = P_4 + \frac{1}{2} \cdot \rho \cdot v_4^2$$

Igualando, obtenemos la ecuación característica del sistema B:

$$P_3 + \frac{1}{2} \cdot \rho \cdot v_3^2 = P_4 + \frac{1}{2} \cdot \rho \cdot v_4^2$$

Llegados a este punto, debemos tener en cuenta lo siguiente:

- La velocidad del aire justo antes de la hélice (sección 2) es igual a la velocidad justo después (sección 3). Por tanto:

$$v_2 = v_3$$

- Las presiones en la sección 1 y en la sección 4 son iguales a la presión atmosférica que rodea la hélice. Así pues:

$$P_1 = P_4$$

Operando con las ecuaciones características de los sistemas y teniendo en cuenta los dos puntos anteriores resulta:

$$(P_3 - P_2) = \frac{1}{2} \cdot \rho \cdot (v_4^2 - v_1^2)$$

La fuerza de empuje T que produce la hélice se puede calcular multiplicando el área del disco de la hélice por el salto de presiones que produce:

$$T = A_2 \cdot (P_3 - P_2)$$

Juntando estas dos últimas ecuaciones nos queda:

$$T = A_2 \cdot \frac{1}{2} \cdot \rho \cdot (v_4^2 - v_1^2)$$

Por otro lado, recordemos que el empuje T también lo podemos calcular en función del gasto másico y del salto de velocidades que produce la planta de potencia:

$$T = G \cdot (v_4 - v_1)$$

El gasto másico G que produce la hélice será:

$$G = A_2 \cdot v_2 \cdot \rho$$

Por tanto, el empuje T queda:

$$T = A_2 \cdot v_2 \cdot \rho \cdot (v_4 - v_1)$$

Igualando las dos expresiones del empuje tenemos:

$$A_2 \cdot \frac{1}{2} \cdot \rho \cdot (v_4^2 - v_1^2) = A_2 \cdot v_2 \cdot \rho \cdot (v_4 - v_1)$$

Recordemos que la diferencia de cuadrados se puede factorizar de la siguiente forma:

$$(v_4^2 - v_1^2) = (v_4 + v_1) \cdot (v_4 - v_1)$$

Simplificando:

$$\cancel{A_2} \cdot \frac{1}{2} \cdot \cancel{\rho} \cdot (v_4 + v_1) \cdot \cancel{(v_4 - v_1)} = \cancel{A_2} \cdot v_2 \cdot \cancel{\rho} \cdot \cancel{(v_4 - v_1)} \Rightarrow v_2 = \frac{v_4 + v_1}{2}$$

De esta forma llegamos a la primera conclusión importante de la teoría del incremento de presión: la velocidad inducida por la hélice en su plano de rotación (v_2) es igual a la mitad del incremento de velocidad total que produce la hélice. Dicho de otra forma, la mitad del incremento de velocidad que genera la hélice se origina antes de esta, y la otra mitad después.

De la teoría del incremento de presión también podemos deducir aspectos importantes referidos al rendimiento propulsivo de la hélice (Figura 1.3). De forma general, podemos decir que el rendimiento es la proporción entre el resultado obtenido y los medios utilizados. Así pues, para el caso concreto de la hélice:

$$\eta = \frac{P_H}{P_M}$$

En donde:

η: rendimiento o eficiencia propulsiva de la hélice en tanto por uno. Si se quiere obtener en porcentaje bastará con multiplicar por cien el resultado.

P_H: potencia que entrega la hélice (W). Es la que se corresponde con el trabajo útil.

P_M: potencia que absorbe la hélice del motor (W). Es la que entrega el motor en su eje y provoca el giro de la hélice.

Una de las premisas de partida de la teoría del incremento de presión es que la hélice solo produce tracción en su plano de rotación. Como hemos visto, este empuje T se puede obtener de dos formas, ambas equivalentes:

$$T = A_2 \cdot (P_3 - P_2) \qquad T = G \cdot (v_4 - v_1)$$

Como toda la potencia P_H que entrega la hélice es debida exclusivamente a este empuje, tenemos que:

$$P_H = T \cdot v_1 = G \cdot (v_4 - v_1) \cdot v_1$$

Por otra parte, no toda la potencia producida por el motor se convierte en empuje, parte se pierde en aumentar la energía cinética del aire. El aumento de la energía cinética será:

$$E_c = \frac{1}{2} \cdot m \cdot (v_4 - v_1)^2$$

En donde:

E_c: energía cinética que la hélice provoca en el aire (J).

m: masa de aire que mueve la hélice (kg).

$(v_4 - v_1)$: incremento de velocidad que produce la hélice en el aire (m/s).

Para representar la E_c en términos de potencia (P_c), bastará dividir entre el tiempo t, obteniendo la siguiente expresión:

$$P_c = \frac{E_c}{t} = \frac{1}{2} \cdot \frac{m}{t} \cdot (v_4 - v_1)^2 = \frac{1}{2} \cdot G \cdot (v_4 - v_1)^2$$

Por tanto, la potencia que absorbe la hélice del motor será:

$$P_M = P_H + P_c = G \cdot (v_4 - v_1) \cdot v_1 + \frac{1}{2} \cdot G \cdot (v_4 - v_1)^2$$

En definitiva, el rendimiento queda:

$$\eta = \frac{P_H}{P_M} = \frac{\cancel{G} \cdot (v_4 - v_1) \cdot v_1}{\cancel{G} \cdot (v_4 - v_1) \cdot v_1 + \frac{1}{2} \cdot \cancel{G} \cdot (v_4 - v_1)^2} = \frac{v_1}{v_1 + \frac{1}{2} \cdot (v_4 - v_1)}$$

Conviene fijarnos en el término siguiente: $\frac{1}{2} \cdot (v_4 - v_1)$. El resultado de esta operación es la mitad del incremento de velocidad que produce la hélice, que será la inducida por la hélice en su plano de rotación (que hemos llamado v en la Figura 1.2), en consecuencia:

$$\eta = \frac{v_1}{v_1 + v}$$

De aquí sacamos la segunda gran conclusión de la teoría del incremento de presión: cuanto menor sea el incremento de velocidad v que produce la hélice, mayor será el rendimiento. Ahora bien, si el salto de velocidades disminuye deberá aumentar el gasto másico de la hélice para mantener un determinado empuje. De esta forma, nos podemos encontrar con dos extremos:

- **Hélices de gran diámetro que giran a bajas rpm.** En este tipo de hélice se tendrá un elevado rendimiento, ya que a pocas rpm el aumento de velocidad producido por la hélice es pequeño. Por otro lado, se consigue tener empuje gracias al enorme gasto másico que origina la hélice.

- **Hélices de diámetro reducido que giran a elevadas rpm.** Estas hélices no serán tan eficientes, pero permitirán desarrollar una mayor velocidad de vuelo. Además, al tener un tamaño moderado, la hélice presenta ventajas evidentes: reducción de peso, simplificación de tareas de fabricación y mantenimiento, transporte y almacenamiento más fácil, menores efectos giroscópicos, etcétera.

Al final, el tamaño de la hélice y su velocidad de giro se adaptan para cada aplicación. Ahora bien, tanto el diámetro como las rpm de la hélice están limitadas, ya que la punta de la pala nunca puede alcanzar la velocidad del sonido ($M = 1$). De producirse esta circunstancia, la tracción generada se desplomaría y se dispararía la resistencia aerodinámica y las vibraciones.

Actividad resuelta 1.2

Un avión Cessna Grand Caravan EX cuenta con una hélice de cuatro palas y 106 pulgadas de diámetro fabricada por McCauley Propellers. Determina:

- Las rpm máximas de giro que podría tener la hélice sin superar la velocidad del sonido ($a = 340$ m/s) en la punta, cuando el avión está parado en tierra.

- Si la hélice gira a 2200 rpm, determina la velocidad de vuelo máxima que puede alcanzar el avión sin que en la punta de las palas se alcance la velocidad del sonido ($a = 340$ m/s).

Solución

En primer lugar, debemos convertir las unidades del diámetro D:

$$D = 106 \text{ in} \cdot \frac{0{,}0254 \text{ m}}{1 \text{ in}} = 2{,}6924 \text{ m}$$

Así que el radio r de la hélice es de 1,3462 m.

Ya podemos determinar las rpm que se corresponden con una velocidad tangencial dada, que en este caso es igual a la del sonido a nivel del mar ($v_t = a = 340$ m/s):

$$v_t = \omega \cdot r \implies \omega = \frac{v_t}{r} = \frac{340}{1{,}3462} = 252{,}6 \text{ rad/s}$$

Actividad resuelta 1.2 (Cont.)

Como nos piden la velocidad angular en rpm:

$$\omega = 252,6 \, \frac{rad}{s} \cdot \frac{1 \, rev}{2 \cdot \pi \, rad} \cdot \frac{60 \, s}{1 \, min} = 2411,8 \, rpm$$

La hélice podría girar hasta 2411,8 rpm sin sufrir los efectos de la barrera del sonido, siempre que la aeronave esté parada (velocidad indicada IAS nula).

Para el siguiente punto debemos tener en cuenta que la velocidad tangencial v_t es perpendicular a la velocidad de vuelo v, por tanto, la velocidad total v_H que percibe la hélice será:

$$v_H^2 = v_t^2 + v^2$$

Del enunciado sabemos que v_H = 340 m/s, mientras que v_t la podemos calcular. En primer lugar, convertimos las 2200 rpm en rad/s:

$$\omega = 2200 \, \frac{rev}{min} \cdot \frac{2 \cdot \pi \, rad}{rev} \cdot \frac{1 \, min}{60 \, s} = 230,4 \, \frac{rad}{s}$$

Por tanto:

$$v_t = \omega \cdot r = 230,4 \cdot 1,3462 = 310,2 \, m/s$$

Y la velocidad de vuelo:

$$v_H^2 = v_t^2 + v^2 \Rightarrow v = \sqrt{v_H^2 - v_t^2} = \sqrt{340^2 - 310,2^2} = 139,2 \, m/s$$

La Cessna Caravan podría volar a 139,2 m/s, que equivalen a 501 km/h (270,6 kn), antes de que la punta de la hélice alcance la velocidad del sonido. Ahora bien, esta aeronave se ha diseñado para que no supere los 343 km/h, por lo que la hélice funcionará bastante alejada del régimen transónico.

1.1.2. Teoría del elemento de pala

Podemos considerar que las palas de una hélice están formadas por una sucesión de infinitos perfiles aerodinámicos o secciones, que denominamos elementos de pala (Figura 1.4). Cada uno de estos elementos de pala produce una fuerza aerodinámica con dos componentes: la sustentación y la resistencia aerodinámica. La sustentación generada en un perfil aerodinámico es:

$$L = \frac{1}{2} \cdot \rho \cdot C_L \cdot c \cdot v^2$$

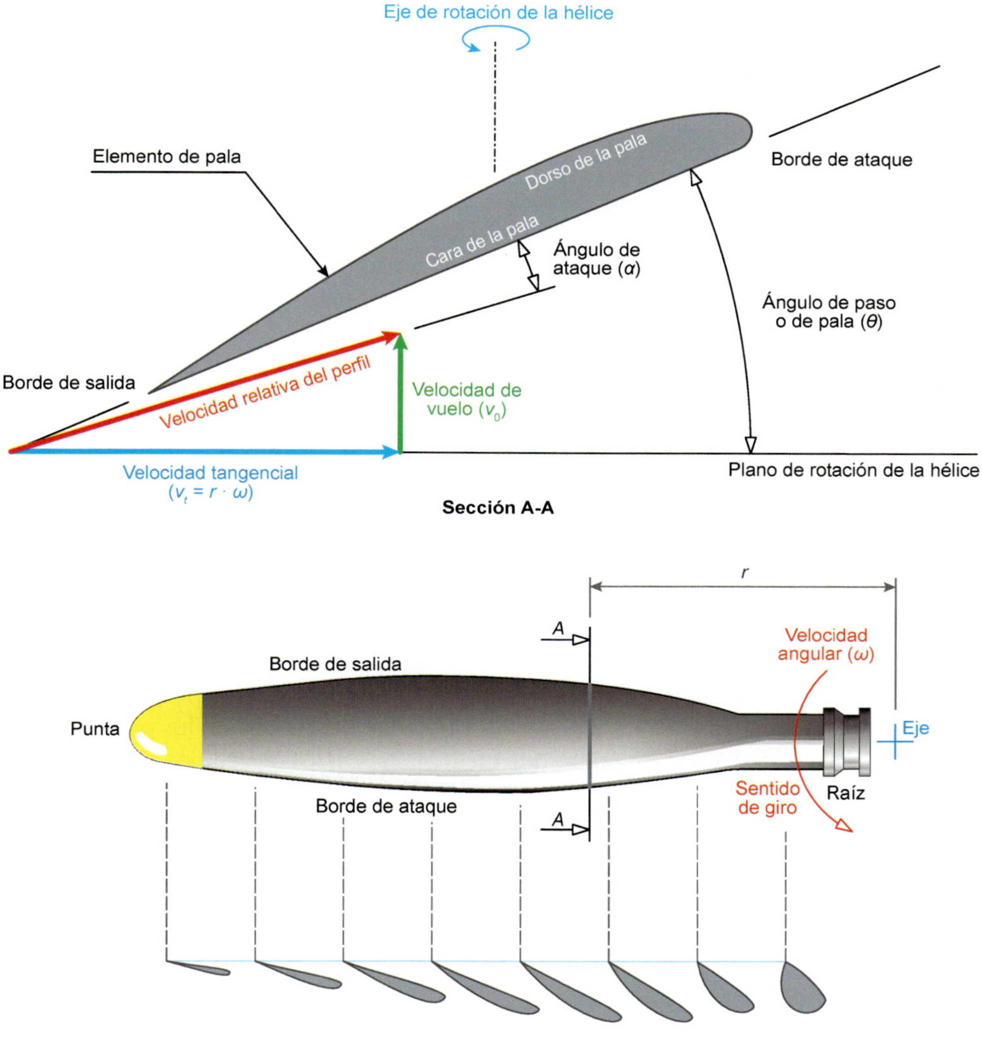

Figura 1.4. Consideraciones que hay que tener en cuenta de cara al estudio de la hélice y de la teoría del elemento de pala.

En donde:

L: fuerza de **sustentación** producida en un solo elemento de pala (N). La sustentación es perpendicular a la dirección del viento relativo que incide en el perfil (velocidad relativa del perfil, Figura 1.4).

ρ: **densidad** del aire (kg³/m). A mayor densidad, mayor sustentación y, por tanto, mayor empuje. De esta forma, a menor altitud o temperatura del aire, mayor empuje generará la hélice.

C_L: **coeficiente de sustentación** (adimensional, sin unidades). Depende de la forma del perfil y del ángulo de ataque. Cuanto mayor sea la curvatura del perfil y el ángulo

de ataque (hasta cierto límite), mayor será el coeficiente y, por tanto, mayor será la sustentación producida por el perfil.

c: **cuerda** del elemento de pala (m). Cuanto mayor sea la cuerda, mayor será la sustentación. Dicho de otro modo, cuanto más grande sea el perfil, mayor sustentación producirá.

v: **velocidad** del viento relativo que incide sobre la pala (m/s). Será la suma vectorial de la velocidad tangencial de giro del perfil y la de vuelo. La sustentación tiene una dependencia muy fuerte de la velocidad, ya que aparece elevada al cuadrado en la ecuación. En la punta de las palas la velocidad del viento relativo deberá ser menor que la velocidad del sonido para evitar los problemas derivados del régimen transónico: disminución de la sustentación, aumento de la resistencia y las vibraciones.

Para que la sustentación producida por cada perfil a lo largo de la pala sea del mismo orden, es preciso construirla teniendo en consideración los siguientes aspectos:

- **Torsión:** la pala tendrá una torsión tal que el ángulo de paso o de pala se reduzca progresivamente desde la raíz hasta la punta. De esta forma se consigue que el ángulo de ataque de todos los perfiles sea aproximadamente igual, independientemente del efecto de la velocidad de giro de la hélice (recordemos que la velocidad tangencial de los perfiles aumenta según nos acercamos a la punta).

- **Cuerda:** la cuerda será mayor hacia el centro de la pala, reduciéndose significativamente cuando estamos cerca de la punta y de la raíz, en donde apenas se produce sustentación. En el caso de la raíz, la baja velocidad tangencial de los perfiles limita el valor de la sustentación, mientras que en la punta son los torbellinos que se forman los que la reducen. Aumentar la cuerda en esas zonas aumentaría el peso de la pala y apenas repercutiría en el empuje producido.

- **Curvatura:** la forma de los perfiles cambia desde los gruesos de gran curvatura de la raíz hasta los finos cerca de la punta. De esta forma se busca que la sustentación a lo largo de la pala sea más homogénea si cabe. Por otra parte, al afinar la punta de la pala, baja su masa y, con ello, la fuerza centrífuga que debe soportar la raíz y el encastre de la pala. En este mismo sentido, al aumentar el grosor de la raíz también contribuimos a que esta zona soporte mejor los elevados esfuerzos centrífugos que aparecen.

Para calcular el empuje producido solo habrá que sumar las contribuciones individuales de los infinitos elementos que forman la pala, pero cada uno con su ángulo de paso, su cuerda, su coeficiente de sustentación y su velocidad, desde la raíz hasta la punta. Esta suma de sustentaciones se efectúa mediante cálculo diferencial, integrando a lo largo de la pala. Finalmente habrá que multiplicar por el número de palas para obtener el empuje o tracción producida por la hélice.

Utilizando el mismo método también podremos calcular la resistencia aerodinámica D de la pala, sumando la contribución de cada elemento de pala, pero en este caso utilizando la siguiente ecuación:

$$D = \frac{1}{2} \cdot \rho \cdot C_D \cdot c \cdot v^2$$

En donde:

D: resistencia aerodinámica (N).

ρ: densidad del aire (kg³/m).

C_D: coeficiente de resistencia (adimensional, sin unidades).

c: cuerda del elemento de pala (m).

v: velocidad del viento relativo que incide sobre la pala (m/s).

Es importante tener en cuenta que la fuerza de sustentación es perpendicular a la dirección del viento relativo, mientras que la resistencia aerodinámica es paralela. Ahora bien, el empuje *(thrust)* que produce la hélice es perpendicular a su plano de rotación, mientras que la resistencia que se opone al giro *(torque)* se encuentra en ese mismo plano. Por tanto, para determinar estas dos fuerzas, habrá que realizar una suma de vectores (Figura 1.5). Vemos que con esta teoría sí que podemos determinar el par que debe entregar el motor para hacer girar la hélice.

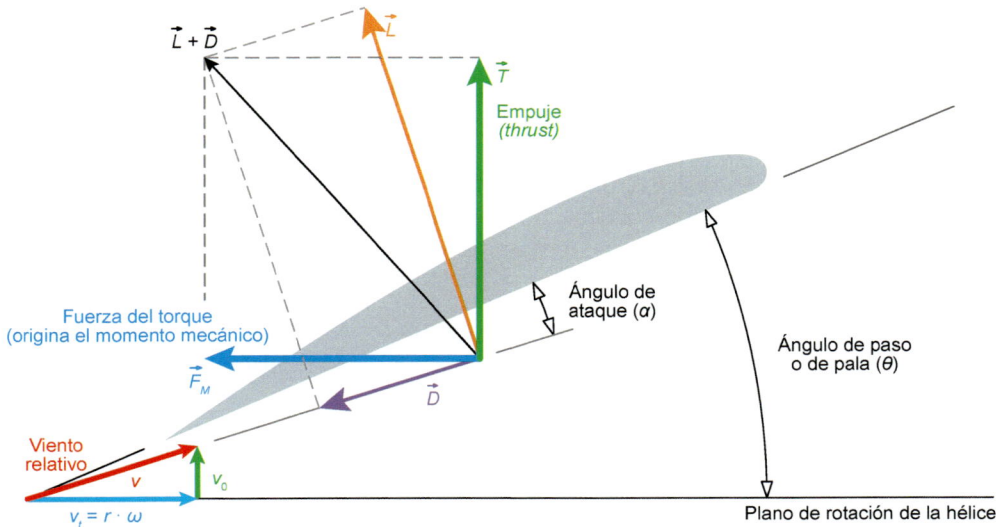

Figura 1.5. Relación entre las fuerzas de sustentación y la resistencia aerodinámica con el empuje y la fuerza que provoca el par resistente al motor.

Para completar el estudio de la hélice según la teoría del elemento de pala debemos tener en cuenta tres factores:

• **Interferencia de las palas:** en su giro, las palas dejan una estela de aire «removido» tras de sí, de tal manera que la siguiente pala en pasar no recibe el aire «limpio», si no turbulento. Cuantas más palas tenga la hélice y mayores sean las rpm de giro, mayor será el fenómeno de la interferencia, disminuyendo el rendimiento propulsivo.

Figura 1.6. Motor turbohélice de origen ucraniano Ivchenko Progress D-27 equipado con hélices contrarrotativas, que propulsan al avión Antonov An-70.

- **Velocidad tangencial inducida en el aire:** la hélice no solo empuja el aire hacia atrás, también lo «bate», induciendo una velocidad tangencial a la masa de aire que no realiza trabajo útil. Por tanto, este efecto también reduce el rendimiento. Las hélices contrarrotativas (Figura 1.6) solucionan este problema al girar en sentidos opuestos, como su propio nombre indica. Sin embargo, estas hélices contrarrotativas son mecánicamente muy complejas, lo que repercute negativamente en los costes de operación, así que apenas se utilizan.

- **Torbellino de punta de pala:** el aire de alta presión de la cara de la pala pasa al dorso rodeando la punta, igualando las presiones y reduciendo la sustentación producida.

1.2. Rendimiento

Ya hemos visto que las hélices grandes que giran despacio tienen un rendimiento elevado. También hemos estudiado el efecto de la interferencia de las palas, torbellinos de la punta, etc. En este apartado vamos a profundizar en el rendimiento de la hélice en función del paso y de la velocidad de vuelo. Para ello vamos a definir en primer lugar tres coeficientes:

- **Coeficiente de tracción (C_T):** coeficiente adimensional que indica la cantidad de empuje que desarrolla la hélice.

- **Coeficiente de potencia (C_P):** coeficiente adimensional que da información sobre la potencia que se necesita para hacer girar la hélice.

- **Coeficiente de avance o de paso efectivo (J):** es la relación entre la velocidad de vuelo v y la velocidad de giro de la hélice $n \cdot D$.

Así, el coeficiente de avance *J* será igual a:

$$J = \frac{v}{n \cdot D}$$

En donde:

J: coeficiente de avance (adimensional, sin unidades).

v: velocidad de vuelo (m/s).

n: velocidad angular de la hélice (rev/s).

D: diámetro de la hélice (m).

El rendimiento propulsivo se puede calcular en función de estos tres coeficientes:

$$\eta = \frac{C_T}{C_P} \cdot J$$

De esta ecuación deducimos que cuanto mayor es el empuje que produce la hélice (C_T) y menor la potencia que se necesita para hacerla girar (C_P), mayor será el rendimiento, como es lógico. Por su parte, el valor del coeficiente de avance *J* depende del ángulo de paso de las palas de la hélice. En la Figura 1.7 se representa una gráfica η – *J* en función del ángulo de paso o de pala. En esta gráfica se observa que una hélice con un ángulo de paso de 15° alcanza el máximo rendimiento propulsivo cuando *J* = 0,6, mientras que si el ángulo es de 45° el máximo se logra en torno a *J* = 2,2. Así pues, con altas velocidades de vuelo (crucero) es preferible un ángulo de paso elevado, mientras que con velocidades reducidas (despegues y aterrizajes) un ángulo bajo es más beneficioso. Por otra parte, en esa misma Figura 1.7 tenemos la gráfica C_T – *J*, en donde podemos ver que, cuando la velocidad de vuelo es elevada, se necesita que la hélice tenga un ángulo de paso alto para generar tracción.

Teniendo en mente estos parámetros y su relación con el rendimiento propulsivo, vamos a analizar brevemente los dos grandes grupos de hélices que nos podemos encontrar en aviación: de paso fijo y de paso variable.

Las **hélices de paso fijo** se construyen de una sola pieza o se ajustan en tierra, de tal manera que, durante todas las fases del vuelo, el paso siempre es el mismo. Si se utilizan hélices de paso fijo bajo, se conseguirá un rendimiento elevado a bajas velocidades como las que tenemos en aterrizajes y, sobre todo, en despegues. Por tanto, con ángulos de paso bajos conseguiremos despegar con un peso mayor, operar en aeropuertos situados a gran altitud o utilizar menos longitud de pista. No obstante, la velocidad de crucero quedará limitada, no podremos volar rápido, y además corremos el riesgo de sufrir sobrevelocidad en las rpm de la hélice. Por el contrario, si equipamos una hélice con un ángulo de paso elevado, tendremos problemas durante el despegue, pero podremos volar a gran velocidad en crucero. Con ángulos de paso medios adoptamos una solución de compromiso, consiguiendo despegar con suficiencia y volar a una velocidad de crucero razonable. Los fabricantes de hélices de paso fijo suelen ofrecer tres configuraciones, que, de menor a mayor ángulo de paso, son *climb, standard* y *cruise* (Figura 1.8).

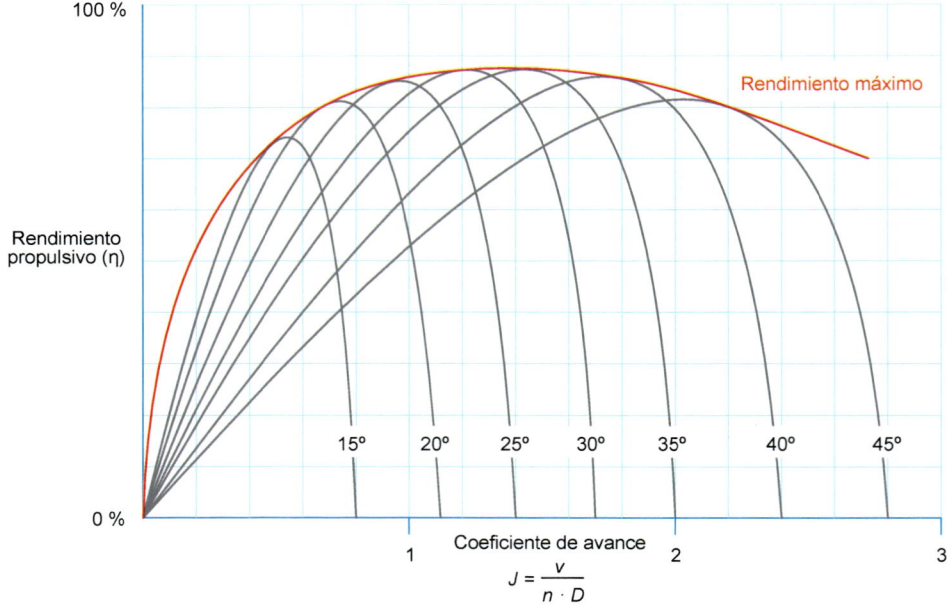

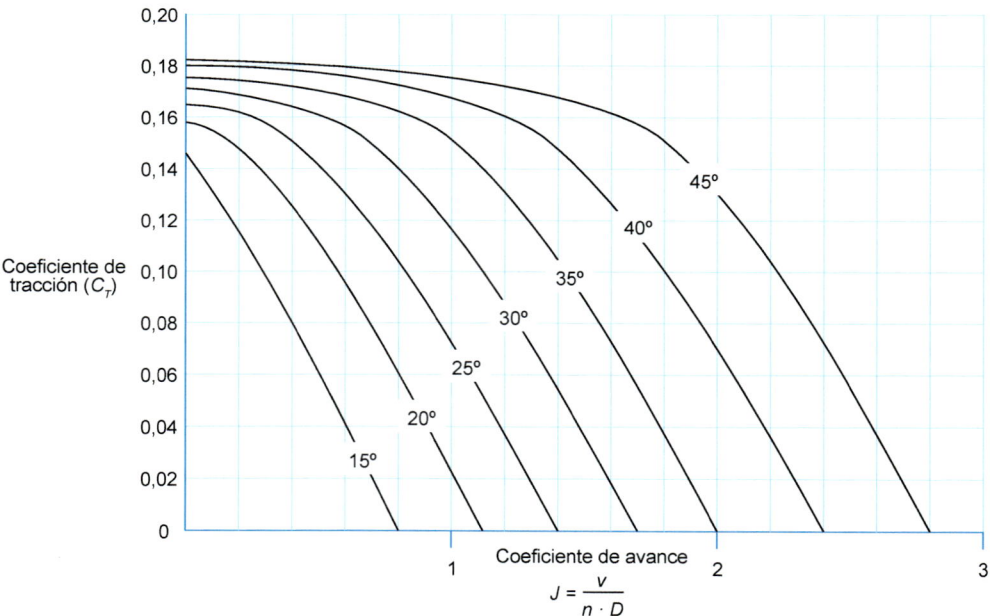

Figura 1.7. Relación entre el coeficiente de avance con el rendimiento propulsivo y con el coeficiente de tracción, para distintos ángulos de paso, de una hélice determinada.

Las **hélices de paso variable,** en cambio, son capaces de adaptar su ángulo de paso para optimizar el rendimiento propulsivo y las actuaciones del motor. Habitualmente se las conoce como **hélices de velocidad constante,** ya que el piloto puede elegir las rpm y estas se mantendrán constantes de forma automática, como estudiaremos más adelante.

Queda claro que las hélices de paso variable son más eficientes que las de paso fijo, pero también son más complejas. Las de paso fijo son considerablemente más baratas y fáciles de mantener y para muchos operadores esta es la prioridad. Ahora bien, para aviones de altas prestaciones, la elección es clara: hélices de paso variable (velocidad constante).

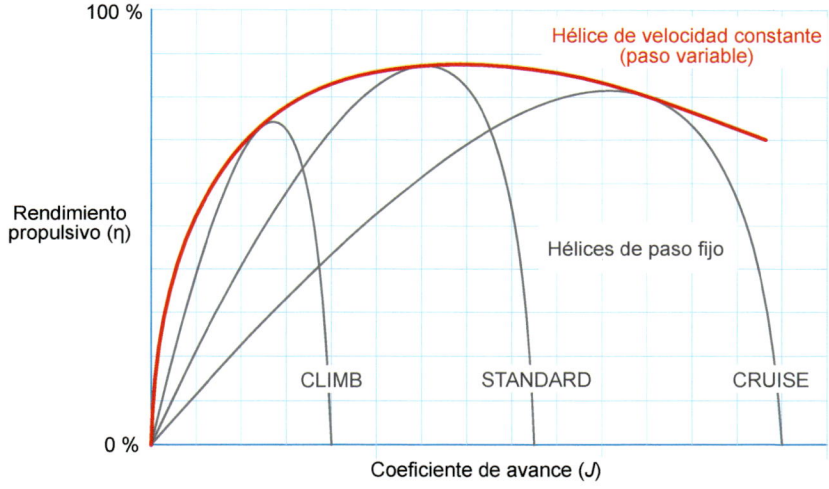

Figura 1.8. Comparación del rendimiento de hélices de paso fijo y de velocidad constante (paso variable) en función del coeficiente de avance (equivalente en este caso a la velocidad de vuelo).

Actividad resuelta 1.3

Un avión vuela a una velocidad de 396 km/h, mientras que su hélice, de 2 m de diámetro, gira a 1800 rpm. En estas condiciones y con ayuda de las gráficas de la Figura 1.7, determina:

- El coeficiente de avance de la hélice.

- El ángulo de paso que produce un mayor rendimiento propulsivo.

- El coeficiente de tracción que deriva de utilizar el ángulo de paso obtenido en el punto anterior.

Actividad resuelta 1.3 (Cont.)

- El rendimiento que se consigue con las condiciones anteriores.

- El coeficiente de potencia que se corresponde con los datos obtenidos en los puntos anteriores.

- La velocidad de vuelo máxima si mantenemos el ángulo de paso de los puntos anteriores.

Solución

Para determinar el coeficiente de avance J, la velocidad de vuelo v debe introducirse en m/s y la velocidad angular n en rev/s, por lo que habrá que hacer las conversiones correspondientes:

$$v = 396 \ \frac{km}{h} \cdot \frac{1 \ h}{3600 \ s} \cdot \frac{1000 \ m}{1 \ km} = 110 \ m/s \qquad n = 1800 \ \frac{rev}{min} \cdot \frac{1 \ min}{60 \ s} = 30 \ rev/s$$

Operando, tenemos que J será:

$$J = \frac{v}{n \cdot D} = \frac{110}{2 \cdot 30} = 1,83$$

De la gráfica $\eta - J$, vemos que el ángulo de paso más beneficioso para $J = 1,83$ es 40° (ángulo de paso del elemento situado a ¾ de pala). En la gráfica $C_T - J$ podemos ver que el coeficiente de tracción que deriva de estas circunstancias es de 0,10.

Volviendo a la gráfica $\eta - J$, también podemos extraer que el rendimiento propulsivo de la hélice con $J = 1,83$ y ángulo de paso de 40° es del 85 % ($\eta = 0,85$). Finalmente, el coeficiente de potencia C_P lo calcularemos a partir de la ecuación del rendimiento:

$$\eta = \frac{C_r}{C_P} \cdot J \ \Rightarrow \ C_P = \frac{C_r \cdot J}{\eta} = \frac{0,10 \cdot 1,83}{0,85} = 0,22$$

La velocidad de vuelo máxima para un ángulo de paso determinado la alcanzamos cuando la hélice no produce más empuje debido a que $\eta = 0$. De la gráfica $\eta - J$ vemos que esto se consigue cuando $J = 2,4$. Por tanto, la velocidad máxima de vuelo será:

$$J = \frac{v}{n \cdot D} \ \Rightarrow \ v = J \cdot n \cdot D = 2,4 \cdot 30 \cdot 2 = 144 \ m/s = 518,4 \ km/h$$

A partir de una velocidad de vuelo de 518,4 km/h, esa hélice con un ángulo de paso de 40° no produciría ningún empuje, por lo que el avión no podría superarla.

Para calcular el paso geométrico debemos tener en cuenta el radio del elemento ¾, por tanto, $r = 0,75$ m. Aplicando la fórmula tenemos:

$$P_G = 2 \cdot \pi \cdot r \cdot \tan \theta = 2 \cdot \pi \cdot 0,75 \cdot \tan 40° = 3,954 \ m$$

1.3. Paso

Como hemos definido anteriormente, el ángulo de paso o de pala es el ángulo que forma la cuerda de cada perfil con el plano de rotación de la hélice (Figuras 1.4 y 1.5). Debido a la torsión, este ángulo de paso disminuye progresivamente desde la raíz de la pala hasta la punta. Puesto que condiciona el funcionamiento de la hélice, se elegirá un ángulo representativo, que de forma habitual será el del elemento ¾, que es el que está al 75 % del radio de la pala (Figura 1.9). Con este ángulo se determina el **paso geométrico** P_G de la hélice:

$$P_G = 2 \cdot \pi \cdot r \cdot \tan \theta$$

En donde:

P_G: paso geométrico *(geometric pitch)* de la hélice o simplemente paso (m).

r: radio de la sección ¾ (m).

θ: ángulo de paso del perfil de la sección ¾ (75 %).

El paso geométrico sería la distancia que avanzaría el avión en cada revolución de la hélice si esta tuviera un rendimiento propulsivo del 100 %, cosa que no es posible. La distancia que realmente avanza el avión en cada vuelta de la hélice se denomina **paso efectivo** P_E (Figura 1.9). La diferencia entre ambos pasos es el resbalamiento S *(slip)*, que es la consecuencia de las ineficiencias de la hélice:

$$P_G = P_E + S$$

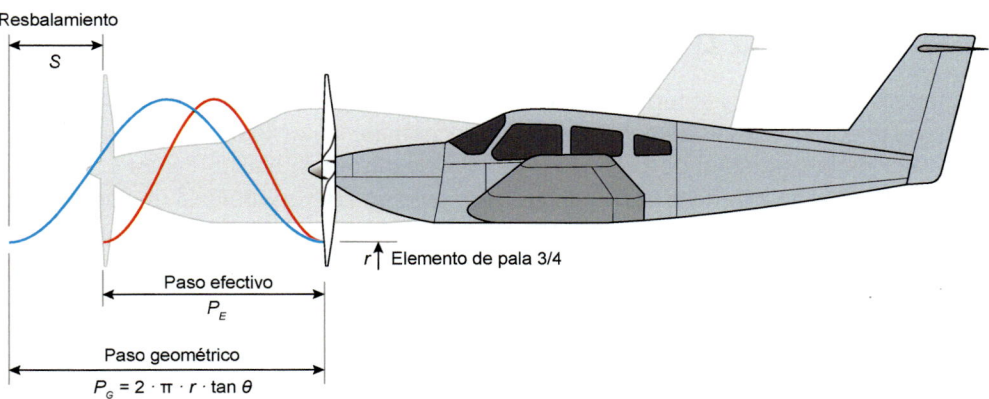

Figura 1.9. Paso geométrico, paso efectivo y resbalamiento de una hélice.

Como se puede deducir llegados a este punto, cuanto mayor sea el paso geométrico, mayor podrá ser la velocidad de vuelo, pero tendremos más dificultades durante el despegue. Lo contrario sucedería con un paso geométrico reducido. Por otra parte, el resbalamiento es perjudicial tanto en despegue como en vuelo de crucero.

Actividad resuelta 1.4

Una hélice tiene un ángulo de paso de 35° en su sección ¾. Si el diámetro de la hélice es de 2 m, determina:

- El paso geométrico de la hélice.

- El paso efectivo sabiendo que el resbalamiento es de 1,2 m.

Solución

Para calcular el paso geométrico debemos tener en cuenta el radio del elemento ¾, por tanto, $r = 0,75$ m. Aplicando la fórmula tenemos:

$$P_G = 2 \cdot \pi \cdot r \cdot \tan \theta = 2 \cdot \pi \cdot 0,75 \cdot \tan 35° = 3,3 \text{ m}$$

El paso geométrico es de 3,3 m. En ningún caso el avión superará este avance siempre que el empuje provenga solo de la hélice.

Por su parte, el paso efectivo será:

$$P_G = P_E + S \Rightarrow P_E = P_G - S = 3,3 - 1,2 = 2,1 \text{ m}$$

El avión avanza realmente 2,1 m en cada revolución de la hélice.

1.4. Ángulo de ataque

El ángulo de ataque es el formado por la cuerda de un perfil aerodinámico y la dirección de la corriente incidente. A su vez, la dirección de la corriente incidente depende del valor de la velocidad de vuelo y de las rpm de giro de la hélice (Figura 1.10). Si el ángulo de paso se mantiene constante, un aumento en las rpm provoca un aumento en el ángulo de ataque, mientras que si la velocidad de vuelo sube, este se reduce.

En función del ángulo de ataque de los perfiles de la pala, las hélices operan en una de las siguientes configuraciones (Figura 1.11):

- **Hélice propulsora:** es la configuración habitual de la hélice en vuelo. El empuje o tracción T producido está dirigido hacia delante mientras que la componente de la fuerza aerodinámica que es paralela al plano de rotación F_M se opone al giro de la hélice. La corriente incide sobre la cara de la pala, por lo que decimos que el ángulo de ataque es positivo (entre 2° y 4° para funcionamiento óptimo).

- **Hélice en bandera:** cuando un motor falla, conviene aumentar al ángulo de paso hasta los 90° aproximadamente, posición que llamamos «en bandera» *(feathering)*. De esta forma, la pala queda completamente encarada con la dirección de la corriente (ángulo de ataque nulo), minimizando la resistencia al avance de la hélice y,

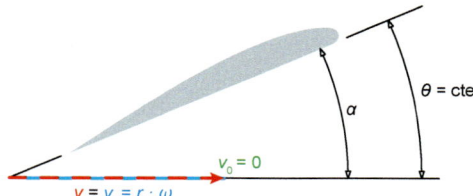

El ángulo de ataque está relacionado con el de paso, pero no son iguales. El ángulo de paso es el que forma la cuerda con el plano de rotación de la hélice, mientras que el de ataque es el formado entre la cuerda y la dirección de la corriente incidente.

Si la velocidad de vuelo es nula, la velocidad incidente v será igual a la tangencial v_t y el ángulo de ataque será igual al ángulo de paso. Esta situación la tendremos justo al principio de la carrera de despegue.

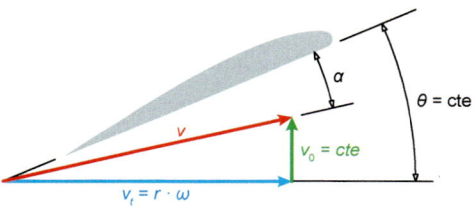

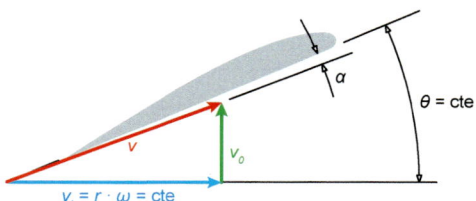

Manteniendo el ángulo de paso y la velocidad de vuelo constantes, si aumentan las rpm de giro de la hélice aumentará también la velocidad tangencial y el ángulo de ataque.

Si aumenta la velocidad de vuelo, manteniendo las rpm y el ángulo de paso constantes, el ángulo de ataque disminuirá.

Figura 1.10. El ángulo de ataque depende del ángulo de paso, de las rpm de giro de la hélice y de la velocidad de vuelo.

por tanto, de la aeronave. Esta posición es especialmente útil cuando el motor falla durante el despegue, en aviones polimotores.

- **Hélice en reversa:** con esta configuración, la corriente incide sobre el dorso de la pala, con un ángulo de ataque ligeramente negativo. En este caso el empuje T está dirigido hacia atrás, por lo que la hélice intenta disminuir la velocidad de avance del avión. Por su parte, la componente de la fuerza aerodinámica paralela al plano de rotación F_M se sigue oponiendo al giro de la hélice, por lo que el motor deberá continuar entregando potencia. Esta configuración es utilizada para frenar al avión durante la carrera de aterrizaje, permitiendo utilizar menos longitud de pista, y para mejorar la maniobrabilidad en tierra.

- **Autorrotación en aviones:** durante un picado, la velocidad de vuelo aumentará considerablemente provocando que la corriente incida sobre el dorso de la pala con un ángulo de ataque negativo y elevado. Cuando esto sucede, la componente de la fuerza aerodinámica paralela al plano de rotación F_M estará dirigida a favor del giro de la hélice, por lo que se acelerará sin necesidad de recibir potencia del motor, pudiéndose generar **sobrevelocidad** en el giro. Esta circunstancia puede dañar tanto la hélice como el motor. Por su parte, la tracción estará dirigida hacia atrás, por lo que tiende a frenar el avance del avión. Así pues, esta configuración conocida como

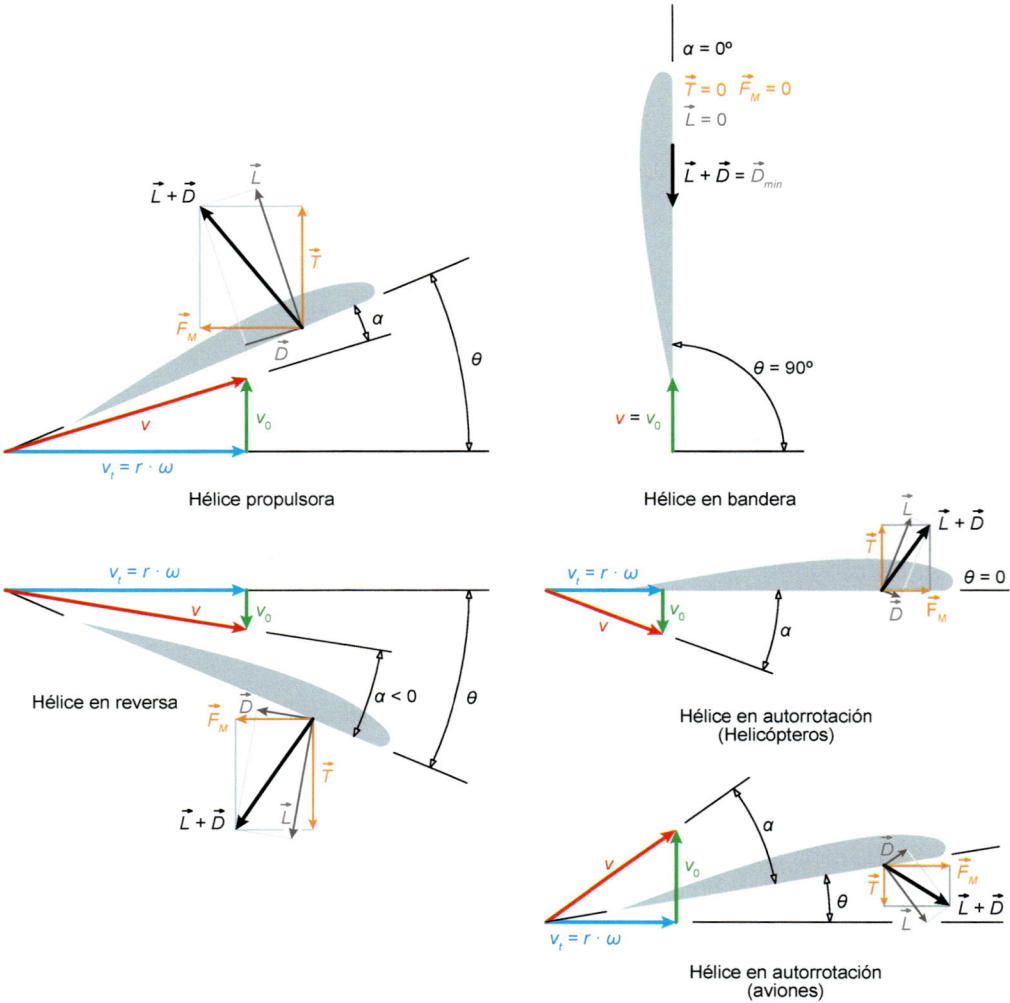

Figura 1.11. Configuraciones de la hélice en función del ángulo de ataque.

molinete *(windmilling)* es, como norma, indeseable. Tan solo nos podría ser útil para arrancar un motor de pistón que se haya detenido en vuelo y no fuera posible accionar la puesta en marcha eléctrica. En este caso, podríamos intentar hacer un picado para que la hélice comience a girar en autorrotación con la esperanza de que el motor eche a andar. En cualquier caso, es una maniobra arriesgada y en absoluto deseable.

- **Autorrotación en helicópteros:** en este caso se busca que el ángulo de ataque sea elevado y positivo. De esta forma, si los motores del helicóptero fallan, el piloto puede dejarse caer poniendo las palas en su paso mínimo (autorrotación), lo que provocará que se aceleren por efecto de las fuerzas aerodinámicas y, cuando la aeronave esté cerca del suelo, tirará del colectivo para subir el paso de golpe y poner la hélice en configuración propulsora. Gracias a la inercia que han adquirido las palas, estas seguirán girando el tiempo necesario para amortiguar la caída y conseguir un aterrizaje lo más suave posible.

1.5. Fuerzas que actúan sobre la hélice

Sobre la hélice actúan cinco fuerzas durante su funcionamiento:

- **Fuerza centrífuga:** actúa intentando estirar las palas, siendo la fuerza de mayor magnitud. Es directamente proporcional a la masa de la pala, al radio de esta y al cuadrado de la velocidad angular de la hélice. Esta fuerza tiene una importancia fundamental en el diseño estructural de la hélice.

- **Fuerza de flexión debida al par motor:** es la que se opone al giro de la hélice por lo que flexiona las palas en sentido opuesto al de giro. Esta fuerza es la que debe vencer el par entregado por el motor.

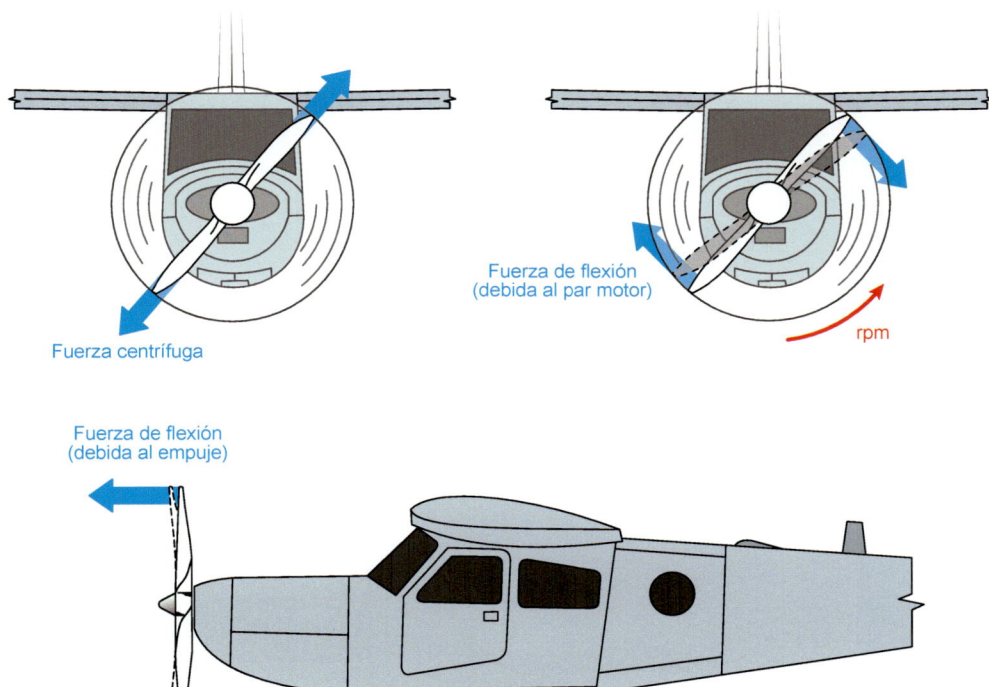

Figura 1.12. Fuerzas que actúan sobre la hélice: centrífuga (la de mayor magnitud), de flexión debida al par motor y de flexión debida al empuje.

- **Fuerza de flexión debida al empuje:** esta fuerza es perpendicular al plano de rotación de la hélice, provocando que las palas se flexionen hacia delante. Es la que empuja a la aeronave.

- **Fuerza torsional aerodinámica ATF** *(aerodynamic twisting force):* en un perfil, la resultante de la fuerza aerodinámica actúa sobre un punto denominado centro de presiones (Figura 1.13). Este centro de presiones está más cerca del borde de ataque del perfil que el eje de torsión, por lo que aparecerá un par que intenta aumentar el ángulo de paso.

- **Fuerza torsional centrífuga CTF** *(centrifugal twisting force):* la fuerza centrífuga que actúa sobre un perfil se puede descomponer en una fuerza longitudinal a la pala y otra transversal (Figura 1.13). La longitudinal es la que tiende a «estirar» la pala, la transversal genera un par que intenta disminuir el ángulo de paso. Como norma, esta fuerza torsional centrífuga es de mayor magnitud que la torsional aerodinámica.

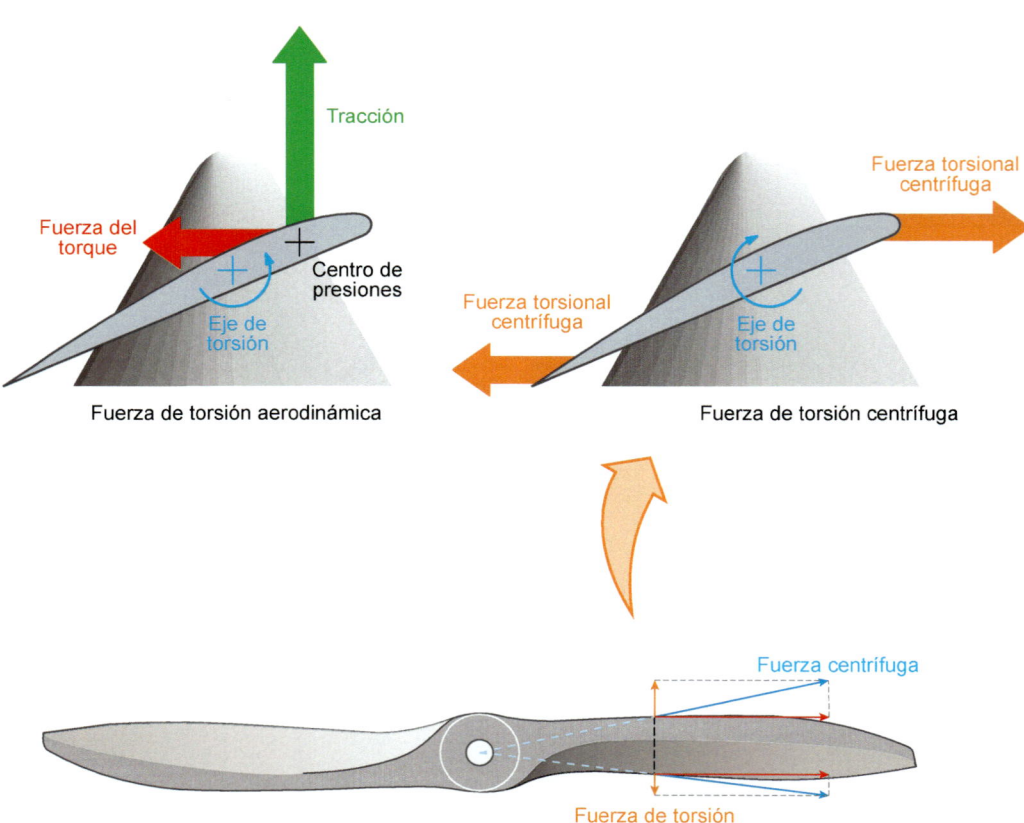

Figura 1.13. Fuerzas torsionales que actúan sobre la hélice: torsión aerodinámica (tiende a aumentar el paso) y torsión centrífuga (tiende a disminuir el paso).

Actividad resuelta 1.5

La pala de una hélice mide 1,2 m y pesa 10 kg. Sabiendo que el centro de gravedad de la pala se encuentra a 0,5 m del eje, determina la fuerza centrífuga que tiene que soportar su acoplamiento en el cubo si gira a 2200 rpm.

Solución

En primer lugar, convertiremos las rpm en rad/s:

$$\omega = 2200 \, \frac{rev}{min} \cdot \frac{2 \cdot \pi \, rad}{rev} \cdot \frac{1 \, min}{60 \, s} = 230{,}4 \, \frac{rad}{s}$$

Seguidamente calculamos la aceleración centrífuga a_c como si toda la masa de la pala estuviera concentrada en su centro de gravedad ($R = 0{,}5$).

$$a_c = R \cdot \omega^2 = 0{,}5 \cdot 230{,}4^2 = 26\,542 \text{ m/s}^2$$

Finalmente, la fuerza será de:

$$F_c = m \cdot a_c = 10 \cdot 26\,542 = 265\,420 \text{ N} = 27\,056 \text{ kg}$$

Esto significa que el cubo de la hélice, donde está encastrada la pala, deberá soportar una fuerza de unas 27 toneladas.

1.6. Par motor

Hemos visto en líneas anteriores que la fuerza aerodinámica producida en los perfiles de la pala tiene una componente perpendicular al plano de rotación (tracción) y otra paralela, que es la que se opone al giro. Esta última es la que produce el par resistente que tiene que vencer el motor para que la hélice gire. Por ello, se la denomina comúnmente **fuerza del torque.** En las figuras de esta obra se identifica a esta fuerza con F_M, ya que origina el momento mecánico (torque).

Aplicando trigonometría básica para la configuración de la hélice propulsiva, tenemos que la fuerza del torque F_M depende de la sustentación y de la resistencia aerodinámica:

$$F_M = D \cdot \cos \alpha + L \cdot \text{sen} \, \alpha$$

El par motor o torque M será:

$$M = F_M \cdot r$$

En donde r es la distancia entre un perfil de la pala y el eje de giro de la hélice. Esto implica que para hacer girar hélices de gran diámetro el motor deberá entregar un par motor elevado. Por otra parte, la potencia P que entrega el motor a la hélice está relacionada con el par M y con su velocidad angular ω:

$$P = M \cdot \omega$$

Por tanto, la potencia del motor se puede emplear para hacer girar una hélice de poco diámetro, que oponga un bajo par resistente, a elevadas rpm. Pero también para mover una hélice de gran diámetro que gire a unas rpm reducidas. En ambos casos se puede obtener el mismo empuje, pero con el segundo (gran diámetro y bajas rpm) se conseguirá una mayor eficiencia.

1.7. Actuaciones de la aeronave

Distintas características de la hélice afectan de forma importante al comportamiento de la aeronave, esto es, a sus actuaciones. Podemos destacar las siguientes:

- El peso de la hélice y los efectos giroscópicos.
- El efecto de la estela de la hélice *(slipstream effect)*.
- La carga asimétrica.

1.7.1. Peso de la hélice

Dos hélices que tienen la misma forma y tamaño tendrán idéntico comportamiento aerodinámico, esto es, producirán el mismo empuje y la misma fuerza del torque. Ahora bien, la más pesada tardará más en acelerarse y decelerarse, ya que «almacena» una mayor inercia. En algunos motores de pistón, esta inercia mejora la homogeneidad del par entregado.

Por otra parte, los fenómenos giroscópicos se hacen sentir en mayor medida en hélices pesadas, lo que puede afectar al control de la aeronave. Si tenemos un avión monomotor con la hélice girando a derechas (sentido horario) y queremos guiñar a la derecha, notaremos cómo el morro baja ligeramente. Si guiñamos a la izquierda, el morro subirá. Si buscamos un movimiento de cabeceo de picado, el morro se orientará a la izquierda, mientras que, si buscamos encabritar, el morro se irá a la derecha.

Por último, cuanto más pesada sea la hélice, mayor será la reacción al par motor en la aeronave. Como consecuencia de la tercera ley de Newton, el principio de acción y reacción, si la hélice gira a derechas, el resto de la aeronave tiende a alabear a izquierdas (Figura 1.14). Este alabeo se puede corregir con los alerones o con un compensador *(trim)* a costa de aumentar ligeramente la resistencia aerodinámica.

En la práctica se intenta equipar a los aviones con la hélice más ligera posible, ya que se minimizan los efectos giroscópicos y reduce el peso global de la aeronave, lo que siempre es positivo en aviación.

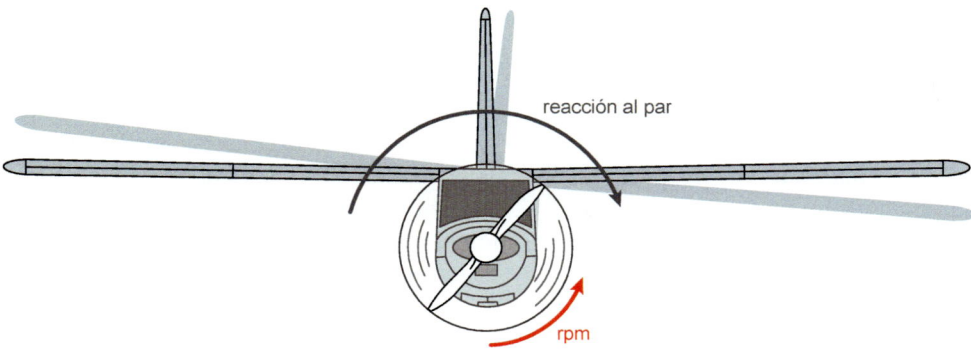

Figura 1.14. Reacción al par motor de un avión monomotor.

> ## Sabías que...
>
> En las aeronaves, los sentidos y las direcciones se toman como norma desde el punto de vista del piloto. Así, el ala izquierda será la que quede a la izquierda del piloto y una hélice que gira en sentido horario (a derechas), girará en el sentido de las agujas del reloj visto desde el puesto de pilotaje.

1.7.2. Estela de la hélice

Como hemos estudiado en esta misma unidad, la hélice no solo impulsa al aire hacia atrás, también le confiere cierta velocidad de giro. En los aviones monomotor, esta estela *(slipstream)* rodea al fuselaje e incide en el estabilizador vertical, generando un par desequilibrante (Figura 1.15). Como sucede con la reacción del par motor, el par desequilibrante se puede corregir con un compensador *(trim)*.

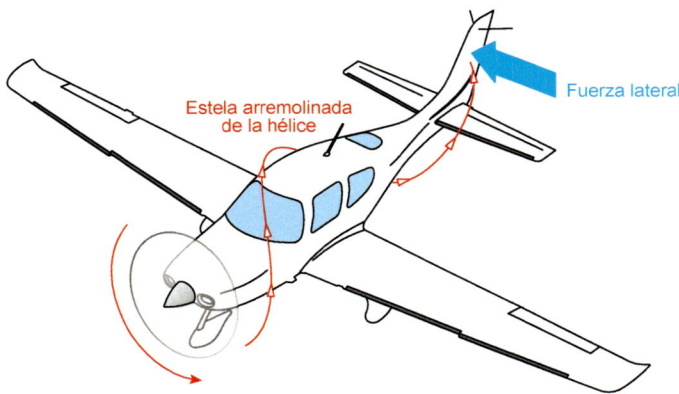

Figura 1.15. Efecto de la estela de una hélice que gira a derechas sobre un avión monomotor.

1.7.3. Carga asimétrica

Cuando el avión cabecea para ascender o descender uno de los lados de la hélice presenta cierta velocidad de avance, apareciendo un retroceso en el otro lado. En una hélice que gire en sentido horario, durante el ascenso la parte derecha avanza mientras que la izquierda retrocede. Esto provoca que la tracción de la zona derecha de la hélice aumente ligeramente, reduciéndose en la izquierda y provocando que el avión guiñe a la izquierda levemente. En caso de estar descendiendo, la guiñada sería a la derecha. A esta circunstancia se la conoce como carga asimétrica o **P-factor.**

En un avión monomotor, esta guiñada es insignificante y se puede corregir con los mandos de vuelo o con un compensador *(trim)*. Ahora bien, en un bimotor puede resultar problemático si falla un motor durante el despegue (Figura 1.16). En concreto si falla el **motor crítico,** ya que la otra hélice origina un par de guiñada muy elevado que habrá que corregir, lo que se suma al grave problema del fallo de la planta de potencia. Para minimizar este problema, muchos aviones equipan motores que giran en sentidos opuestos: el motor izquierdo a derechas, el derecho a izquierdas. En algunas ocasiones, los fabricantes optan por una configuración de las hélices en tándem, como en la Cessna 337 (Figura 1.17).

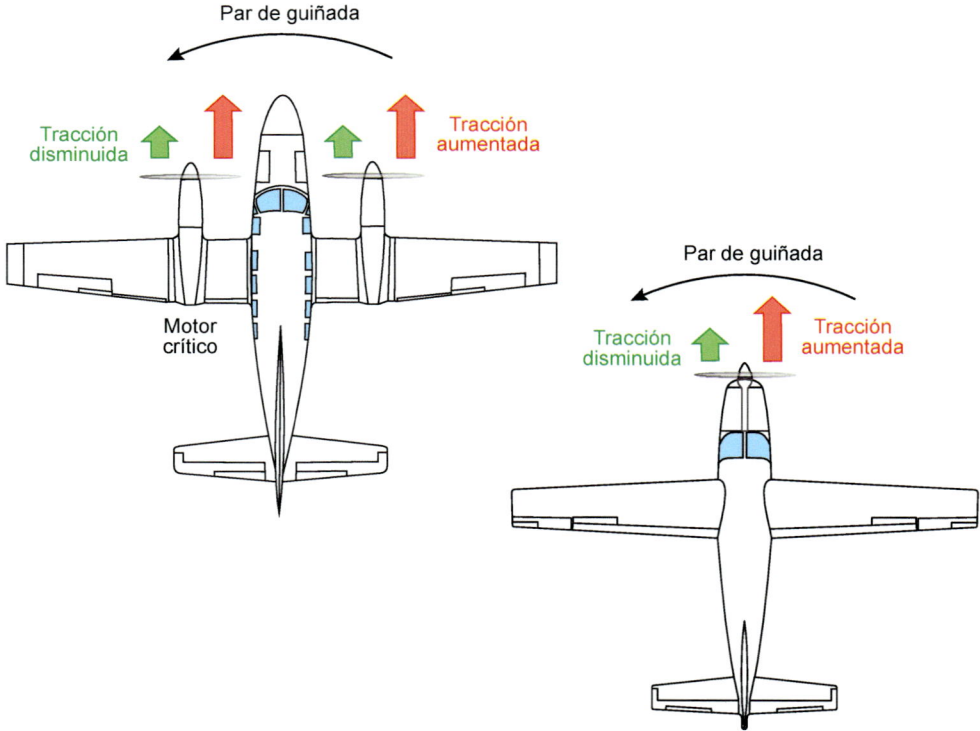

Figura 1.16. Carga asimétrica (P-factor) en un avión con una trayectoria ascendente equipado con hélice que gira en sentido horario (a derechas).

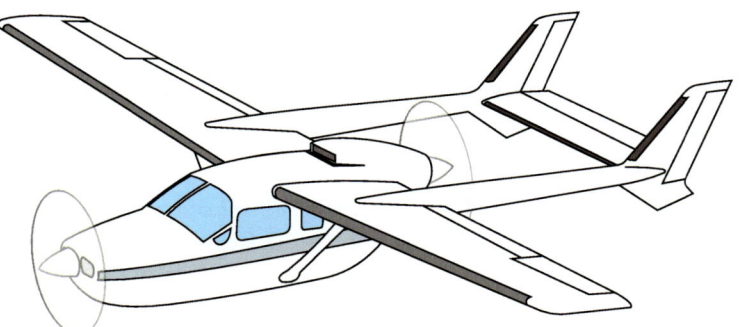

Figura 1.17. Avión bimotor de motor de pistón Cessna 337 con hélices en tándem *(push-pull).* La hélice tractora delantera gira en sentido horario, la impulsora trasera lo hace en sentido antihorario.

1.8. Vibraciones y resonancia

Durante su funcionamiento, las hélices soportan fuerzas de origen aerodinámico (sustentación y resistencia) y de origen mecánico provenientes del motor (centrífuga y par motor). La fluctuación de estas fuerzas son el origen de las vibraciones de la hélice.

Las fuerzas aerodinámicas deforman ligeramente las palas. A su vez, esta deformación afecta al valor de las fuerzas aerodinámicas, por lo que la pala cambia su forma de nuevo. Esta influencia mutua entre fuerzas aerodinámicas y deformación provoca que la hélice vibre y que genere un ruido característico.

Por su parte, el par motor acelera la hélice, aumentando la fuerza centrífuga que estira las palas. Ahora bien, al aumentar las rpm, la fuerza del torque también aumenta, lo que frena ligeramente la hélice, disminuyendo la fuerza centrífuga y el estiramiento de las palas. Esta interacción entre la deformación de la hélice y las rpm que entrega el motor a la hélice, es también origen de vibraciones. Si, además, el motor es de pistón, la frecuencia de las pistonadas se transmite a la hélice en forma de pulsos, provocando una vibración característica (Figura 1.18).

Vibración

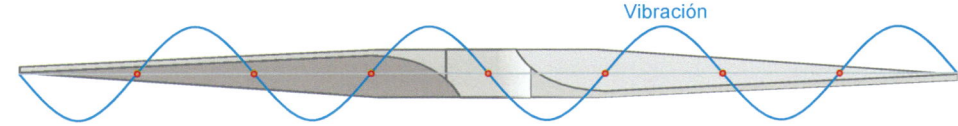

● Puntos de concentración de esfuerzos

Figura 1.18. Las pistonadas que se producen en un motor de pistón producen una vibración característica que provoca la aparición de unos puntos en donde se concentran los esfuerzos. La zona más propensa a sufrir daños se encuentra a unas 6 pulgadas de la punta (dependerá del diámetro de la hélice y de las rpm).

Por último, debemos tener en cuenta las vibraciones originadas por desajustes en las hélices. Una pérdida de material en una pala (por el impacto de una china de gravilla, por ejemplo) provocará un **desequilibrio** que aumentará la vibración de la hélice. Lo mismo ocurre cuando las palas no siguen exactamente el mismo camino, lo que se denomina *out-of-track.*

Independientemente del origen, las vibraciones facilitan el avance de las grietas de fatiga en la hélice, pudiéndose originar un fallo catastrófico de graves consecuencias. Si la frecuencia de las vibraciones coincide con la **frecuencia de vibración natural** de la hélice, el problema se agrava, ya que al entrar en **resonancia** las vibraciones no se amortiguan y crecen en amplitud, provocando importantes daños de forma rápida.

AUTOEVALUACIÓN . . . .

1.1. La función de la hélice es convertir el par motor en _____.

1.2. ¿Cuál es el término en inglés para el empuje? ¿Y para la hélice?

1.3. Una hélice será capaz de mover _____ (pequeñas/grandes) cantidades de aire e impulsarlas a _____ (baja/elevada) velocidad.

1.4. Una planta de potencia produce un empuje de 4000 N moviendo 100 kg de aire por segundo. ¿Qué incremento de velocidad produce el motor en el aire?

1.5. El aire atraviesa una hélice de 2 m de diámetro a 80 m/s. Si se encuentra a una altitud de 8500 m (ρ = 0,5 kg/m^3) ¿Qué gasto másico tiene la hélice?

1.6. La teoría del incremento de presión _____ (no desprecia/desprecia) la viscosidad del aire.

1.7. La teoría del incremento de presión _____ (no sirve/sirve) para determinar el par que el motor entrega a la hélice.

1.8. Una hélice provoca un incremento de velocidad en el aire de 250 m/s. ¿Cuánto habrá aumentado la velocidad del aire justo a su paso por el disco de la hélice?

1.9. El rendimiento propulsivo de la hélice será mayor cuanto _____ (menor/mayor) sea el salto de velocidades que produce.

1.10. Un avión vuela a 100 m/s, mientras que su hélice produce un salto total de velocidad de 50 m/s. El rendimiento propulsivo será de _____.

1.11. Para obtener un rendimiento propulsivo mayor manteniendo un empuje suficiente, la hélice tendrá un _____ (pequeño/gran) diámetro y girará a _____ (bajas/altas) rpm.

1.12. ¿Qué velocidad tangencial tendrán las puntas de las palas de una hélice de 2 m de diámetro que giran a 1800 rpm? Si la velocidad de vuelo es de 100 kn. ¿Qué valor tendrá la velocidad del viento relativo en la punta?

1.13. Con la teoría del elemento de pala _____ (no/sí) es posible calcular el par absorbido por la hélice.

1.14. ¿Cómo se denomina el ángulo formado por la cuerda de un elemento de pala y el plano de rotación de la hélice?

1.15. ¿Cómo se denomina el ángulo formado por la cuerda de un elemento de pala y la dirección de la corriente incidente?

1.16. Si el ángulo de ataque de las palas de una hélice sube ligeramente, la tracción _____ (se reducirá/aumentará).

1.17. ¿De qué depende el coeficiente de sustentación de los elementos de pala?

1.18. La torsión de la pala es tal, que será máximo en la _____ (raíz/punta) de la pala.

1.19. ¿Cómo varía la cuerda de los elementos de pala a lo largo de esta?

1.20. Los perfiles con mayor curvatura de la pala se encuentran cerca de la _____ (raíz/punta).

1.21. ¿Qué zona de la pala produce una mayor tracción?

1.22. Cuantas _____ (menos/más) palas tenga la hélice y _____ (menores/mayores) sean las rpm de giro, _____ (menor/mayor) será el fenómeno de la interferencia, disminuyendo el rendimiento propulsivo.

1.23. Al girar, las hélices «baten» el aire. ¿Con qué tipo de hélice se minimiza este efecto?

1.24. ¿Por qué motivo la punta de las palas de la hélice apenas produce tracción?

1.25. El rendimiento propulsivo es _____ (inversamente/directamente) proporcional al coeficiente de tracción.

1.26. Un avión vuela a 360 km/h cuando su hélice de 2 m de diámetro gira a 1500 rpm. Con estas condiciones, ¿qué valor tendrá el coeficiente de avance?

1.27. Para elevadas velocidades de vuelo, interesan ángulos de paso _____ (bajos/altos). En el despegue, interesan ángulos de paso _____ (bajos/altos).

1.28. La hélice de un avión tiene un paso de 45° en su sección ¾. Si tiene un diámetro de 2 m, ¿cuál será su paso geométrico? Si el paso efectivo es de 4 m, ¿cuánto valdrá el resbalamiento?

1.29. Al realizar un ascenso, un avión reduce su velocidad de vuelo. Si las rpm y el paso se mantienen constantes, el ángulo de ataque de las palas _____ (aumentará/disminuirá).

1.30. ¿Con qué configuraciones de la hélice la fuerza de tracción está dirigida hacia delante?

1.31. ¿Con qué configuraciones de la hélice la tracción está dirigida hacia atrás?

1.32. ¿Qué configuración de la hélice no produce tracción?

1.33. El ángulo de ataque óptimo para una hélice propulsora está entre _____ y _____ grados.

1.34. ¿Qué tipo de configuración de la hélice solo se utiliza en helicópteros?

1.35. De todas las fuerzas que debe soportar la hélice, ¿cuál es la de mayor magnitud?

1.36. La ATF tiende a _____ (disminuir/aumentar) el ángulo de paso.

1.37. La fuerza torsional centrífuga intentará _____ (disminuir/aumentar) el ángulo de paso.

1.38. La ATF es de _____ (menor/mayor) magnitud que la CTF.

1.39. ¿Cuál de las fuerzas que debe soportar la hélice es perpendicular a su plano de rotación?

1.40. Si las rpm de giro de la hélice se doblan, ¿cómo es la variación de la fuerza centrífuga?

1.41. Los fenómenos giroscópicos serán más acusados cuando el peso de la hélice sea _____ (reducido/elevado).

1.42. Un avión monomotor dispone de una hélice que gira a izquierdas. Si tenemos en cuenta los fenómenos giroscópicos, cuando el piloto empuje el volante de control hacia delante, el morro se moverá ligeramente hacia la _____ (izquierda/derecha).

1.43. En un avión monomotor con la hélice girando a izquierdas, el aparato sufrirá un leve alabeo hacia la _____ (izquierda/derecha).

1.44. ¿Cómo se puede corregir la guiñada que aparece como consecuencia de la estela de la hélice?

1.45. En un avión bimotor con las hélices girando en sentido horario, ¿cuál será el motor crítico respecto al *P-factor*?

1.46. ¿Cómo tiene que ser la frecuencia de vibración de la hélice para que esta entre en resonancia?

Fabricación de hélices

No existe un tipo de hélice que satisfaga las exigencias de todas las aeronaves. La hélice de velocidad constante con palas de materiales compuestos es la que mejores prestaciones tiene, pero resulta más cara de adquirir y mantener que una hélice de aluminio de paso fijo. Una hélice de 6 palas produce un gran empuje, pero necesita un motor de gran potencia y es menos eficiente que una de 2 palas. Para mejorar el rendimiento conviene disponer de palas largas y estrechas, pero para volar rápido es mejor disponer de palas cortas y anchas. Vemos, por tanto, que cada aplicación requiere un tipo de hélice distinto.

Independientemente de las características de la hélice, en todas vamos a reconocer elementos comunes (Figura 2.1):

- **Pala** *(blade):* componente formado por una sucesión de perfiles aerodinámicos. Es el elemento que produce el empuje.

- **Cubo:** es la parte de la hélice que está unida al eje del motor. En hélices con palas desmontables, como las de velocidad constante, se denomina *hub*. En hélices de paso fijo de una sola pieza será el *boss*.

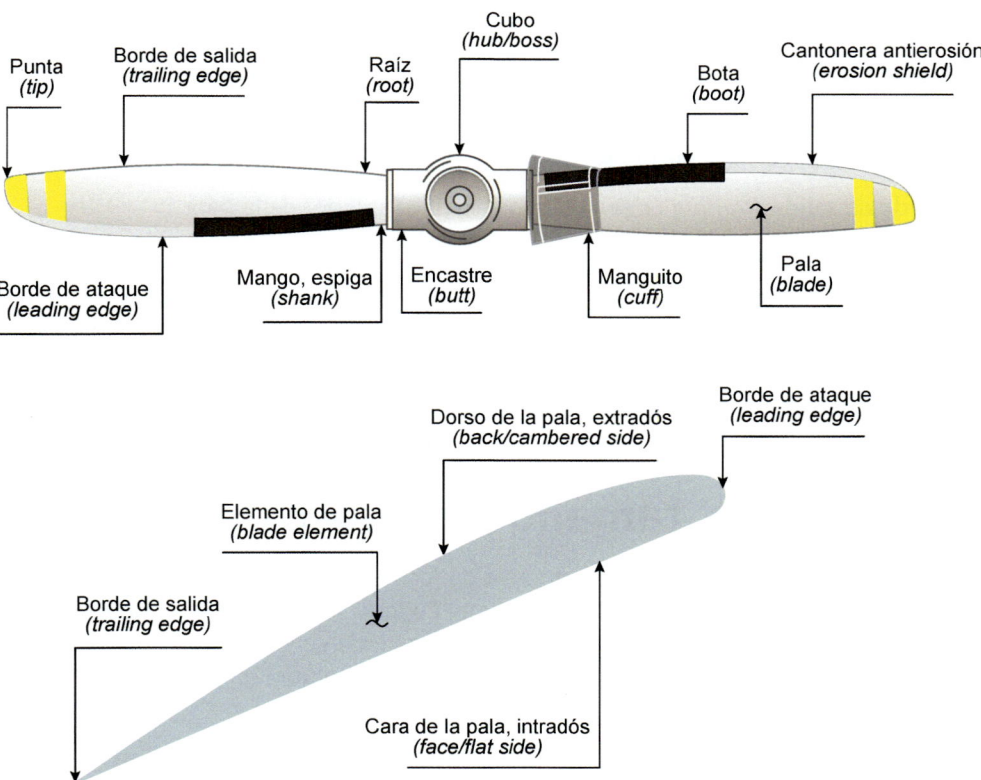

Figura 2.1. Denominación de los elementos y las partes de la hélice.

- **Cantonera antierosión** *(erosión shield, erosión strip):* protección metálica (habitualmente de níquel) ubicada en el borde de ataque, de la mitad de la pala hacia la punta, para evitar daños por erosión en el material de la pala.

- **Bota** *(boot):* cantonera de goma utilizada por el sistema antihielo de la hélice.

- **Manguito** *(cuff):* cubiertas aerodinámicas de plástico o chapa metálica que facilitan el movimiento del aire en la zona central de la hélice, mejorando la refrigeración en tierra del motor. Solo se equipa en aquellas hélices que tienen una espiga o mango circular (o casi circular).

- **Punta** *(tip):* extremo de la pala más alejado del eje de rotación. Habitualmente se pinta en amarillo o blanco por seguridad, y así poder ver el disco de la hélice cuando está girando.

- **Raíz** *(root):* extremo de la pala más cercano al eje de giro.

- **Mango, espiga** *(shank):* extremo de las palas de hélices desmontables (velocidad constante, paso controlable, de dos posiciones) que se introduce en parte en el cubo. Suele tener una sección circular. Muchas hélices no distinguen entre raíz y espiga, siendo equivalentes.

- **Encastre** *(butt):* unión entre la pala y el cubo en hélices desmontables.

- **Elemento de pala** *(blade element):* cada perfil aerodinámico que forma la pala.

- **Borde de ataque** *(leading edge):* es el borde relativamente grueso y redondeado sobre el que incide la corriente.

- **Borde de salida** *(trailing edge):* es el borde fino, afilado, de la pala.

- **Cara** *(face):* superficie de la pala que siempre mira hacia la parte de atrás del avión. En muchos casos está pintada de negro para evitar reflejos a los pilotos. El elemento de pala es prácticamente plano en su cara, que hace las veces de intradós del perfil.

- **Dorso** *(back):* superficie de la pala que mira hacia la parte delantera del avión. Es el extradós del elemento de pala, por lo que tiene una curvatura pronunciada.

2.1. Número, tamaño y forma de palas

Una importante característica constructiva de las hélices, y que podemos apreciar a simple vista, es el número de palas con las que cuenta. De igual modo, también podemos observar si las palas son finas o anchas (en la cuerda de los perfiles), y si son largas o cortas. Estas particularidades dependerán del propósito que tenga la hélice, esto es, del avión donde se monte.

Deberemos tener en cuenta un parámetro denominado **factor de solidez,** que se define como la relación del área total que ocupan las palas sin torsión entre el área del disco (Figura 2.2). Cuanto más elevado sea el factor de solidez, mayor será el

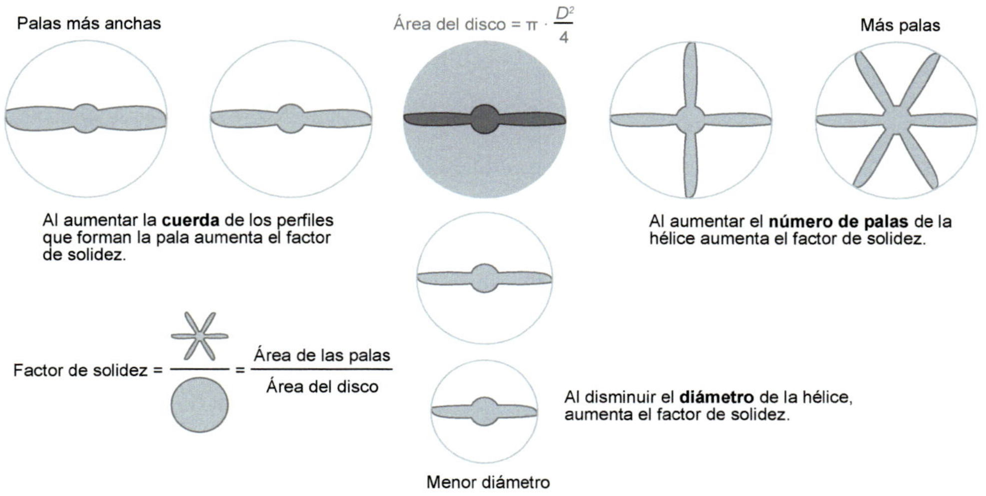

Palas más anchas

Área del disco = $\pi \cdot \dfrac{D^2}{4}$

Más palas

Al aumentar la **cuerda** de los perfiles que forman la pala aumenta el factor de solidez.

Al aumentar el **número de palas** de la hélice aumenta el factor de solidez.

$$\text{Factor de solidez} = \frac{}{} = \frac{\text{Área de las palas}}{\text{Área del disco}}$$

Al disminuir el **diámetro** de la hélice, aumenta el factor de solidez.

Menor diámetro

Figura 2.2. El factor de solidez será mayor cuantas más palas tenga la hélice, cuanto más anchas sean y cuanto menor sea el diámetro.

empuje producido, así como la potencia necesaria para hacer girar la hélice. Por tanto, nos podemos encontrar con dos extremos:

- **Vuelo a baja altitud o velocidad:** son las condiciones que tenemos habitualmente en la aviación general (avionetas). En este tipo de aeronaves se valora especialmente la simplicidad y los costes de operación reducidos. Los motores empleados serán de poca potencia, por lo que será necesario recurrir a hélices con un bajo factor de solidez, así que se utilizarán hélices de dos palas, con poca cuerda y gran diámetro. Con dos palas el fenómeno de la interferencia será casi despreciable y, al volar a baja velocidad, el diámetro puede aumentar para mejorar el rendimiento sin riesgo a alcanzar la velocidad del sonido.

- **Vuelo a alta velocidad o altitud:** en este caso es necesario que la hélice produzca un empuje considerable y esto solo se puede lograr con una hélice de gran factor de solidez. Ahora bien, el motor debe ser capaz de entregar un par y una potencia elevada. Recordemos también que al aumentar la altitud de vuelo la tracción disminuye debido al descenso en la densidad del aire, así que será necesario conseguir el empuje de otro modo: aumentando el número de palas. Por otro lado, para volar rápido, el diámetro de la hélice no podrá ser muy alto, ya que podríamos alcanzar la velocidad del sonido en la punta de las palas. En definitiva, vemos que en este caso habrá que sacrificar rendimiento para mejorar otras prestaciones.

La forma en planta de las palas también afecta al funcionamiento de la hélice. En la Figura 2.3 podemos ver dos palas, una convencional y otra de tipo **cimitarra,** con una ligera «flecha» en la punta. Esta forma le permite alcanzar una velocidad de vuelo ligeramente superior sin que aparezcan los problemas derivados del régimen transónico, pero es más difícil de fabricar.

Pala convencional

Pala con punta en flecha (cimitarra)

Figura 2.3. Pala convencional y pala con punta en flecha *(swept blade)*.

2.2. Control del paso

Desde el punto de vista de control del ángulo de paso de las palas de la hélice, nos podemos encontrar con las siguientes configuraciones (Figura 2.4):

- **Hélice de paso fijo:** están construidas de una sola pieza, por lo que sus palas no son desmontables. Es habitual que dispongan de una cantonera antiabrasión en el borde de ataque y alguna protección extra en la punta de las palas. Son ligeras, simples, baratas y de fácil instalación y mantenimiento. Funcionan eficientemente cuando la velocidad de vuelo y las rpm son las adecuadas, pero con otras condiciones bajan su rendimiento notablemente. Se fabrican de madera laminada, aleación de aluminio y materiales compuestos. Se utilizan ampliamente en aviación general para volar a baja altitud y velocidad.

- **Hélice de paso ajustable:** el paso de estas hélices se puede ajustar en tierra por los técnicos de mantenimiento. Bastará con aflojar los pernos que aprietan las abrazaderas y girar la pala para aumentar o disminuir su ángulo de paso. Una vez que se tiene el paso deseado, se volverán a apretar los pernos y a volar. Iniciado el vuelo, el piloto no podrá cambiar el paso. De esta forma se puede adaptar el paso a las necesidades del vuelo: paso bajo para mejorar las actuaciones en despegue y ascenso o paso alto para volar a mayor velocidad en crucero. En este caso las palas son desmontables, por lo que se podrán cambiar en caso de necesidad. Estas hélices son algo más complejas que las de paso fijo, pero siguen siendo una opción económica, por lo que también las podremos encontrar en aviación general.

- **Hélice de dos posiciones:** en este caso, el piloto podrá seleccionar un paso bajo *(low pitch)* para despegue o un paso alto *(high pitch)* para el vuelo de crucero. Solo hay esas dos posiciones, no hay posiciones intermedias, pero es una mejora significativa respecto a la hélice de paso fijo y a la de paso ajustable. El cambio de paso se efectúa gracias a la acción de una presión hidráulica (paso bajo) o de un contrapeso que está instalado en la raíz de la pala (paso alto). Hoy en día están en desuso.

- **Hélices de velocidad constante:** en este tipo de hélice, las palas podrán variar su ángulo de paso desde un mínimo (comienzo de la carrera de despegue) hasta un máximo (vuelo a máxima velocidad), pasando por todos los pasos intermedios. De esta forma se adaptarán a las condiciones del vuelo en tiempo real. Un dispositivo conocido como ***governor*** se encargará de mantener el paso óptimo de forma automática y, de paso, conseguir que la hélice, y por tanto el motor, giren a las rpm más favorables. El mecanismo de cambio de paso es complejo y caro de fabricar y de mantener, pero es la hélice que mejores prestaciones tiene, tanto de empuje como de rendimiento, por lo que se instala en todo tipo de aviones. Muchas de estas hélices se pueden abanderar e incluso generar empuje de reversa. En la Unidad 3 de este libro estudiaremos ampliamente este tipo de hélice.

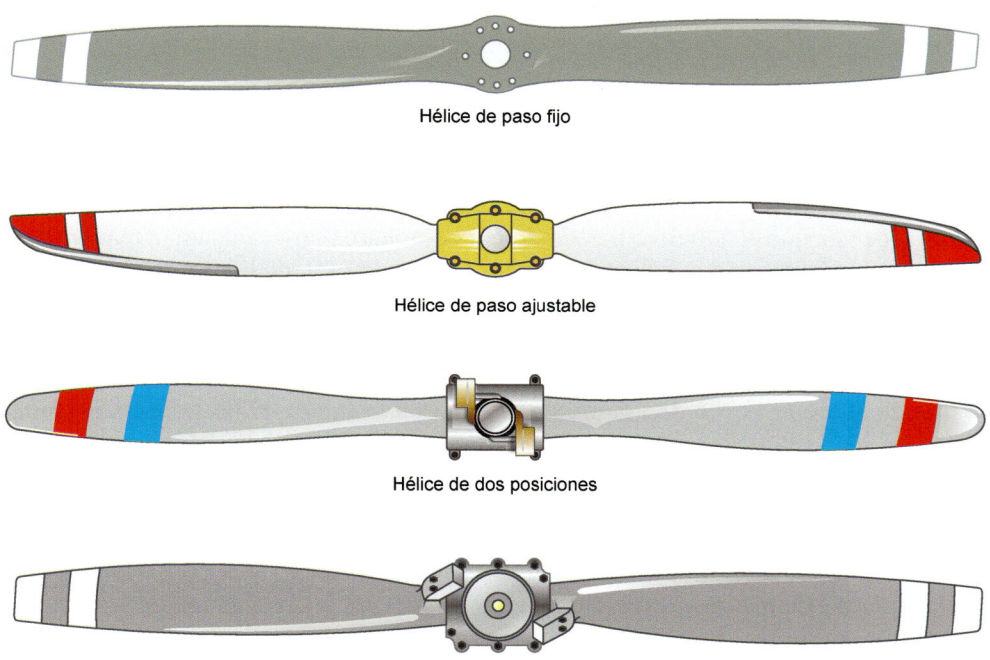

Hélice de paso fijo

Hélice de paso ajustable

Hélice de dos posiciones

Hélice de velocidad constante

Figura 2.4. Diferentes tipos de hélice en función del tipo de control de paso con el que cuentan.

2.3. Construcción de las palas

Las características de la hélice dependen, en gran medida, del material de fabricación de sus palas. Hoy en día se fabrican palas de madera, de aleación de aluminio y de materiales compuestos. También nos podríamos encontrar con palas de acero, aunque será difícil ya que se dejaron de fabricar a finales de los años setenta. En este apartado vamos a estudiar todas ellas.

2.3.1. Hélices y palas de madera

Las hélices de paso fijo de madera han sido utilizadas en aviación desde el Flyer de los hermanos Wrigth en 1903 hasta nuestros días. Son hélices económicas y muy habituales en aviación ligera, en donde no es necesario alcanzar grandes velocidades o altitudes

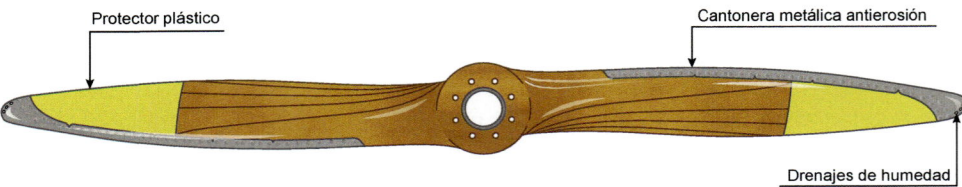

Figura 2.5. Hélice de paso fijo de madera.

de vuelo (Figura 2.5). Además, la madera absorbe de forma natural las vibraciones, minimizando el riesgo de entrar en resonancia.

Se fabrican con láminas de abedul, roble o nogal de ½ a 1 pulgada de espesor, cuidadosamente secadas y pegadas con adhesivos estructurales para maderas como el resorcinol. Una vez que el adhesivo ha curado por completo, se mecanizará la madera para dar la forma definitiva a la hélice, terminando con una serie de lijados que dejarán las palas perfectamente pulidas. Finalmente se aplicará un barniz protector. Para instalar la hélice en el eje del motor se utilizará un adaptador de acero.

En muchas ocasiones se instalan unas **cantoneras** antierosión metálicas (acero, latón o monel) sobre el borde de ataque en la zona de la punta de las palas. Las cantoneras se fijan a la pala mediante remaches o tornillos de cobre, a los que se da un punto de soldadura para evitar que se suelten, o bien mediante adhesivos. Así mismo se suele colocar un manguito de plástico en la punta para prevenir su degradación. También en la punta de las palas, se realizarán tres pequeños agujeros con una broca de #60 (0,04 pulgadas de diámetro) y una profundidad de 3/16 de pulgada para facilitar que la hélice pierda el exceso de humedad con ayuda de la fuerza centrífuga. Por último, se equilibrará la hélice para minimizar las vibraciones, añadiendo peso a la pala más ligera o quitando de la más pesada.

Uno de los problemas que presenta la madera, como material de fabricación de hélices de aviación, es su tendencia a desgarrarse a lo largo de la fibra o veta bajo la acción de un esfuerzo de cizalladura. También hay que destacar la tendencia que tiene la madera a absorber humedad lo que puede producir degradación, alabeos y desequilibrios. Por otra parte, las palas de madera deben ser más bien gruesas para evitar la rotura, lo que afecta negativamente a la aerodinámica y al rendimiento propulsivo, que será relativamente bajo.

2.3.2. Palas de acero

Las palas de acero son más resistentes que las de madera, por lo que se pueden fabricar con perfiles más finos y eficientes (Figura 2.6). Se utiliza habitualmente el acero al cromo-níquel-molibdeno SAE- AISI-4340 o similares. Se pueden construir macizas o huecas con relleno de espuma, en ambos casos tratadas superficialmente para protegerlas de la corrosión. Su principal campo de aplicación fueron los motores de gran potencia de a mediados del siglo xx. Hoy en día están en desuso debido a su elevado peso y su propensión a la corrosión.

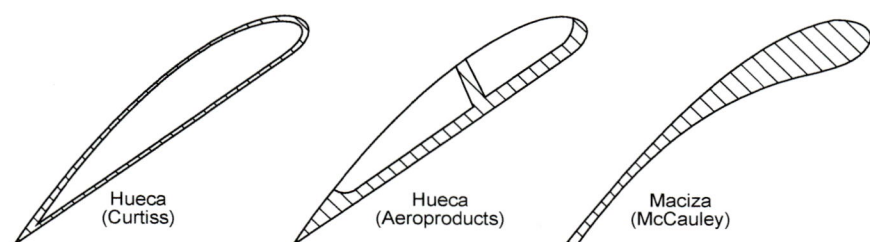

Hueca
(Curtiss)

Hueca
(Aeroproducts)

Maciza
(McCauley)

Figura 2.6. Secciones de palas de acero de tres fabricantes distintos (Curtiss, Aeroproducts y McCauley).

2.3.3. Hélices y palas de aluminio

Las hélices y palas fabricadas con aleaciones de aluminio se utilizan en todo tipo de aviones, ya sean de paso fijo como de velocidad constante. Pueden fabricarse con perfiles más finos que las de madera, por lo que resultan más eficientes. Esta mejora aerodinámica no solo se nota en vuelo, también resulta favorable en tierra, ya que aumentan el flujo de aire que recibe el motor cuando el avión está parado, facilitando la refrigeración.

Las hélices de aluminio son más resistentes, más duraderas y precisan menos atención durante el mantenimiento que las de madera, sin aumentar el peso excesivamente. Además, admiten reparaciones que no se pueden acometer en las de madera. La aleación más utilizada es la de aluminio-cobre 2025-T6. Se fabrican mediante procesos de forja y posterior mecanizado para dejarlas con la forma aerodinámica oportuna. Después de pasar un proceso de equilibrado se protegen de la corrosión con un anodizado y se pintan.

2.3.4. Palas de materiales compuestos

Las palas de materiales compuestos presentan ventajas importantes frente a las de madera, aluminio o acero. En primer lugar, la relación resistencia-peso de las palas de composites es considerablemente mayor que la de las construidas con otros materiales. Esta circunstancia permite construir palas con secciones más finas y eficientes, sin comprometer la resistencia estructural. Los materiales compuestos no presentan problemas de corrosión, como el metal, ni de absorción de humedad como la madera. Por otra parte, tienen una reparabilidad muy elevada, lo que alarga notablemente la vida de las palas. Con materiales compuestos se fabrican palas para hélices de paso fijo, de paso ajustable y de velocidad constante.

Se utilizan fibras de carbono, de vidrio y aramidas (kevlar), con matriz de resina epoxi. En el interior de la pala se utilizan estructuras de panel de nido de abeja *(honeycomb)* o espuma de poliuretano. Además de dar rigidez a la pala, la espuma absorbe buena parte de las vibraciones derivadas de la hélice, lo que repercute positivamente en el funcionamiento de la planta de potencia y en el confort de pasaje y tripulación. También es frecuente contar con un larguero metálico (acero inoxidable o aleación de aluminio) dispuesto longitudinalmente a la pala que aumenta su resistencia (Figura 2.7). El borde de ataque se protege con una cantonera metálica, típicamente de níquel, para proteger la pala de la erosión.

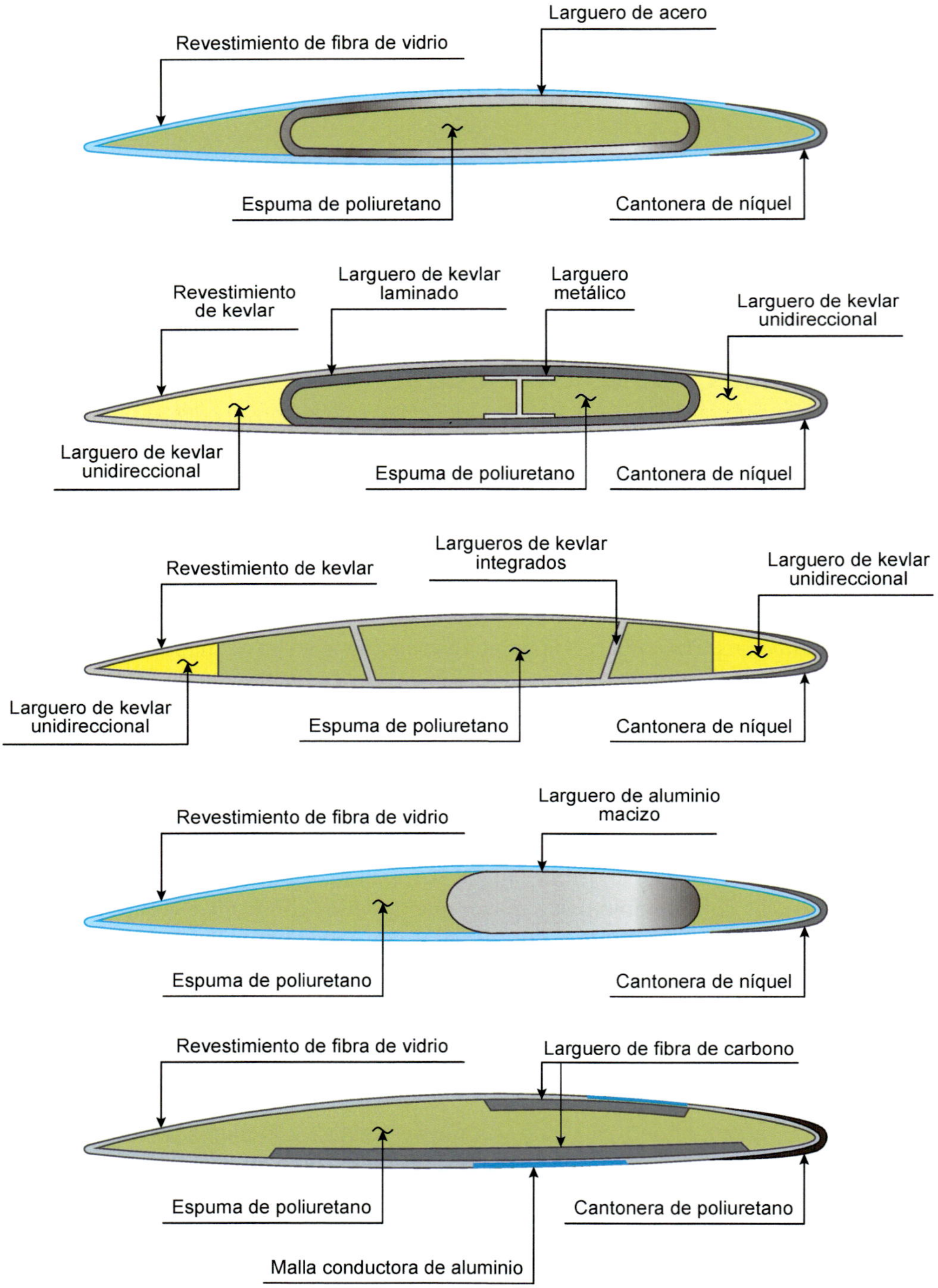

Revestimiento de fibra de vidrio

Larguero de acero

Espuma de poliuretano

Cantonera de níquel

Revestimiento de kevlar

Larguero de kevlar laminado

Larguero metálico

Larguero de kevlar unidireccional

Larguero de kevlar unidireccional

Espuma de poliuretano

Cantonera de níquel

Revestimiento de kevlar

Largueros de kevlar integrados

Larguero de kevlar unidireccional

Larguero de kevlar unidireccional

Espuma de poliuretano

Cantonera de níquel

Revestimiento de fibra de vidrio

Larguero de aluminio macizo

Espuma de poliuretano

Cantonera de níquel

Revestimiento de fibra de vidrio

Larguero de fibra de carbono

Espuma de poliuretano

Cantonera de poliuretano

Malla conductora de aluminio

Figura 2.7. Distintas configuraciones empleadas en la construcción de palas de materiales compuestos.

2.4. Instalación de la hélice

La hélice se fija al motor mediante uno de los siguientes sistemas:

- **Platillo portahélice** *(flanged shaft):* la hélice se instala sobre un disco que dispone de una serie de agujeros roscados para la colocación de los pernos de sujeción (Figura 2.8). Es un método muy extendido, tanto en motores de pistón como en turbohélices, utilizándose en hélices de paso fijo, de paso ajustable y de velocidad constante. En ocasiones el platillo dispone de una guía *(index pin)* para forzar la instalación de la hélice en una posición determinada.

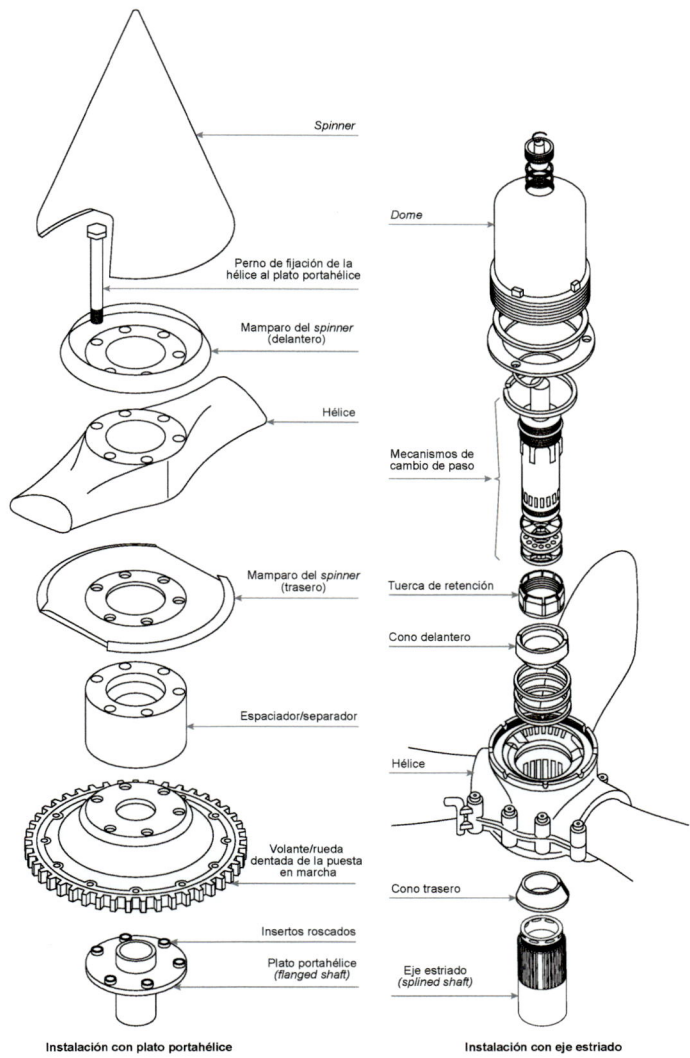

Figura 2.8. Dos ejemplos de instalación de la hélice en un plato portahélice y en un eje estriado.

- **Eje estriado** *(splined shaft):* en este caso la instalación se realiza sobre un eje sobre el que se han tallado unas estrías que evitan el giro de la hélice respecto al eje (Figura 2.8). Es un método utilizado en motores de gran potencia. El eje cuenta con una estría más ancha que las demás denominada *master spline*, que sirve para forzar la instalación de la hélice en una posición determinada. Para el centrado se recurre a dos piezas cónicas, una frontal que pertenece a la hélice y otra trasera que pertenece al motor (Figura 2.9). Se colocará una tuerca de retención que evita el desplazamiento axial de la hélice y aprieta los conos contra esta, garantizando el centrado. Además, esta tuerca hace las veces de extractor y ayuda a desinstalar el cono delantero. Finalmente se instala un pasador *(clevis pin)* para evitar que la tuerca se afloje.

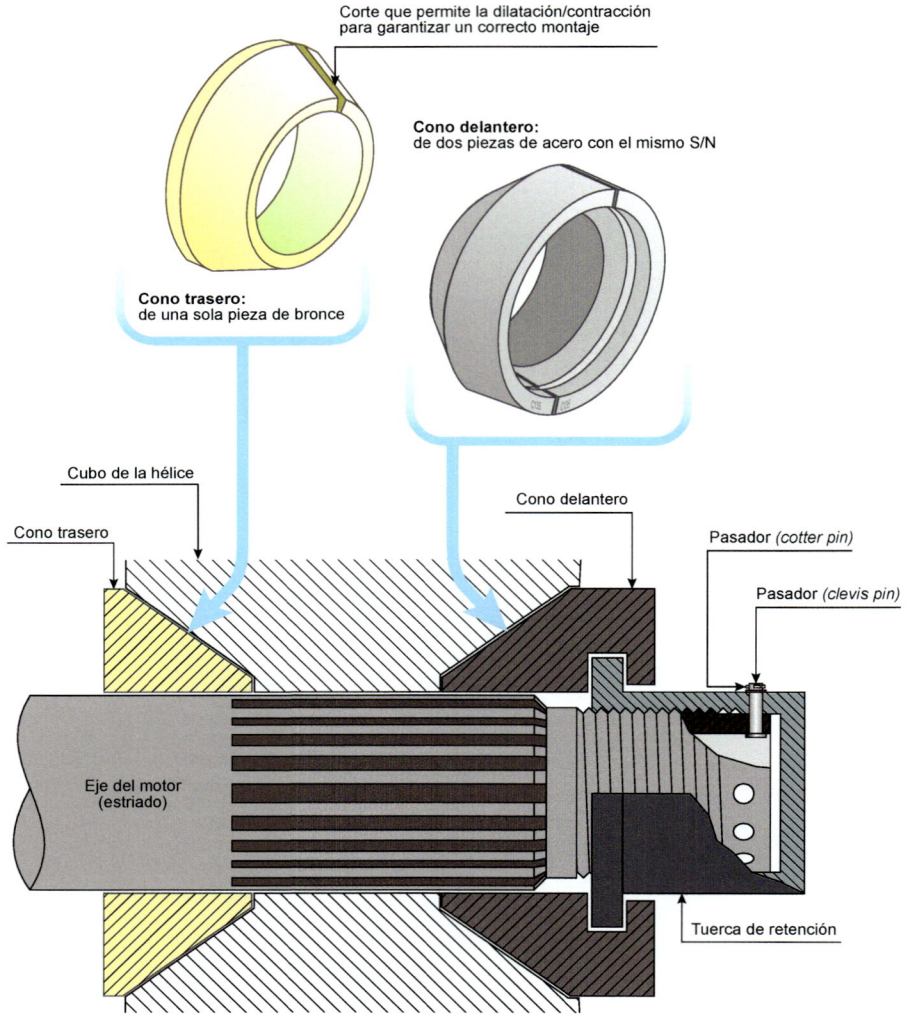

Figura 2.9. Conos de centrado (delantero y trasero) de una hélice instalada sobre un eje estriado. La hélice se asegura al eje estriado mediante los conos y la tuerca de retención, que se bloquea mediante un pasador asegurado por un *cotter pin*.

- **Eje cónico** *(tapered shaft):* el eje de salida de algunos motores de pistón antiguos, de baja potencia y equipados con hélices de madera, es cónico con el fin de facilitar el centrado. Puesto que el eje de la hélice es cilíndrico, será necesario ayudarnos de un adaptador (Figura 2.10). Este tipo de instalación está en desuso.

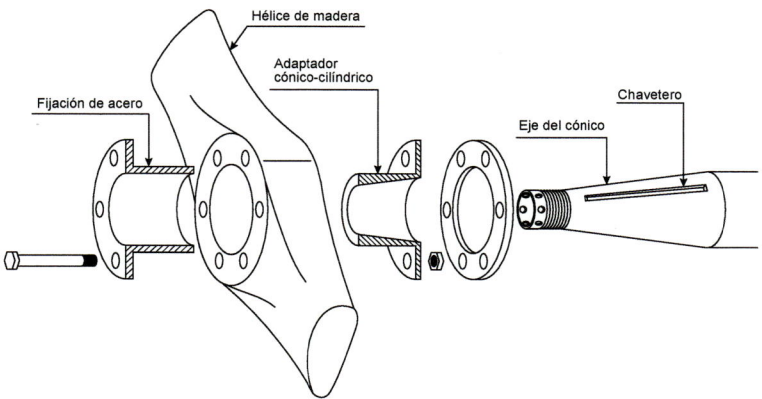

Figura 2.10. Para instalar la hélice sobre un eje cónico será necesario un adaptador cónico-cilíndrico, ya que el cubo de la hélice es cilíndrico. Se verificará el contacto entre las superficies cónicas del adaptador y el eje empleando una tinta (la transferencia de tinta deberá ser de al menos del 70 %).

Sobre el cubo de la hélice se instalará el **spinner.** El *spinner* o tapacubo disminuye la resistencia aerodinámica de la hélice y ayuda a dirigir el aire hacia los conductos de refrigeración de algunos motores (Figura 2.11). Se fabrican de acero, aluminio y, hoy en día, sobre todo de materiales compuestos. Algunas hélices de paso fijo equipan un tipo de *spinner* sencillo denominado *skull cap spinner*.

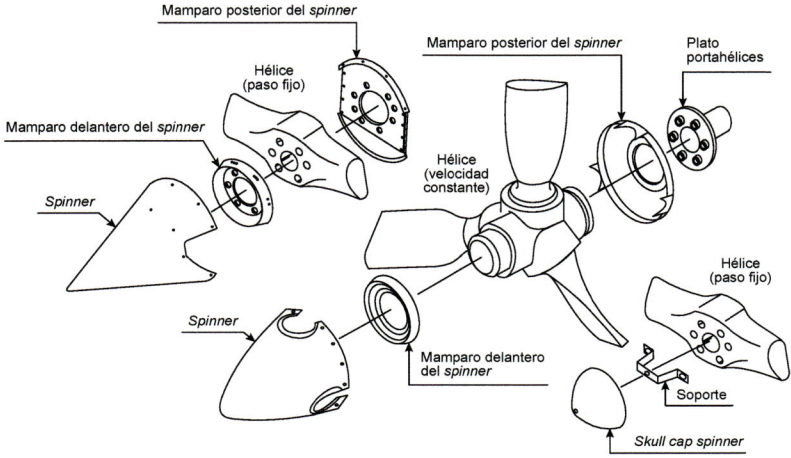

Figura 2.11. Configuraciones típicas del *spinner* en hélices de paso fijo y de velocidad constante.

2.5. Designación de hélices

Cada hélice se designa con un código que la diferencia del resto. Si bien estos códigos son distintos de un fabricante a otro y de una gama de hélices a otra, en ellos podemos encontrar información similar. En este apartado vamos a ver cómo designan sus hélices tres de los principales fabricantes, como son Hartzell, McCauley y Sensenich.

Comenzaremos por Sensenich, que fabrica hélices de paso fijo de madera y aluminio y hélices de paso ajustable en tierra con palas de fibra de carbono. Como podemos ver en la Figura 2.12, para cada tipo de hélice emplea un código distinto.

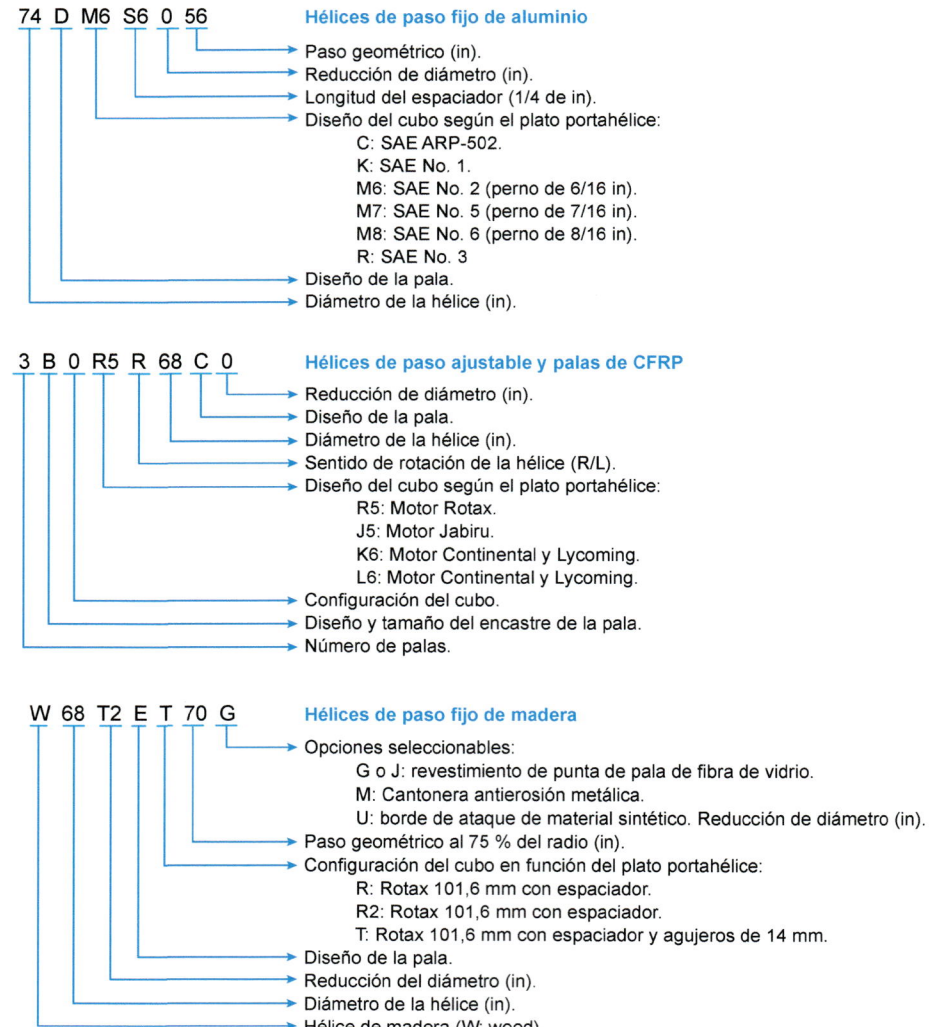

Figura 2.12. Designación de las hélices realizada por Sensenich.

Por su parte, McCauley fabrica hélices de paso fijo y de velocidad constante (con y sin capacidad de abanderamiento, tanto reversibles como no reversibles), con las palas de aleación de aluminio o de materiales compuestos. En la Figura 2.13 podemos ver cómo designa McCauley sus hélices.

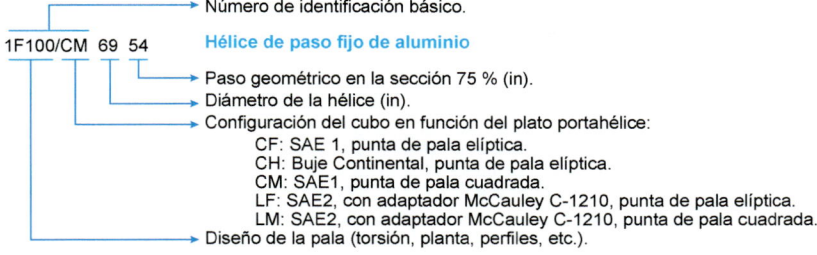

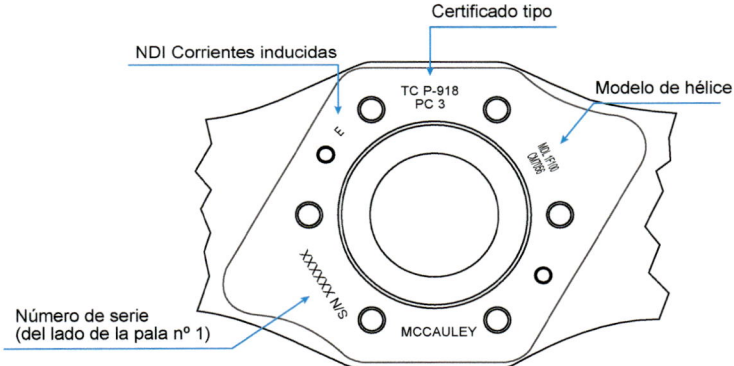

Código estampado sobre la propia hélice (paso fijo)

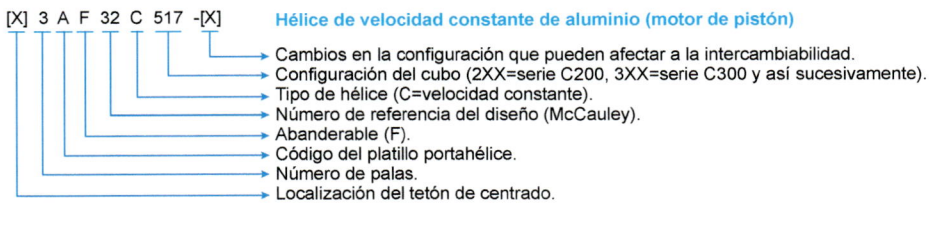

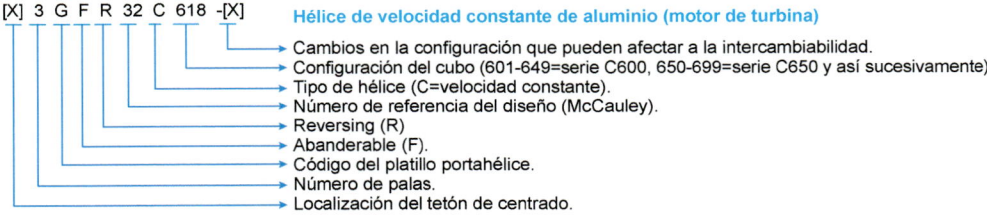

Figura 2.13. Designación de las hélices realizada por McCauley en sus hélices con palas de aluminio.

Finalmente, Hartzell comercializa hélices de velocidad constante, abanderables y en algunos casos también reversibles. Fabrica las palas tanto de aluminio como de materiales compuestos, siendo uno de los principales fabricantes a nivel mundial. En la Figura 2.14 se observa la designación de una de sus hélices, para motores turbohélice, con palas de aluminio.

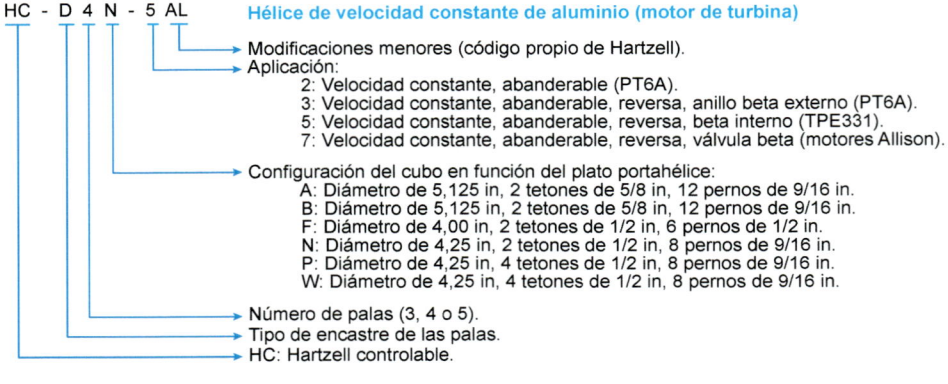

HC - D 4 N - 5 AL   **Hélice de velocidad constante de aluminio (motor de turbina)**

- Modificaciones menores (código propio de Hartzell).
- Aplicación:
    2: Velocidad constante, abanderable (PT6A).
    3: Velocidad constante, abanderable, reversa, anillo beta externo (PT6A).
    5: Velocidad constante, abanderable, reversa, beta interno (TPE331).
    7: Velocidad constante, abanderable, reversa, válvula beta (motores Allison).
- Configuración del cubo en función del plato portahélice:
    A: Diámetro de 5,125 in, 2 tetones de 5/8 in, 12 pernos de 9/16 in.
    B: Diámetro de 5,125 in, 2 tetones de 5/8 in, 12 pernos de 9/16 in.
    F: Diámetro de 4,00 in, 2 tetones de 1/2 in, 6 pernos de 1/2 in.
    N: Diámetro de 4,25 in, 2 tetones de 1/2 in, 8 pernos de 9/16 in.
    P: Diámetro de 4,25 in, 4 tetones de 1/2 in, 8 pernos de 9/16 in.
    W: Diámetro de 4,25 in, 4 tetones de 1/2 in, 8 pernos de 9/16 in.
- Número de palas (3, 4 o 5).
- Tipo de encastre de las palas.
- HC: Hartzell controlable.

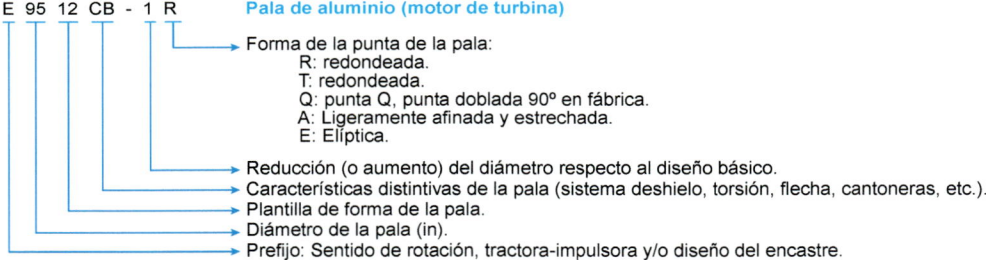

E 95 12 CB - 1 R   **Pala de aluminio (motor de turbina)**

- Forma de la punta de la pala:
    R: redondeada.
    T: redondeada.
    Q: punta Q, punta doblada 90º en fábrica.
    A: Ligeramente afinada y estrechada.
    E: Elíptica.
- Reducción (o aumento) del diámetro respecto al diseño básico.
- Características distintivas de la pala (sistema deshielo, torsión, flecha, cantoneras, etc.).
- Plantilla de forma de la pala.
- Diámetro de la pala (in).
- Prefijo: Sentido de rotación, tractora-impulsora y/o diseño del encastre.

Figura 2.14. Designación de una hélice para motor turbohélice con palas de aluminio realizada por Hartzell.

AUTOEVALUACIÓN

2.1. ¿Cómo se denomina la protección metálica ubicada en el borde de ataque que evita daños por erosión en la pala?

2.2. La _____ de la pala se pinta normalmente de negro para evitar reflejos al piloto.

2.3. ¿Cómo se denomina a la parte central de la hélice sobre la que se montan las palas y que está unida al motor?

2.4. El borde de _____ de la pala es redondeado y relativamente grueso.

2.5. ¿Cómo se denomina a la parte de la pala que está orientada hacia delante y que coincide con el extradós?

2.6. El _____ (dorso/cara) de la pala es una superficie más bien plana.

2.7. ¿Cómo se denomina a la relación del área total que ocupan las palas de la hélice sin torsión entre el área del disco?

2.8. Cuanto mayor sea el factor de solidez de la hélice, _____ (menor/mayor) será el empuje producido y _____ (menor/mayor) la potencia necesaria para hacerla girar.

2.9. Cuantas más palas tenga una hélice _____ (menor/mayor) será el factor de solidez.

2.10. Cuanto mayor sea el diámetro de la hélice _____ (menor/mayor) será el factor de solidez.

2.11. Las hélices de palas finas tendrán un factor de solidez _____ (menor/ mayor) que las hélices de palas más anchas.

2.12. ¿En qué circunstancias es preferible la utilización de hélices de bajo factor de solidez? ¿Y con factor de solidez elevado?

2.13. ¿Cómo se denominan las palas que están fabricadas con un poco de «flecha» y que nos permiten alcanzar una velocidad de vuelo mayor sin que aparezcan los problemas del régimen transónico?

2.14. ¿Qué ventajas presentan las hélices de paso fijo respecto a las de paso variable?

2.15. Las hélices de _____ (paso fijo/paso ajustable/dos posiciones) están en desuso actualmente.

2.16. ¿En qué tipo de hélices el piloto no puede cambiar el paso en vuelo?

2.17. Si tenemos en cuenta el sistema de control del paso, ¿qué tipo de hélice es la que presenta el mayor rendimiento en las distintas fases del vuelo?

2.18. ¿Cómo se denomina el dispositivo que se encarga de mantener el paso óptimo en todas las situaciones del vuelo en las hélices de velocidad constante?

2.19. ¿En qué tipo de aeronaves nos podremos encontrar con hélices de madera?

2.20. ¿Qué maderas se emplean habitualmente en la fabricación de hélices de madera?

2.21. Las hélices de madera se fabrican con madera _____ (maciza/laminada).

2.22. ¿Qué tipo de adhesivo se emplea típicamente para pegar las láminas de madera de las hélices entre sí?

2.23. ¿Qué materiales se emplean en las cantoneras antiabrasión de las hélices de madera?

2.24. ¿Por qué motivo se realizan tres taladros en la punta de las palas de madera?

2.25. ¿De qué diámetro se realizan típicamente los taladros de drenaje de la punta de la pala de madera? ¿Qué profundidad tendrán esos taladros?

2.26. Las palas de madera son más bien _____ (finas/gruesas), lo que afecta a su comportamiento aerodinámico.

2.27. ¿Qué tipo de acero se ha utilizado habitualmente en la fabricación de palas de acero?

2.28. Las palas de aluminio resultan _____ (menos/más) eficientes que las de madera.

2.29. ¿Qué aleación de aluminio es la más utilizada en la fabricación de palas para hélices?

2.30. ¿Cómo se protegen las palas de aluminio de la corrosión?

2.31. Si tenemos en cuenta el material de fabricación, ¿qué tipo de pala tiene una mayor relación resistencia/peso?

2.32. ¿Qué matriz se emplea habitualmente en las palas de composite?

2.33. ¿Qué fibras se emplean en la fabricación de palas de composite?

2.34. ¿Qué funciones tiene el núcleo de espuma de las palas de materiales compuestos?

2.35. ¿Qué material se emplea habitualmente para fabricar la cantonera de las palas de materiales compuestos?

2.36. ¿En qué tipo de eje se necesitan dos conos para que la hélice asiente correctamente?

2.37. ¿Qué función tiene el *master spline* de un eje estriado?

2.38. ¿Qué funciones tiene la tuerca de retención en instalaciones con eje estriado?

2.39. En una instalación de la hélice con eje estriado, el cono delantero está formado por _____ (una/dos) piezas.

2.40. ¿Qué funciones tiene el *spinner* de la hélice?

Control de paso de la hélice

En esta unidad vamos a estudiar en profundidad cómo es el sistema de control del paso de las palas en hélices de dos posiciones y, sobre todo, en hélices de velocidad constante (Figura 3.1).

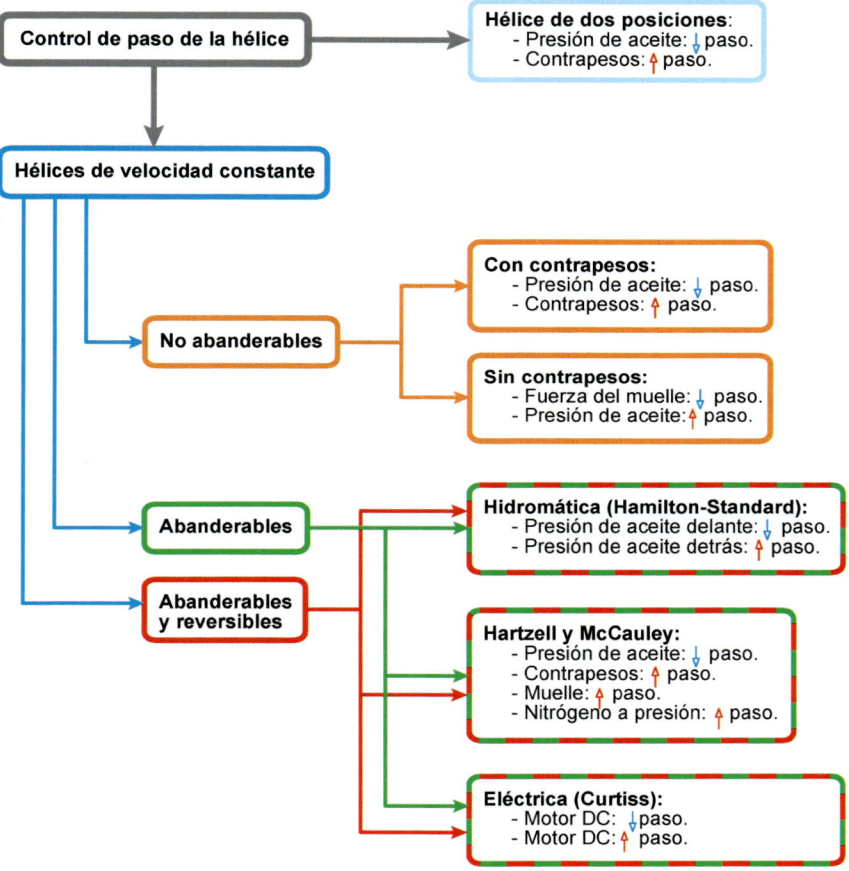

Figura 3.1. Hélices de paso variable que vamos a estudiar en esta unidad.

3.1. Hélices de dos posiciones

Las hélices de dos posiciones (paso mínimo o paso máximo) fueron las primeras hélices de paso controlable que se utilizaron masivamente. Estas se accionan hidráulicamente utilizando el aceite de lubricación del motor que fluye por el interior de su eje hacia el cubo de la hélice, donde actúa sobre un cilindro móvil (Figura 3.2). Un contrapeso fijado en el encastre de cada pala se opone al movimiento del cilindro móvil de la siguiente forma:

- **Paso mínimo *(low pitch):*** el piloto posicionará la válvula selectora de tal forma que el aceite a presión del motor pueda entrar en el cubo de la hélice, empujando el cilindro móvil hacia delante, lo que arrastra las palas hasta su paso mínimo (Figura 3.2). La fuerza centrífuga que actúa sobre los contrapesos tiende a separarlos del eje de rotación, lo que arrastraría las palas hacia su paso máximo, pero mientras actúe la presión de aceite sobre el cilindro móvil, la fuerza centrífuga no será capaz de aumentar el paso de las palas. Esta es la configuración elegida durante el despegue.

- **Paso máximo *(high pitch)*:** el piloto cambiará la posición de la válvula selectora, permitiendo que el aceite escape hacia el colector debido a la acción de los contrapesos que se «abrirán» y desplazarán el cilindro móvil hacia atrás y el paso hasta su ángulo máximo (Figura 3.2). Esta es la configuración ideal para el vuelo de crucero.

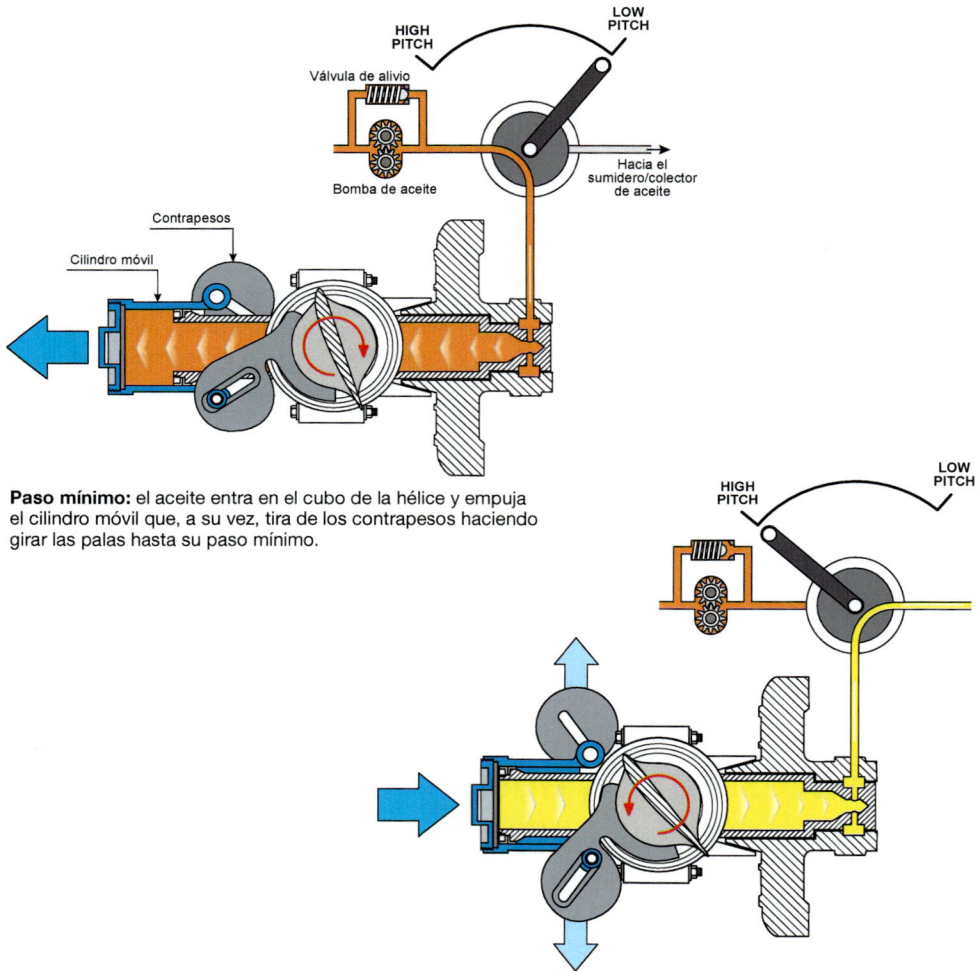

Paso mínimo: el aceite entra en el cubo de la hélice y empuja el cilindro móvil que, a su vez, tira de los contrapesos haciendo girar las palas hasta su paso mínimo.

Paso máximo: debido a la acción de los contrapesos, el aceite sale del cubo en dirección al sumidero o colector de aceite.

Figura 3.2. Hélices de dos posiciones: paso mínimo para el despegue y paso máximo para crucero.

3.2. *Governor*

Las **hélices de velocidad constante** pueden adquirir cualquier paso, entre el mínimo y el máximo, con objeto de mantener constantes las rpm seleccionadas desde cabina. El corazón de este sistema de control automático (servosistema) es el ***governor,*** que detecta la velocidad de giro de la hélice y la compara con la que selecciona el piloto, para seguidamente actuar sobre el ángulo de paso de las palas y corregir las rpm si fuera necesario. Nos podemos encontrar con una de las siguientes situaciones:

- ***Overspeed:*** la hélice gira a unas rpm mayores que las seleccionadas por el piloto. En esta situación, el *governor* actuará para aumentar ligeramente el paso, lo que incrementa la resistencia aerodinámica y, por tanto, la resistencia al giro (par resistente) de la hélice que bajará sus rpm. Esta circunstancia se da cuando el avión desciende, cuando se aumenta la potencia del motor, cuando la aeronave atraviesa una zona de baja densidad (la resistencia aerodinámica disminuye) y cuando el piloto desea disminuir las rpm.

- ***Underspeed:*** las rpm de la hélice son menores que las seleccionadas por el piloto. En este caso, el *governor* provocará que el paso disminuya, lo que reduce la resistencia aerodinámica y la resistencia al giro, acelerando la hélice. Nos encontraremos en *underspeed* en ascensos, al disminuir la potencia del motor, al atravesar zonas de alta densidad y cuando el piloto quiera aumentar las rpm.

- ***On-speed:*** cuando las rpm de la hélice son iguales a las seleccionadas por el piloto, el *governor* no cambiará el paso y mantendrá las rpm constantes. Esta situación es típica de un vuelo nivelado durante el crucero.

La mayoría de las hélices cambian el paso gracias a un **actuador hidráulico** ubicado en el cubo, el cual utiliza aceite de lubricación del motor como fluido hidráulico. Este actuador es generalmente de **simple efecto** (Hartzell, McCauley), de tal manera que, al entrar aceite, el paso aumenta o disminuye, según el tipo de hélice, mientras que unos contrapesos, un muelle, nitrógeno a presión o una combinación de estos, obligan al aceite a salir del actuador, moviendo el paso en sentido contrario. También nos podemos encontrar con **actuadores de doble efecto** (Hamilton Standard), que no tienen ni contrapesos, ni muelles, ni presión de gas.

Sabías que...

Como estudiaremos más adelante, también existen hélices que cambian el paso mediante un actuador eléctrico, accionado por un motor DC (Curtiss Propellers). Ahora bien, es difícil que nos encontremos con estas hélices hoy en día, ya que hace tiempo que están en desuso.

El *governor* controlará la cantidad de aceite que entra o sale del actuador hidráulico que modifica el ángulo de paso de las palas de la hélice (Figura 3.3), en función de las rpm actuales y las solicitadas desde cabina. Los componentes principales del *governor* son los siguientes:

- **Pilot valve:** el aceite entra o sale del actuador hidráulico del cubo a través de esta válvula. También puede permanecer cerrada, manteniendo una cantidad determinada de aceite dentro del cubo. Esencialmente, la función del *governor* es situar esta válvula de forma adecuada.

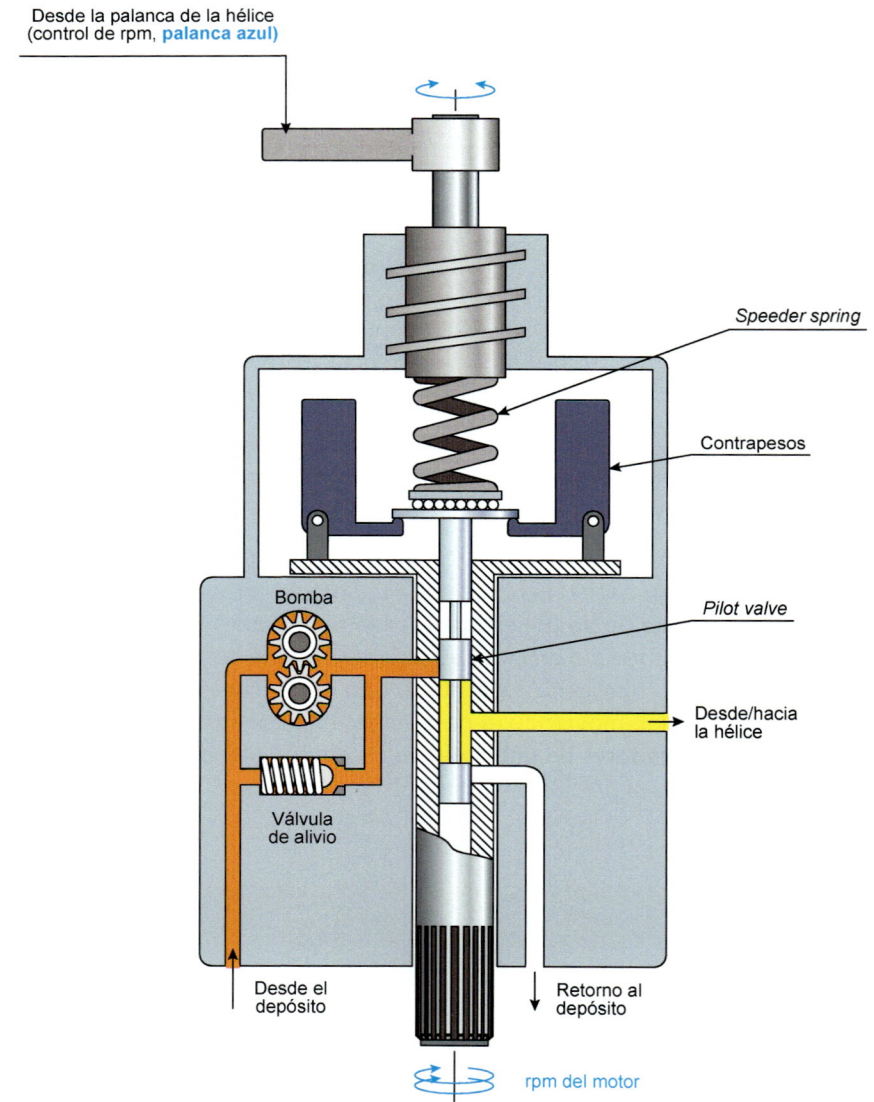

Figura 3.3. *Governor.*

- **Contrapesos:** el *governor* cuenta con unos contrapesos giratorios con forma de «L», arrastrados por el propio motor. La fuerza centrífuga que actúa sobre los contrapesos intenta «abrirlos» y tirar de la *pilot valve* hacia arriba. Este sistema de contrapesos es nuestro captador de rpm: a mayor velocidad de giro, mayor fuerza centrífuga y mayor «apertura».

- *Speeder spring:* el resorte de velocidad *(speeder spring)* empuja a la *pilot valve* hacia abajo, oponiéndose a la acción de los contrapesos. La compresión de este resorte, y por tanto la fuerza que ejerce, se controla desde la cabina a través de la **palanca de la hélice** (palanca de color azul). Si el piloto mueve la palanca hacia delante para aumentar las rpm, el *speeder spring* aumenta su compresión y fuerza, mientras que si la mueve hacia atrás, la compresión disminuye y las rpm bajan.

- **Bomba:** el *governor* dispone de una bomba de aceite propia para elevar la presión y que el actuador hidráulico de la hélice funcione correctamente. La bomba es arrastrada por el mismo eje que arrastra a los contrapesos.

- **Válvula de alivio:** mantiene la presión de salida de la bomba en valores adecuados: cuando la presión sea excesiva, la válvula se abrirá.

- **Conductos:** el *governor* cuenta con una entrada de aceite proveniente del sistema de lubricación del motor, de una salida que permite que el aceite regrese al depósito y de un conducto que posibilita la entrada y salida de aceite del actuador hidráulico del cubo de la hélice.

Dependiendo del tipo de hélice de velocidad constante, el *governor* deberá dejar entrar o salir aceite de la hélice para, por ejemplo, aumentar el paso. En las siguientes líneas vamos a estudiar los principales tipos de hélices y profundizaremos en el funcionamiento del *governor*.

3.3. Hélices de velocidad constante no abanderables

Podemos dividir las hélices de velocidad constante en dos grandes grupos: las que tienen capacidad de abanderamiento y las que no. Las abanderables son aquellas que pueden adoptar ángulos de pala entorno a 90° (posición de bandera), ideales para minimizar la resistencia aerodinámica que aparece cuando el motor falla durante el despegue en aviones polimotores. Ahora bien, en aviones monomotor, esta posición no tiene mayor utilidad, por lo que los fabricantes de hélices también comercializan hélices sin capacidad de abanderamiento, que son las que vamos a estudiar en este apartado.

Existen dos tipos básicos de **hélices de velocidad constante no abanderables:**

- **Con contrapesos:** las palas de estas hélices disponen de unos contrapesos fijados a su raíz que tienden a aumentar el paso, mientras que la presión del aceite que introducimos en el cubo tiende a disminuirlo (Figura 3.4). En este sentido, son similares a las hélices de dos posiciones estudiadas en el apartado anterior, solo que ahora la

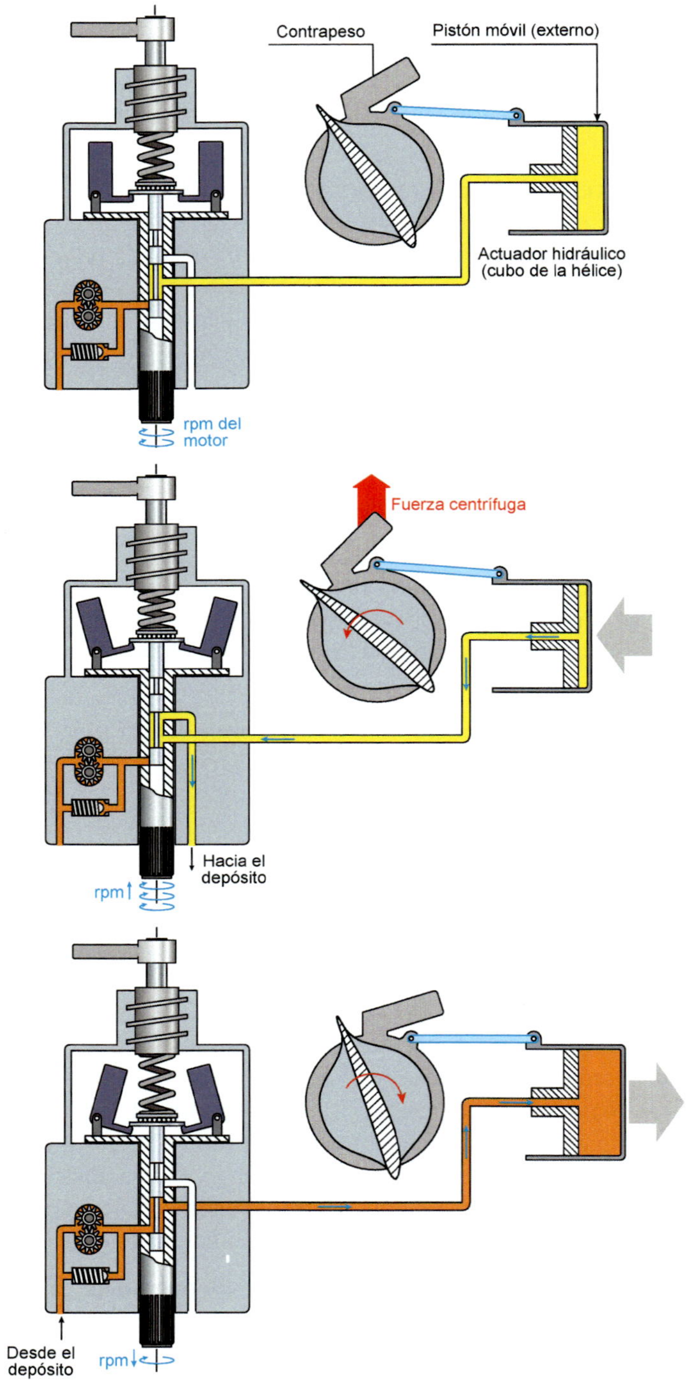

Contrapeso

Pistón móvil (externo)

On-speed: cuando las rpm son las idóneas, la fuerza centrífuga de los contrapesos del *governor* se iguala con la fuerza que ejerce el *speeder spring,* por lo que los contrapesos ni se «abrirán» ni se «cerrarán». Con esta situación, la *pilot valve* bloquea el paso de aceite desde y hacia la hélice. De esta forma, el ángulo de paso de las palas se mantendrá invariable.

Actuador hidráulico
(cubo de la hélice)

rpm del motor

Fuerza centrífuga

Overspeed: cuando las rpm son excesivas, como sucede durante un descenso, los contrapesos del *governor* se «abrirán» comprimiendo el *speeder spring* y levantando la *pilot valve,* que permitirá que el aceite salga del cubo de la hélice en dirección al depósito debido a la acción de los contrapesos de la hélice. Esto provoca que el paso aumente y, como consecuencia, que suba la resistencia aerodinámica y el par resistente, lo que reduce las rpm evitando la sobrevelocidad.

Hacia el depósito

rpm↑

Underspeed: cuando las rpm son menores que las deseadas, el *speeder spring* vence la fuerza centrífuga de los contrapesos del governor, que se «cierran». La *pilot valve* desciende para permitir que el aceite a presión de la bomba entre en el cubo de la hélice, provocando que el paso disminuya. La disminución del paso produce una reducción en la resistencia aerodinámica y, por consiguiente, del par resistente, lo que tiende a acelerar la hélice, evitando que pierda rpm.

Desde el depósito

rpm↓

Figura 3.4. Funcionamiento de una hélice de velocidad constante no abanderable con contrapesos.

pilot valve situada en el *governor* tiene capacidad para impedir la entrada o salida del aceite del cubo. Las hélices Hartzell con cubo de acero son un ejemplo de esta configuración (Figura 3.5).

- **Sin contrapesos:** en estas hélices, la fuerza de un muelle situado dentro del cubo tiende a disminuir el paso mientras que la presión de aceite se encargará de aumentarlo (Figura 3.6). Tanto McCauley como Hartzell comercializan hélices de este tipo, carentes de contrapesos (Figura 3.7).

Manteniendo las rpm estables, las hélices de velocidad constante son capaces de operar siempre con un ángulo de ataque (AOA, *angle of attack*) eficiente (entre 2° y 4°). Para entender mejor esta circunstancia, vamos a ver un ejemplo. Supongamos que un avión inicia el descenso previo al aterrizaje. Al descender, su velocidad de vuelo aumenta por efecto de la gravedad, lo que provoca que el AOA disminuya (véase el Apartado 1.3 y la Figura 1.10). Si el AOA disminuye (hasta AOA = 1°, por ejemplo), también lo hará la resistencia aerodinámica y, por consiguiente, el par resistente, lo que ocasiona un aumento en las rpm de la hélice. Cuando el *governor* detecta esta sobrevelocidad (*overspeed*) actúa sobre la hélice para que aumente el paso, logrando que el AOA vuelva a estar entre 2° y 4°, logrando un rendimiento propulsivo óptimo.

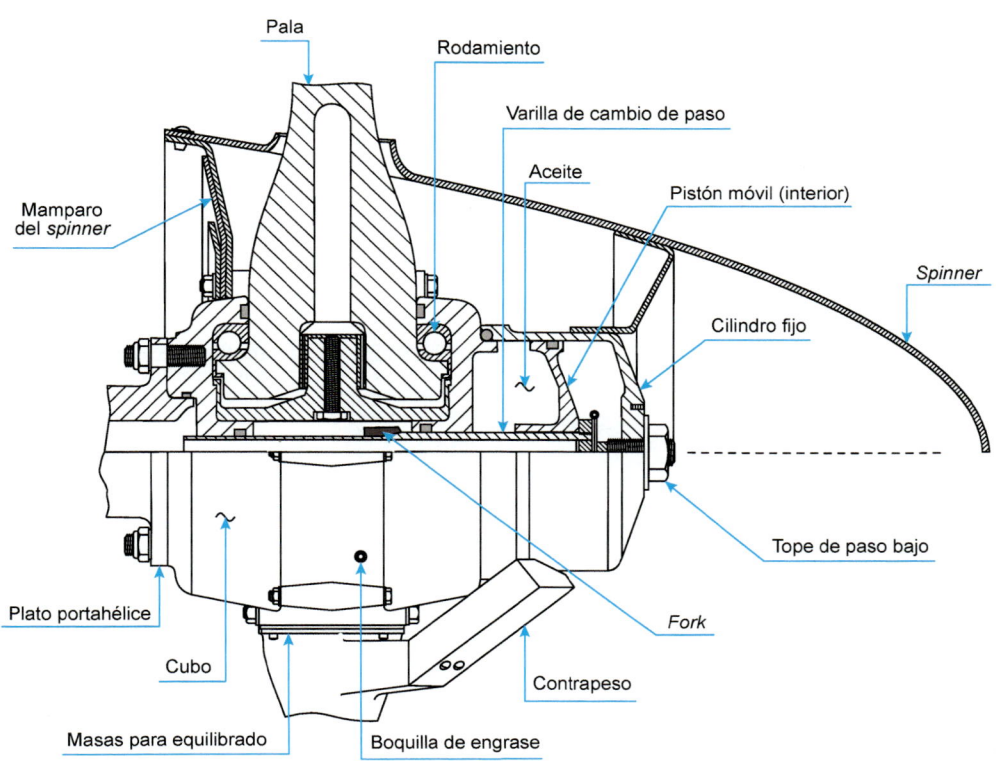

Figura 3.5. Hélice de velocidad constante no abanderable con contrapesos Hartzell.

Pistón móvil (interno)

On-speed: cuando las rpm son las idóneas, la fuerza centrífuga de los contrapesos del *governor* se iguala con la fuerza que ejerce el *speeder spring,* por lo que dichos contrapesos ni se «abrirán» ni se «cerrarán». Con esta situación, la *pilot valve* bloquea el paso de aceite desde y hacia la hélice, que mantendrá el paso.

rpm del motor

Overspeed: cuando las rpm son excesivas, como sucede durante un descenso, los contrapesos del *governor* se «abrirán» comprimiendo el *speeder spring* y levantando la *pilot valve,* que permitirá que el aceite a presión proveniente de la bomba se dirija hacia el cubo de la hélice, en donde provocará que el paso aumente. El aumento de paso aumentará la resistencia aerodinámica y, por tanto, el par resistente, ocasionando una reducción en las rpm.

Desde el depósito

rpm↑

Pistón móvil (interno)

Underspeed: cuando las rpm son menores que las deseadas, el *speeder spring* vence la fuerza centrífuga de los contrapesos del *governor,* que se «cierran». La *pilot valve* desciende para permitir que el aceite salga del cubo de la hélice gracias a su muelle, ocasionando una disminución del paso. Al disminuir el paso, la fuerza aerodinámica también disminuye, al igual que el par resistente, facilitando que la hélice aumente sus rpm.

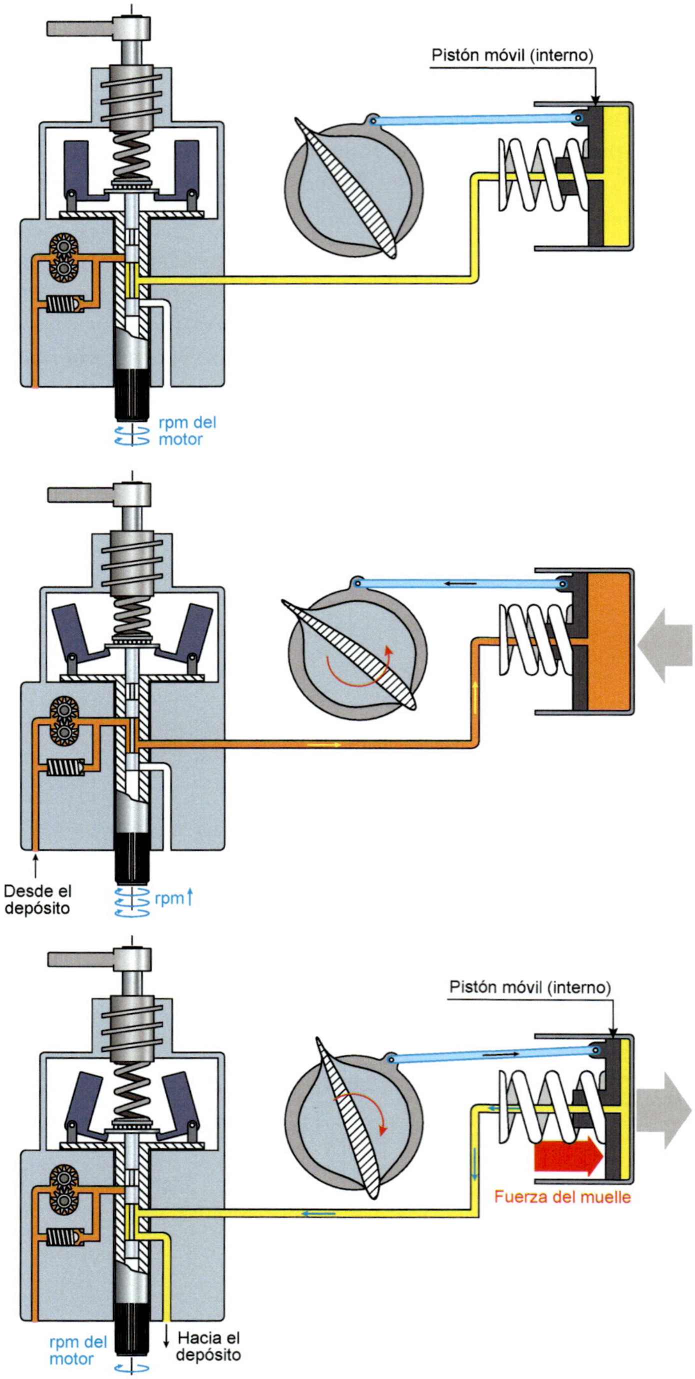

Fuerza del muelle

rpm del motor   ↓ **Hacia el depósito**

Figura 3.6. Funcionamiento básico de una hélice de velocidad constante no abanderable sin contrapesos.

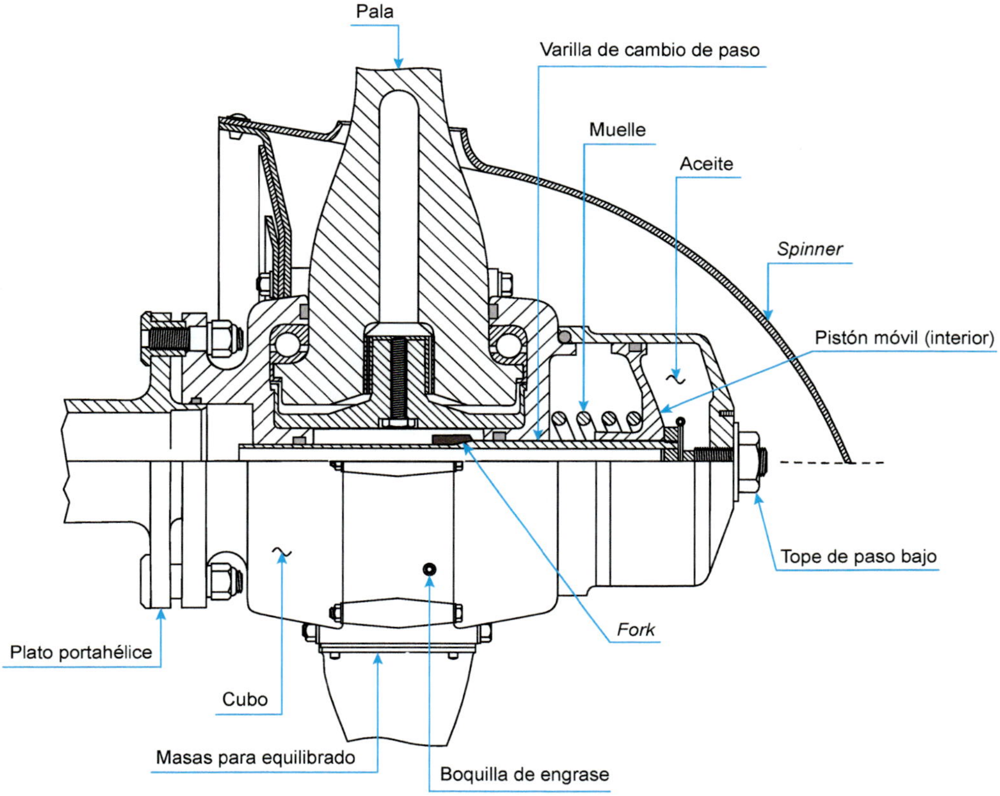

Figura 3.7. Hélice de velocidad constante no abanderable sin contrapesos Hartzell.

Por otra parte, las rpm de giro de la hélice elegidas por los pilotos serán las que consigan el mejor funcionamiento del motor que la arrastra. Así, las hélices de velocidad constante no solo maximizan el rendimiento propulsivo, también optimizan el rendimiento del motor. Para ajustar las rpm, los pilotos moverán la palanca de la hélice (palanca azul) de la siguiente forma: hacia delante, más rpm; hacia atrás, menos rpm. En la Figura 3.8 se explica cómo se consigue variar las rpm a través del control del paso en una hélice de velocidad constante sin contrapesos. En una hélice con contrapesos, el funcionamiento es similar, solo que la circulación de aceite es justo la contraria.

Recuerda

En una hélice de velocidad constante con contrapesos, en *overspeed* se permite que salga aceite del cubo de la hélice hacia el depósito, mientras que, en una hélice sin contrapesos, en *overspeed* se manda aceite a presión hacia el cubo. Ambas situaciones aumentarán el paso de la hélice, lo que tiende a frenar el giro y contrarrestar la subida de rpm.

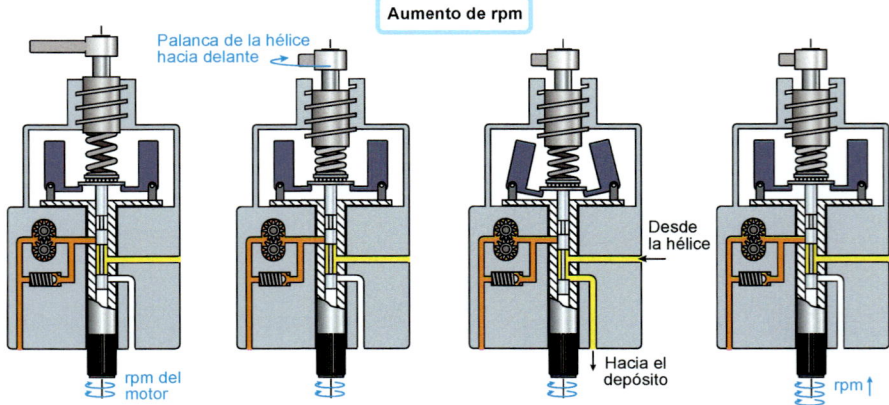

Aumento de rpm

Palanca de la hélice hacia delante

Desde la hélice

Hacia el depósito

rpm del motor

rpm ↑

1. Partimos de la condición de *on-speed,* en donde las rpm de giro de la hélice son iguales a las seleccionadas por el piloto.

2. Para aumentar las rpm, el piloto mueve la palanca de la hélice hacia delante (palanca azul), aumentando la compresión del *speeder spring,* que ejercerá una fuerza mayor sobre los contrapesos.

3. A las rpm actuales, el muelle vence la acción de los contrapesos, empujando la *pilot valve* hacia abajo. Esta es la situación de *underspeed* por lo que el *governor* permitirá que el aceite salga del cubo de la hélice para que el paso disminuya y, por consiguiente, aumenten las rpm.

4. Las rpm aumentarán hasta que la fuerza centrífuga de los contrapesos se equilibre con la fuerza del *speeder spring,* momento en el que la *pilot valve* cerrará de nuevo el paso de aceite. A partir de ahora, el *governor* mantendrá de forma automática estas nuevas rpm más altas que las que teníamos en un principio.

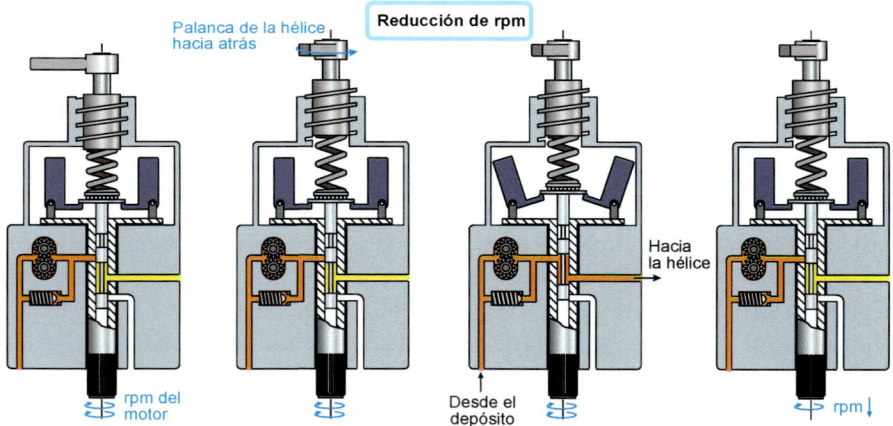

Reducción de rpm

Palanca de la hélice hacia atrás

Hacia la hélice

rpm del motor

Desde el depósito

rpm ↓

1. Partimos de la condición de *on-speed,* en donde las rpm de giro de la hélice son iguales a las seleccionadas por el piloto.

2. Para disminuir las rpm, el piloto mueve la palanca de la hélice hacia atrás (palanca azul), disminuyendo la compresión del *speeder spring,* que ejercerá una menor fuerza sobre los contrapesos.

3. A las rpm actuales, los contrapesos podrán vencer la acción del *speeder spring,* por lo que se «abrirán», tirando de la *pilot valve* hacia arriba. Esta es la situación de *overspeed,* por lo que el *governor* enviará aceite al cubo de la hélice para que el paso aumente y, por consiguiente, disminuyan las rpm.

4. Las rpm disminuirán hasta que la fuerza centrífuga de los contrapesos se equilibre con la fuerza del *speeder spring,* momento en el que la *pilot valve* cerrará de nuevo el paso de aceite. A partir de ahora, el *governor* mantendrá de forma automática estas nuevas rpm más bajas que las que teníamos en un principio.

Figura 3.8. Control de las rpm de una hélice de velocidad constante sin contrapesos.

Las velocidades máximas y mínimas de funcionamiento de la hélice, y por tanto del motor, se ajustarán mediante un par de tornillos que limitan el movimiento de la palanca de control del *speeder spring* y, por tanto, la compresión de este. Así, protegemos al motor y a la hélice de entrar en sobrevelocidad (Figura 3.9). Es importante tener en cuenta que la limitación de rpm no limita el ángulo de paso de la hélice directamente, que dependerá también de magnitudes externas. Por ejemplo, si girando a las máximas rpm la densidad disminuye, la hélice tiende a acelerarse, por lo que el *governor* responde provocando un aumento del paso, para evitar la sobrevelocidad.

El *governor* también cuenta con un muelle externo que tiende a poner la hélice en paso mínimo *(return spring)*. De esta forma, si se rompe el link que une la palanca de la hélice en cabina con la palanca de compresión del *speeder spring* en el *governor*, la hélice adoptará un paso bajo, que es el más favorable para el aterrizaje.

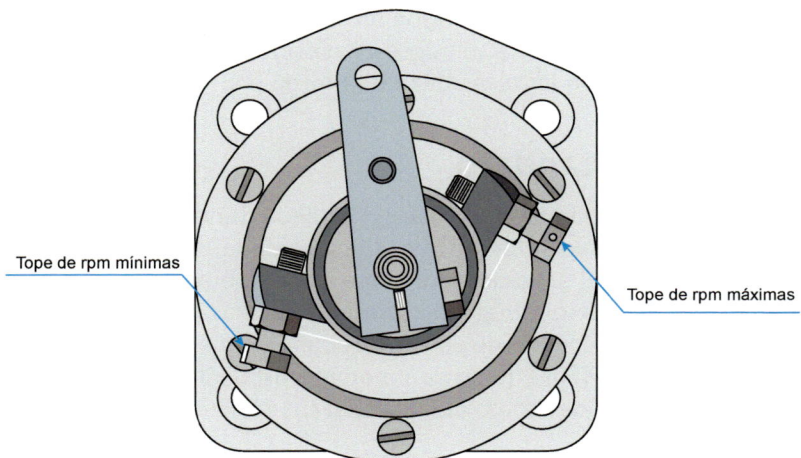

Tope de rpm mínimas

Tope de rpm máximas

Figura 3.9. Vista superior del *governor*, en donde se aprecian los tornillos de ajuste de las rpm máximas y mínimas.

3.4. Hélices de velocidad constante abanderables

Las hélices abanderables *(feathering propellers)* son aquellas que pueden aumentar el ángulo de paso hasta los 90° aproximadamente (hélice en bandera) con el objetivo de minimizar la resistencia aerodinámica al avance de la aeronave. En aviones polimotor, esta configuración es especialmente útil cuando un motor falla durante el despegue (Figura 3.10). En aviones monomotor, el abanderamiento no ofrece una ventaja reseñable, por lo que no tiene mayor interés. Nos podemos encontrar con dos configuraciones:

- **Hélice Hamilton Standard:** el actuador hidráulico de estas hélices es de doble efecto, por lo que no necesita muelle, contrapesos o presión de nitrógeno para modificar el ángulo de paso de la pala. Solo precisa de aceite a presión.

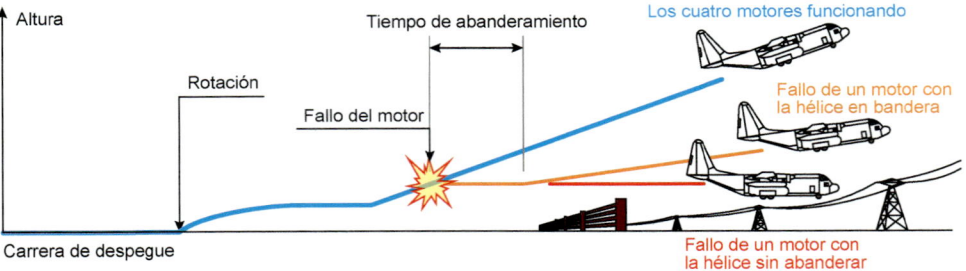

Figura 3.10. Vista superior del *governor*, en donde se aprecian los tornillos de ajuste de las rpm máximas y mínimas.

- **Hélice Hartzell y McCauley:** estas hélices utilizan un actuador hidráulico de simple efecto, de tal forma que el aceite a presión provoca la disminución del paso mientras que un muelle, unos contrapesos, nitrógeno a presión, o una combinación de estos, tienden a aumentarlo. Son las más utilizadas hoy en día.

3.4.1. Hamilton Standard

Las **hélices hidromáticas** Hamilton Standard (Hamilton-Sundstrand actualmente) han sido todo un estándar desde su desarrollo a finales de la década de los treinta del siglo xx. En estas hélices, el actuador hidráulico es de doble efecto, por lo que carecen de contrapesos, muelle o nitrógeno a presión. Gracias a este diseño, consiguen una elevada velocidad de cambio de paso y de abanderamiento. La hélice hidromática Hamilton-Sundstrand 54H60, junto con motores turbohélice Allison T56, forma la planta de potencia en aviones como el Lockheed C-130 Hércules o el Lockheed P-3 Orión (Figura 3.11).

Figura 3.11. Avión de patrulla marítima Lockheed P-3 Orión equipado con cuatro hélices hidromáticas de cuatro palas Hamilton-Sundstrand 54H60 (con capacidad de reversa).

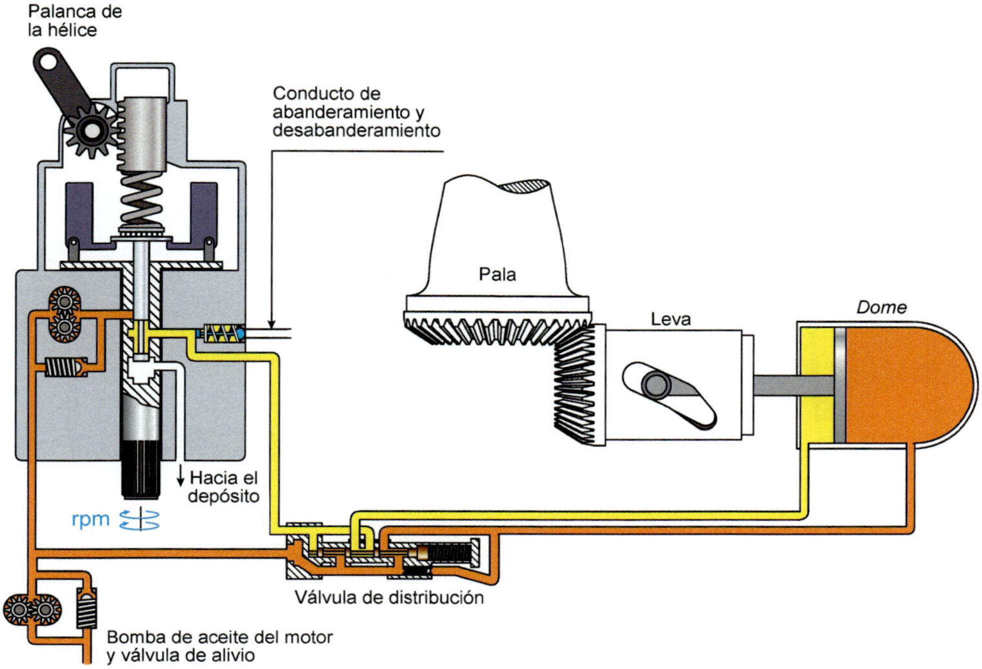

Figura 3.12. Durante el régimen de *on-speed*, el *governor* bloquea la circulación de aceite y el paso se conserva. La válvula de distribución solo interviene durante la salida de bandera, en el resto de los casos permite la circulación de aceite sin restricciones.

Al igual que las hélices no abanderables, las hidromáticas disponen de un *governor* que compara las rpm del motor (contrapesos) con las rpm que desea el piloto *(speeder spring),* para controlar la entrada y salida de aceite del actuador hidráulico de la hélice. En este caso, por ser un actuador de doble efecto, nos podremos encontrar con las siguientes situaciones:

- ***On-speed:*** la hélice gira a las rpm seleccionadas por el piloto, por lo que el governor bloqueará el paso de aceite a ambos lados del pistón, manteniéndose el paso actual (Figura 3.12).

- ***Overspeed:*** la hélice gira con unas rpm excesivas, mayores que las que ha seleccionado el piloto (Figura 3.13). En esta situación, el *governor* mandará aceite a presión a la parte trasera del pistón y permitirá que salga de la delantera con destino al depósito. El movimiento del pistón hacia delante hace girar la leva que, a su vez, arrastra la pala hacia ángulos de paso mayores. Al aumentar el paso, la resistencia aerodinámica y el par resistente aumentan, lo que frena la velocidad de giro de la hélice.

- ***Underspeed:*** en este caso, la hélice gira con unas rpm demasiado bajas, inferiores a las elegidas en cabina (Figura 3.13). Para corregir esta situación, el *governor* enviará aceite a presión a la parte delantera del pistón y dejará que el de la parte trasera

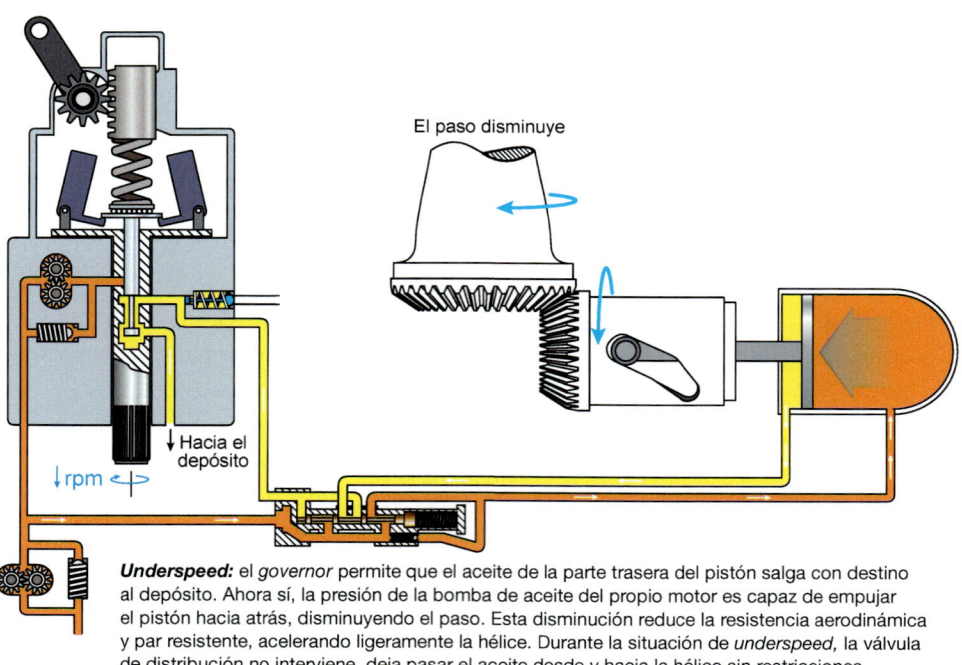

Overspeed: el *governor* envía aceite a presión, proveniente de su propia bomba, a la parte trasera del pistón, empujándolo hacia delante y forzando al aceite de la parte delantera a salir a través de la válvula de alivio del sistema de aceite del motor. Esto aumenta el ángulo de paso de las palas, lo que aumenta su resistencia aerodinámica y par resistente, frenando ligeramente la hélice. Durante la situación de *overspeed,* la válvula de distribución no interviene, deja pasar el aceite desde y hacia la hélice sin restricciones.

Underspeed: el *governor* permite que el aceite de la parte trasera del pistón salga con destino al depósito. Ahora sí, la presión de la bomba de aceite del propio motor es capaz de empujar el pistón hacia atrás, disminuyendo el paso. Esta disminución reduce la resistencia aerodinámica y par resistente, acelerando ligeramente la hélice. Durante la situación de *underspeed,* la válvula de distribución no interviene, deja pasar el aceite desde y hacia la hélice sin restricciones.

Figura 3.13. Funcionamiento de una hélice hidromática durante *overspeed* y *underspeed*.

salga con destino al depósito. Por tanto, el pistón se moverá hacia atrás, actuando sobre la leva giratoria que está engranada con el piñón de la pala, provocando que el paso disminuya. Al disminuir el paso, también lo hará la resistencia aerodinámica y el par resistente, lo que acelera el giro de la hélice.

Cuando el motor falla (Figura 3.14), se deberá abanderar la hélice. Ahora bien, si el problema se ha solventado y se desea arrancar de nuevo el motor, antes tendremos que desabanderar la hélice, esto es, sacarla de la posición de bandera y elegir ángulos de paso bajos, más favorables para la puesta en marcha. Para la entrada y la salida de bandera se procederá de la siguiente forma:

- **Abanderamiento:** para poner la hélice en bandera, el piloto pulsará sobre el botón de abanderamiento *(feather),* soltando a continuación (los contactos quedan cerrados por acción de la bobina de enclavamiento). Esto activará una bomba eléctrica que forzará al aceite a entrar en la parte trasera del cubo, empujando el pistón totalmente hacia delante y arrastrando a las palas a la posición de bandera (Figura 3.15). Cuando el pistón llega al tope, la presión de salida de la bomba eléctrica se dispara, lo que provoca que el interruptor de presión abra el circuito eléctrico y desconecte la bomba (a unas 400 psi).

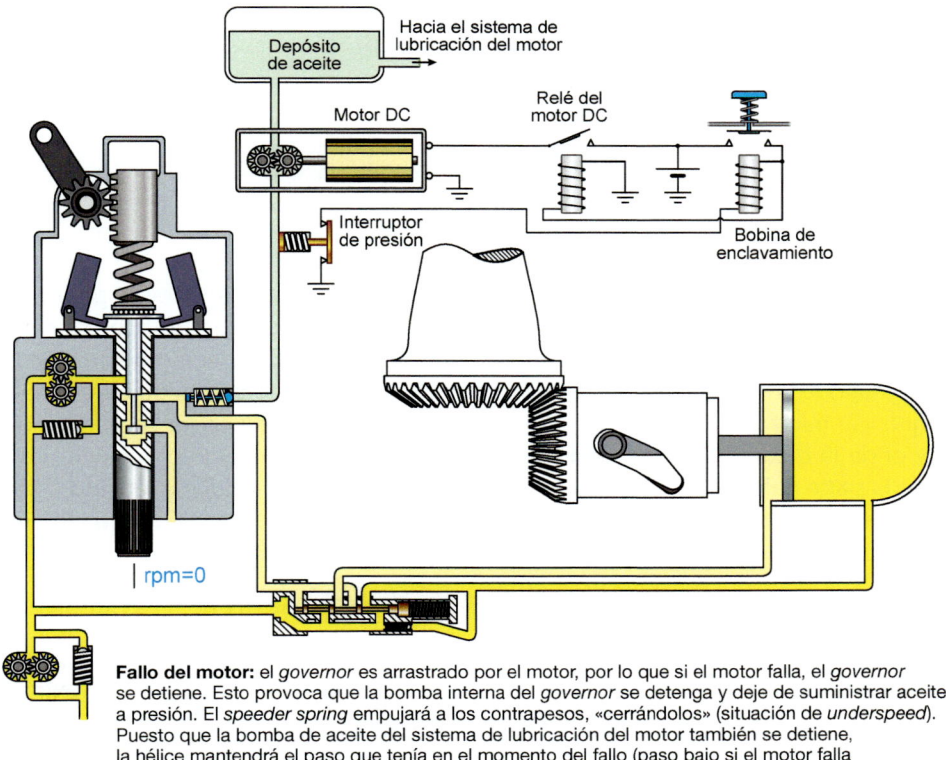

Fallo del motor: el *governor* es arrastrado por el motor, por lo que si el motor falla, el *governor* se detiene. Esto provoca que la bomba interna del *governor* se detenga y deje de suministrar aceite a presión. El *speeder spring* empujará a los contrapesos, «cerrándolos» (situación de *underspeed*). Puesto que la bomba de aceite del sistema de lubricación del motor también se detiene, la hélice mantendrá el paso que tenía en el momento del fallo (paso bajo si el motor falla durante el despegue).

Figura 3.14. Fallo del motor en una hélice hidromática Hamilton Standard.

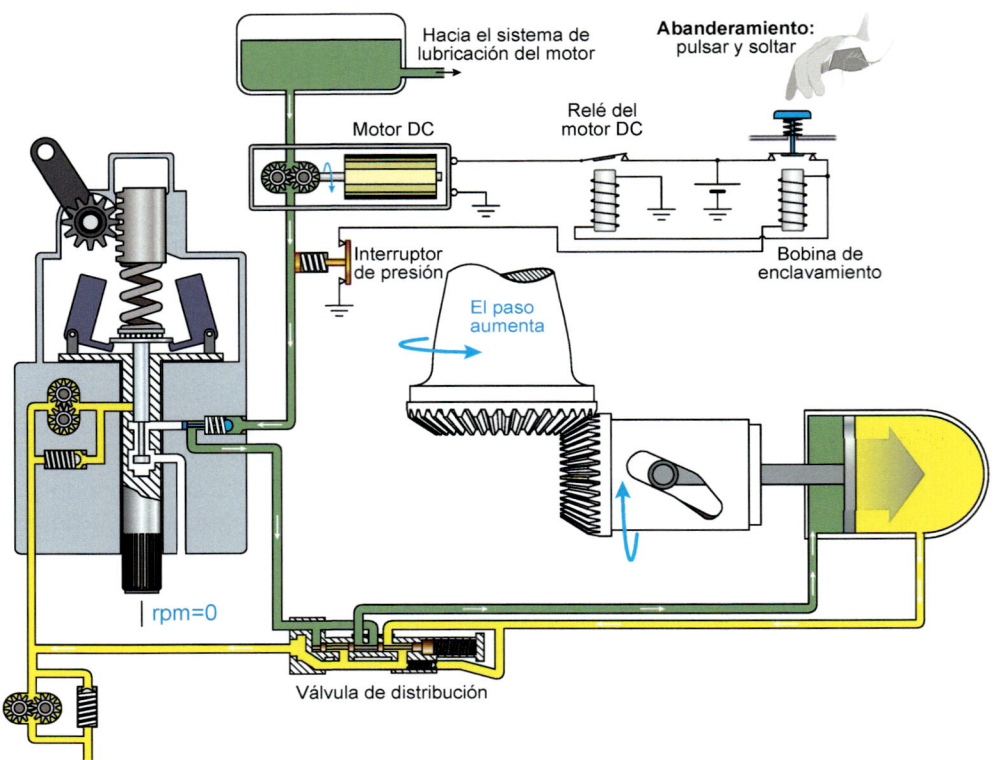

Figura 3.15. Abanderamiento de una hélice hidromática Hamilton Standard.

- **Desabanderamiento:** para sacar la hélice de la posición de bandera, el piloto man-tendrá pulsado el botón de abanderamiento *(feather)*. De esta forma, el interruptor de presión ya no podrá desconectar la bomba eléctrica. El aumento de presión pro-vocará que la **válvula de distribución** cambie de posición, invirtiendo los conductos que van hacia el cubo: el conducto que iba a la parte trasera ahora va a la delantera y el de la delantera a la trasera. De esta forma, estamos metiendo aceite a presión en la parte delantera, lo que mueve el pistón hacia atrás y reduce el ángulo de paso (Figura 3.16). Cuando el piloto considera que el paso ha disminuido lo suficiente como para intentar arrancar el motor, suelta el botón de abanderamiento.

Debemos tener en cuenta los siguientes puntos relativos a las hélices hidromáticas Hamilton Standard:

- **Depósito de aceite:** el aceite utilizado por la hélice para ajustar el paso se extrae de la parte más baja del depósito, mientras que el que se emplea para la lubricación del motor se toma de más arriba. Esto es porque el motor puede funcionar unos minutos sin aceite, no como el actuador de la hélice, que dejaría de funcionar en el acto. De esta forma, si el motor tiene algún desperfecto que le hace perder aceite (junta

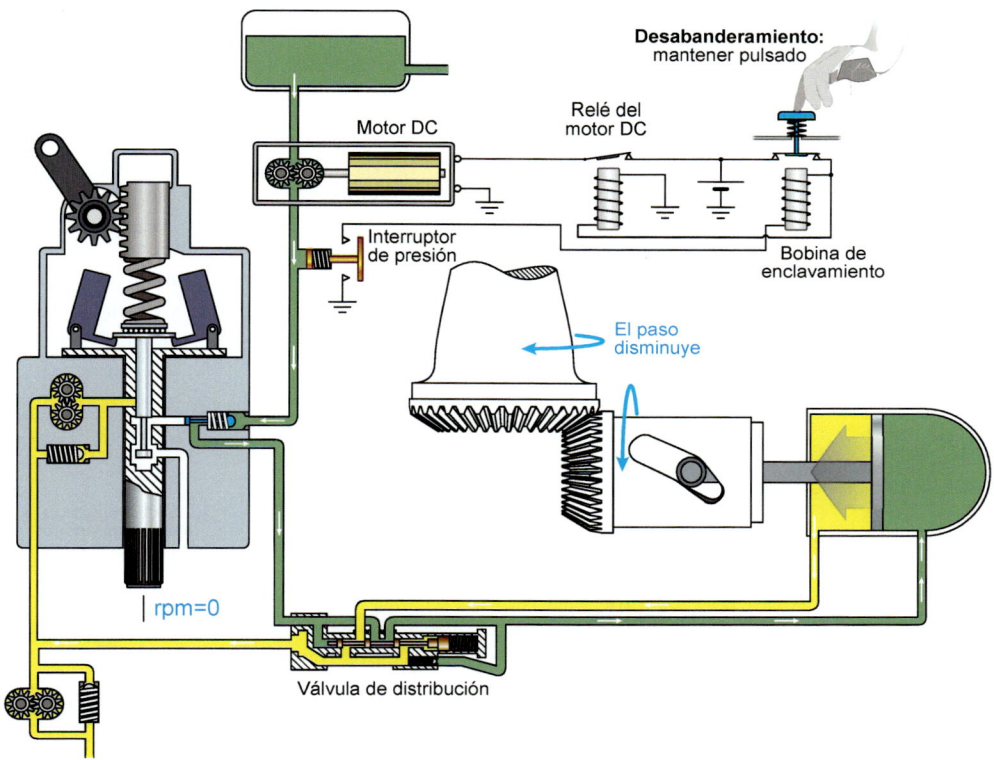

Figura 3.16. Desabanderamiento de una hélice hidromática Hamilton Standard.

dañada, segmentos dañados, etc.), el piloto va a poder poner la hélice en bandera o a mantener el control durante unos minutos que pueden resultar claves para realizar un aterrizaje seguro.

- **Leva:** la leva tiene dos tramos con distinta inclinación: uno suave, para cambiar de forma progresiva el paso durante el vuelo normal *(on-speed, overspeed* y *underspeed)*, y otro con más inclinación, para entrar y salir de bandera lo más rápido posible.

3.4.2. Hartzell y McCauley

Las hélices abanderables construidas por Hartzell y McCauley, entre otros, utilizan la presión de aceite para disminuir el paso y unos contrapesos, un muelle y nitrógeno o aire a presión (o una combinación de estas) para aumentar el paso. De esta manera, si el motor falla y la presión de aceite cae, la hélice se pondrá en bandera de forma automática. El *governor* de estas hélices es similar al que ya hemos estudiado: contrapesos, *speeder spring, pilot valve,* etc.:

- **On-speed:** el *governor* bloquea la entrada y la salida de aceite del cubo de la hélice, mantenimiento el paso.

- **Overspeed:** el *governor* percibe que las rpm son excesivas, por lo que dejará que salga aceite del cubo gracias a la acción de los contrapesos, el muelle o la presión del gas, dependiendo de lo que disponga el modelo de hélice concreto. Al aumentar el paso, las rpm disminuyen.

- **Underspeed:** ahora el *governor* percibe que las rpm son insuficientes, por lo que manda aceite a presión a la hélice para disminuir el paso y acelerar la hélice.

Ahora bien, el *governor* cuenta con un «extra» para poder salir de la posición de bandera en vuelo (Figura 3.17). Durante el funcionamiento normal *(on-speed, overspeed y underspeed),* se carga un **acumulador hidráulico** a través de una válvula antirretorno destinada a tal efecto. En la Figura 3.18 podemos ver en más detalle este acumulador.

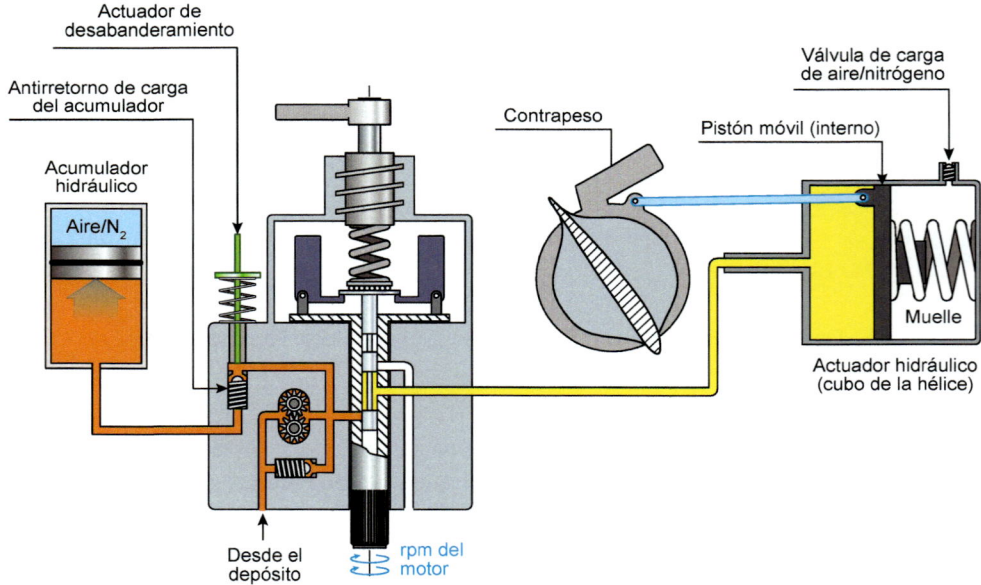

Figura 3.17. *Governor* en una hélice abanderable Hartzell o McCauley.

© Ediciones Paraninfo

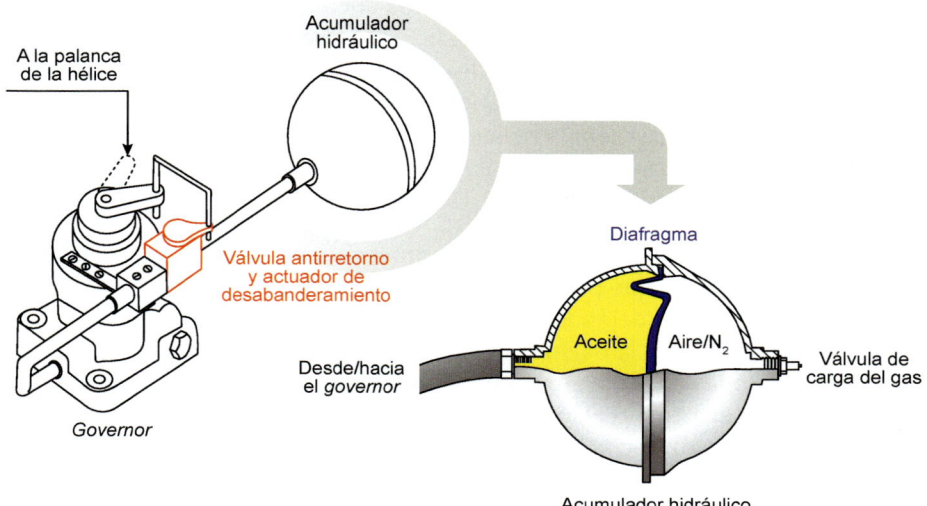

Figura 3.18. Detalle del acumulador hidráulico empleado para sacar a la hélice de bandera en vuelo.

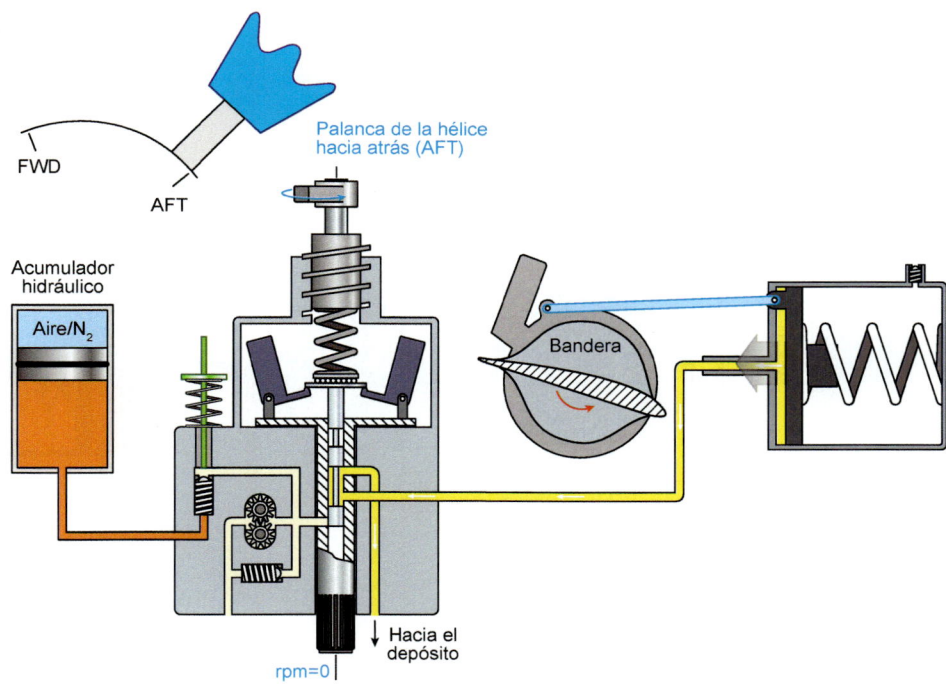

Figura 3.19. Para poner la hélice en bandera, el piloto moverá la palanca de la hélice totalmente hacia atrás, tirando de la *pilot valve,* lo que permite que el aceite salga del cubo por la acción del muelle, la carga de gas y, si la hélice aún gira, de los contrapesos. El acumulador mantendrá su carga gracias a que la válvula antirretorno se cierra.

Para **abanderar** la hélice, bastará con mover la palanca de la hélice (palanca de color azul) completamente hacia atrás para tirar de la *pilot valve* y permitir que el aceite salga del cubo de la hélice gracias a la acción del muelle, la carga de gas y, si la hélice aún está girando, de los contrapesos (o de lo que la hélice disponga). Puesto que el motor se ha detenido (por eso se abandera la hélice), la presión a la salida de la bomba interna del *governor* cae, provocando que la válvula antirretorno se cierre, manteniendo la carga del acumulador.

Para **desabanderar** durante el vuelo, el piloto moverá la palanca de la hélice completamente hacia delante, lo que provoca la compresión del *speeder spring* que empuja la *pilot valve* hacia abajo, dejándola preparada para mandar aceite al cubo. Por otra parte, en la posición FWD, la palanca de la hélice empuja al actuador de desabanderamiento, que abre la válvula antirretorno permitiendo que el acumulador descargue el aceite que almacena en dirección al cubo, donde empuja al pistón y provoca que el paso disminuya. Una vez que la hélice alcanza un paso suficientemente bajo, se podrá intentar poner en marcha el motor.

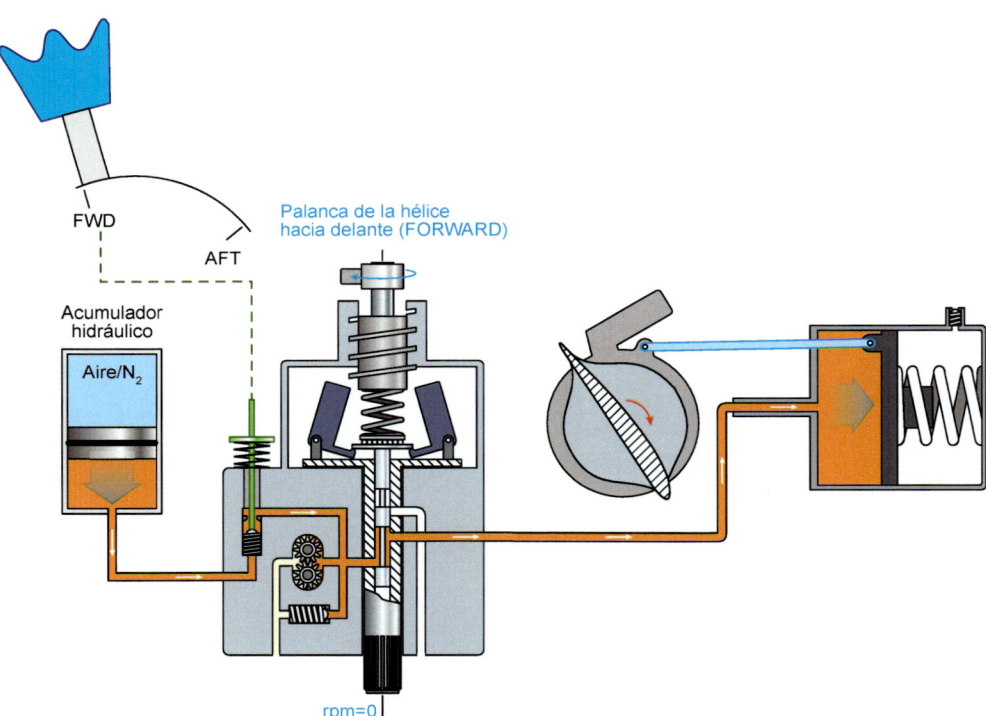

Figura 3.20. Para desabanderar la hélice en vuelo, el piloto moverá la palanca de la hélice hacia delante completamente. Al hacerlo, empuja al actuador de desabanderamiento y la *pilot valve*, permitiendo que el aceite del acumulador llegue a la parte trasera del cubo y empuje al pistón hacia delante, sacando a la hélice de la posición de bandera.

Existe una manera alternativa, y no deseada, de desabanderar la hélice si el acumulador tiene pérdidas, la válvula antirretorno no abre, el actuador de desabanderamiento se ha soltado o cualquier otro problema que impida seguir el procedimiento normal. En este caso, se podrá accionar la puesta en marcha eléctrica para que arrastre al motor y, con él, a todos sus accesorios, incluida la bomba de aceite. Si a la vez el piloto mueve

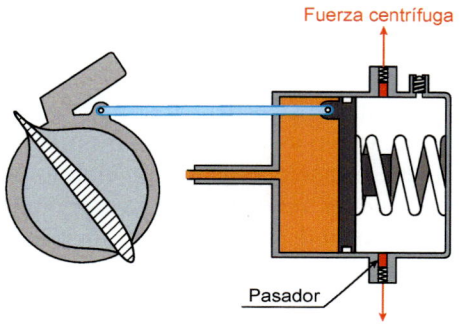

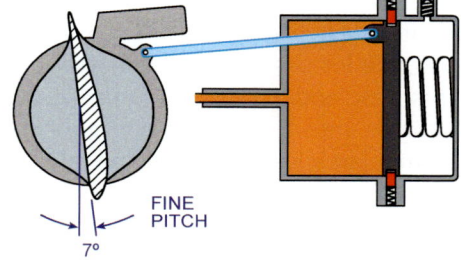

Cuando las rpm de la hélice son mayores que 800 rpm, la fuerza centrífuga de los pasadores vence a la de los muelles que intentan «cerrarlos». De esta manera, el pistón podrá moverse libremente hacia delante o hacia atrás.

Cuando el motor está en ralentí y la palanca de la hélice se mueve hacia atrás (ángulo de paso 7° aprox.), los muelles empujarán a los pasadores forzándolos a bloquear el movimiento del pistón.

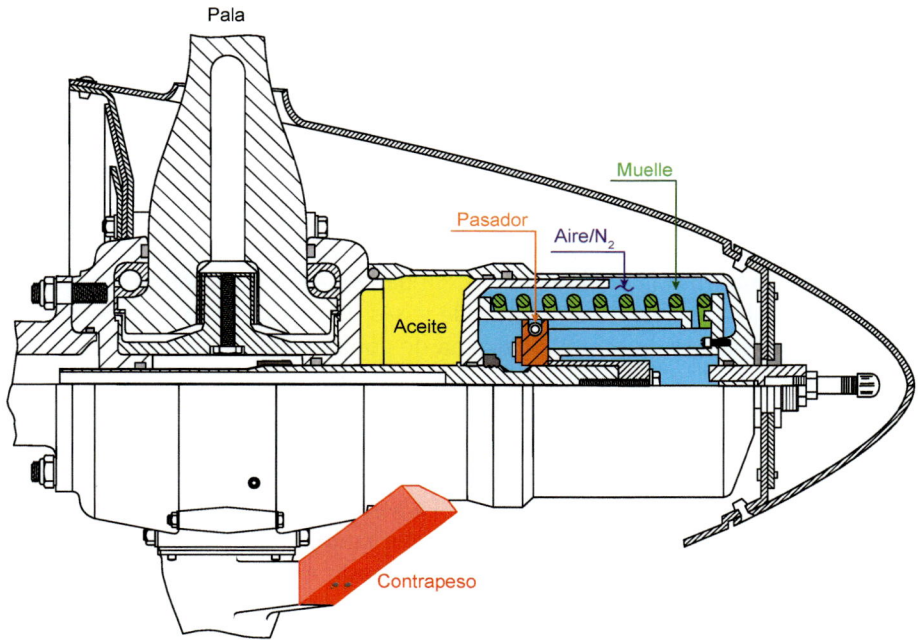

Figura 3.21. Operación de los pasadores de paso mínimo *(spring energized lathes)* en una hélice abanderable Hartzell.

la palanca de la hélice a FWD, el aceite irá entrando poco a poco en el cubo y el paso se irá reduciendo paulatinamente. Este método provoca un consumo eléctrico muy importante y corremos el riesgo de sobrecalentar el motor de arranque, entre otros problemas, por lo que solo se utilizará en caso de necesidad.

Cuando el motor se detiene en tierra, el muelle y la carga de gas intentarán poner la hélice en bandera. Esta situación no es mala en sí misma, pero va a generar dificultades importantes durante el posterior arranque en algunos tipos de motores (motores de pistón y motores de turbina sin turbina libre). Para evitar esta situación, la hélice incorpora unos pasadores que descansan sobre unos muelles *(spring energized latches)*. Cuando la hélice supera las 800 rpm, la fuerza centrífuga vence la acción de los muelles y tira de los pasadores liberando el mecanismo de cambio de paso. Ahora bien, si las rpm descienden por debajo de las 800 rpm (y tenemos seleccionado un ángulo de paso de unos 7 grados mayor que el mínimo) los muelles vencen la fuerza centrífuga y empujan a los pasadores, que se «cerrarán» inmovilizando el sistema de cambio de paso. Es importante que el paso de la hélice sea el indicado antes de parar el motor (7°, aproximadamente) ya que, de lo contrario, los pasadores «no encontrarán» sus alojamientos respectivos y no bloquearán el paso.

3.5. Actuaciones del motor de pistón

Los motores de pistón equipan principalmente hélices de paso fijo y de velocidad constante, tanto con capacidad de abanderamiento como sin ella. Más adelante estudiaremos las hélices con reversa, capaces de empujar el aire hacia delante, poco utilizadas en motores de pistón más allá de algunos hidroaviones, ya que mejoran notablemente su maniobrabilidad en el agua. Así pues, llegados a este punto podemos abordar el estudio del funcionamiento conjunto del motor de pistón y la hélice, lo que llamamos las **actuaciones** de la planta de potencia. Un motor de pistón se controla mediante tres palancas:

- **Mando de gases *(throttle lever):*** palanca de color **negro** que controla **la apertura de la válvula de mariposa** la cual regula la cantidad de aire que entra en el motor. Si el piloto empuja hacia delante el mando de gases, la mariposa se abre aumentando el flujo de aire hacia el motor y el sistema de combustible aumenta la cantidad de gasolina que aporta de forma automática. De esta forma, aumenta la mezcla de aire y gasolina que metemos en los cilindros del motor, lo que aumenta el **par** y la **potencia** entregada. Para que el piloto tenga una idea del par y la potencia que está entregando el motor, se mide la presión absoluta en el colector de admisión del motor **MAP** *(manifold absolute pressure)*. La MAP es igual a la presión atmosférica menos la caída de presión en la mariposa. Por tanto, cuanto mayor sea la presión atmosférica y la apertura de la válvula de mariposa, mayor será la MAP y mayor el par y la potencia entregada por el motor. Por otra parte, cuanto mayor sea el flujo de aire que atraviesa la mariposa, mayor será la caída de presión en la mariposa. Puesto que el caudal de aire depende de lo rápido que «bombea» el motor, cuanto mayores sean las rpm del motor, menor será la MAP.

- **Palanca de la hélice** *(propeler lever):* palanca **azul** que controla las **rpm** de la hélice actuando sobre el *speeder spring* del *governor*. Si movemos la palanca de la hélice hacia delante, el *speeder spring* se comprime y los contrapesos se «cierran». En esta situación *(underspeed)* el *governor* provocará que el paso disminuya, aumentando las rpm. Al aumentar las rpm, la MAP disminuirá, pero la potencia entregada se mantendrá constante. Si movemos la palanca hacia atrás, el paso aumentará y las rpm disminuirán. Además, el *governor* mantendrá las rpm seleccionadas con la palanca de la hélice, tal y como hemos estudiado en líneas anteriores. Como podemos deducir fácilmente, los motores equipados con hélices de paso fijo no tendrán esta palanca y tanto la potencia como las rpm se controlarán con el mando de gases: a mayor potencia, mayores rpm.

- **Palanca de riqueza de mezcla** *(mixture lever):* palanca **roja** que controla la **proporción combustible/aire** de la mezcla que se introduce en

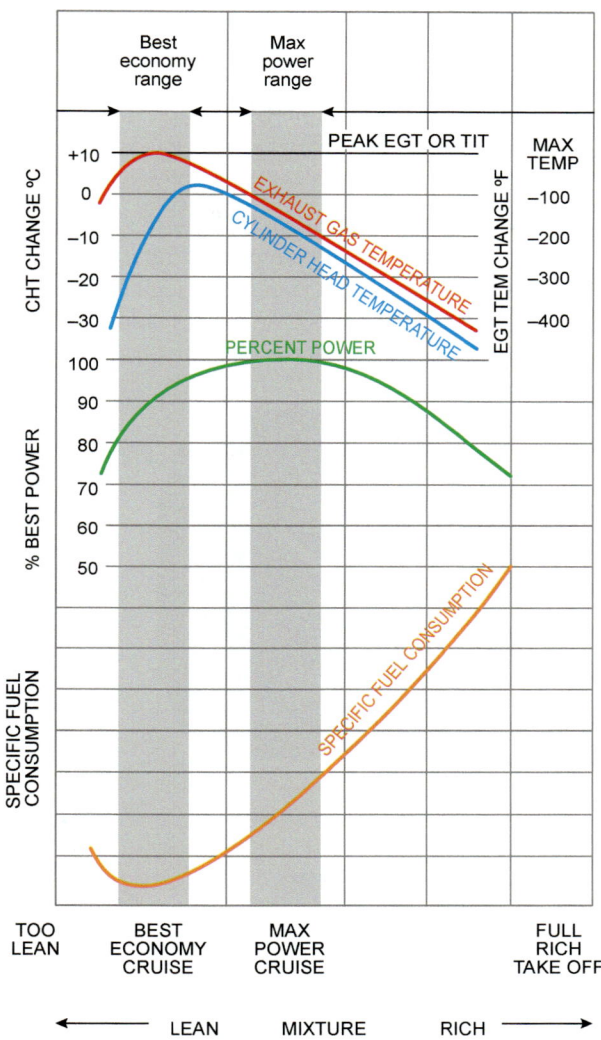

Figura 3.22. Relación entre la potencia, el consumo específico de combustible, la temperatura de los gases de escape del motor y la temperatura de las culatas con la riqueza de mezcla.

los cilindros del motor. Si movemos la palanca hacia delante, la proporción combustible-aire aumenta (mezcla rica). Si se mueve hacia atrás, el carburador o inyector aportará menos gasolina, bajando la proporción combustible-aire (mezcla pobre). Las mezclas ricas ayudan a refrigerar el motor, lo que es especialmente útil durante el despegue, mientras que las pobres disminuyen el consumo de combustible. La riqueza de mezcla también afecta ligeramente a la potencia que entrega el motor (Figura 3.22).

En la Figura 3.23 podemos ver cómo varían la potencia, la MAP y las rpm para distintas configuraciones de las palancas de control del motor. Es importante tener en cuenta que nunca se deberá superar la MAP máxima que establece el fabricante del motor, ya que podríamos tener problemas de detonación dentro de los cilindros, dañando seriamente las bielas y demás mecanismos internos. Para evitar tener problemas en este sentido es necesario respetar las siguientes reglas:

- **Aumento de potencia:** cuando se desea aumentar la potencia que entrega el motor, se deberán ajustar las rpm en primer lugar y, a continuación, empujar progresivamente el mando de gases hacia delante, vigilando que no se supera en ningún momento la MAP máxima (línea roja en el indicador de la MAP). Este tipo de ajuste es habitual durante el despegue del avión.

Mando de gases	Palanca de la hélice	rpm	MAP	HP	Paso
Adelante	Fija	=	↑	↑	↑
Fijo	Fija	=	=	=	=
Atrás	Fija	=	↓	↓	↓
Fijo	Adelante	↑	↓	=	↓
Fijo	Atrás	↓	↑	=	↑

Figura 3.23. Actuaciones e indicaciones del motor de pistón en función de la posición de las palancas de potencia (mando de gases) y palanca de la hélice.

- **Disminución de potencia:** después del despegue y posterior ascenso, el piloto disminuirá la potencia y las rpm. En este caso, primero se deberá reducir la potencia moviendo hacia atrás el mando de gases, hasta alcanzar una MAP de 1 inHg menor que la deseada. Seguidamente, el piloto moverá hacia atrás la palanca de la hélice para reducir las rpm, vigilando también el indicador de la MAP para no superar la presión máxima.

3.6. Hélices con reversa

Una hélice con sistema de reversa es una hélice de velocidad constante abanderable que, además, tiene la capacidad de generar un empuje negativo, esto es, hacia delante. A este empuje se le denomina **empuje de reversa.** Hoy en día, la mayoría de los aviones turbohélice polimotores disponen de hélices con sistema de reversa, ya que ayudan a frenar el avión en la carrera de aterrizaje, lo que reduce considerablemente los metros de pista necesarios. De esta forma se descarga trabajo de los frenos, alargando la vida de las pastillas, los actuadores y demás componentes. Además, la reversa mejora la maniobrabilidad durante en carreteo en tierra o en el agua, siendo especialmente útil en hidroaviones. Por otra parte, cuando la hélice opera en reversa, la refrigeración del motor es deficiente, lo que puede suponer un problema en algunos motores de pistón, y aumentan los daños producidos en las palas por el impacto de pequeñas piedras, arena, etc. que levanta la hélice de la pista.

En reversa, el ángulo de paso de la hélice deberá ser negativo (hasta −15° aproximadamente) para que la corriente de aire esté dirigida hacia delante. Es importante tener en cuenta que el motor y la hélice seguirán girando en el mismo sentido que en el resto de las fases del vuelo. En ningún caso el motor o la hélice cambiarán el sentido de giro.

Los motores turbohélice constan de dos modos de funcionamiento: **modo alfa** *(alpha mode)* cuando el avión está en vuelo y **modo beta** *(beta mode)* cuanto el avión está en tierra. La forma de controlar la potencia del motor y las rpm de la hélice depende del modo (alfa o beta) y del tipo de turbohélice (con o sin turbina libre). A continuación, vamos a estudiar dos motores turbohélice (Figura 3.24), uno sin turbina libre

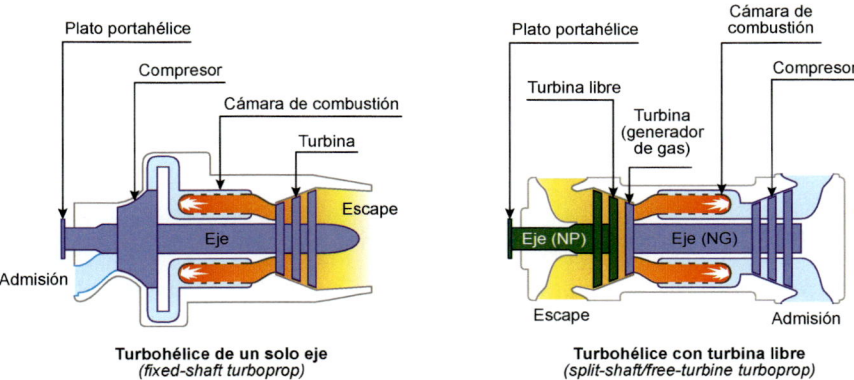

Figura 3.24. Configuración del motor turbohélice con y sin turbina libre.

(Garret/Honeywell TPE-331) y otro con turbina libre (Pratt&Whitney PW-PT6). Ambos son todo un estándar en el sector de la aviación, sus sistemas de control del motor y de la hélice son muy representativos del conjunto de los turbohélices empleados en las aeronaves, por lo que serán los que estudiemos a continuación.

3.6.1. Garret/Honeywell TPE-331

El motor turbohélice TPE-331 (Figura 3.25) utiliza hélices McCauley, Hartzell y MT-propellers, entre otras, impulsando aviones como el Mitsubishi MU-2, el Short SC.7 Skyvan, la Cessna 441 Conquest, Fairchild Swearingen Metroliner o el AC 980 JetProp Commander (Figura 3.26). La TPE-331 es una turbina de un solo eje, sin turbina libre, que desarrolla entre 650 HP y 1650 HP (según modelo) a 41 730 rpm, que son entregados a una reductora que disminuye la velocidad para que la hélice gire a 1591 rpm o a 2000 rpm en despegue (TO, *Take off*), dependiendo del modelo de reductora instalado.

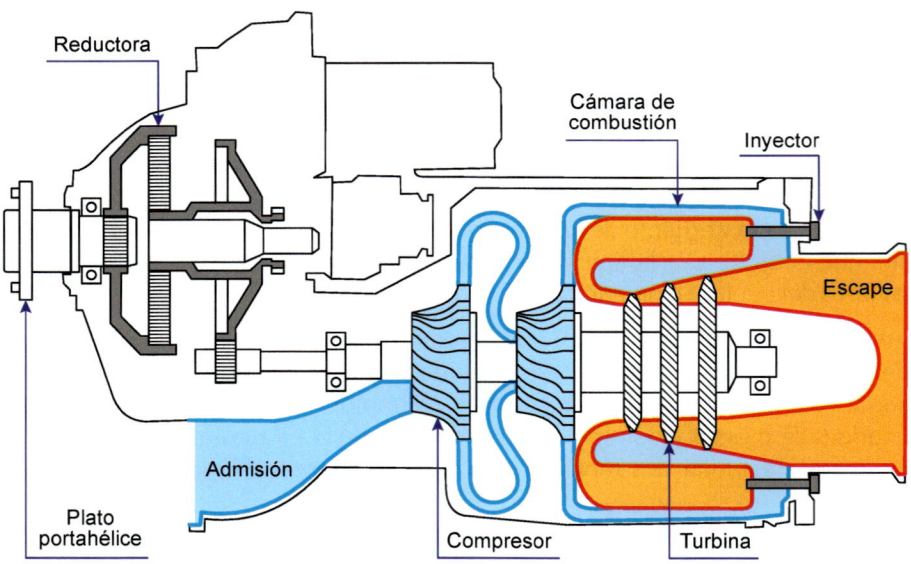

Figura 3.25. Motor turbohélice Garret/Honeywell TPE-331. Consta de dos escalones de compresor centrífugo y tres escalones de turbina axial. La cámara de combustión es anular y de flujo reverso, lo que resulta en un motor muy compacto y ligero.

El motor TPE-331 se controla normalmente con dos palancas (Figura 3.27):

- **Power lever:** palanca de color **negro** que controla la potencia que entrega la turbina en modo alfa: cuanto más hacia delante, más combustible se inyecta en la turbina y más potencia entrega. Es análoga al mando de gases de los motores de pistón. Recordemos que estamos hablando de hélices de velocidad constante, por lo que la *power lever* no modificará las rpm del motor, que se mantendrán constantes, lo que

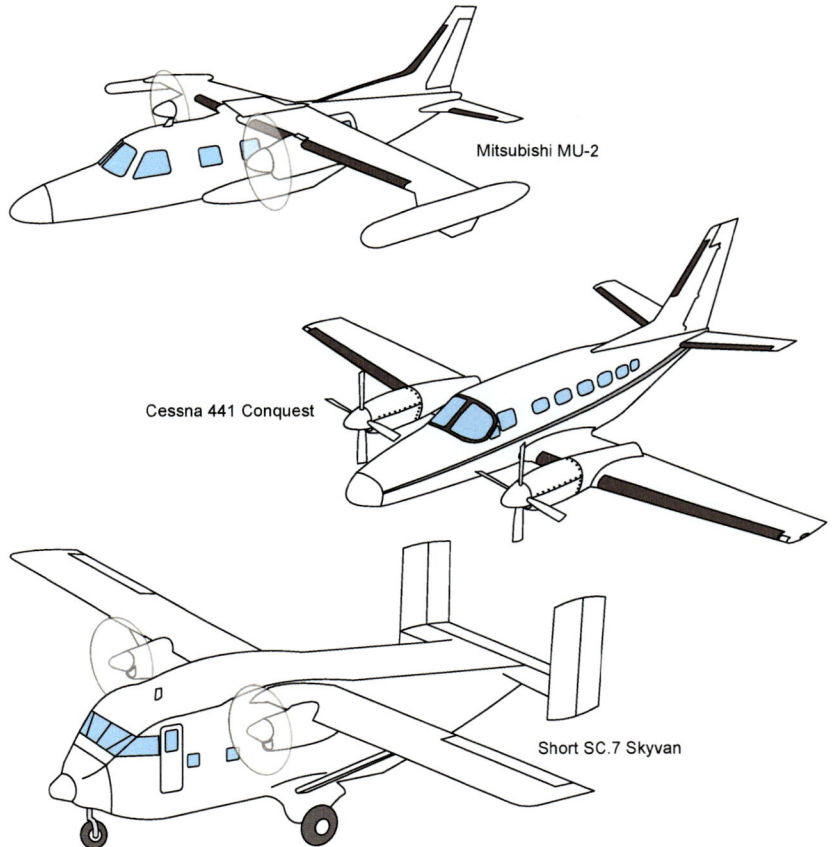

Mitsubishi MU-2

Cessna 441 Conquest

Short SC.7 Skyvan

Figura 3.26. Tres aviones que equipan el motor turbohélice Garret/Honeywell TPE-331.

es fundamental para que el motor de turbina funcione correctamente (Figura 3.28). Cuando se mueve hacia atrás la *power lever* superando la posición FLIGHT IDLE, la planta de potencia pasa a funcionar en modo beta y la palanca controlará directamente el paso de la hélice, de tal manera que cuanto más retrasada esté, tanto mayor será el ángulo de paso negativo y mayor será el empuje negativo.

- *Propeller control:* conocida también como *propeller-condition lever* o simplemente *condition lever,* es la palanca de color **azul** (a veces también negro) que, en modo alfa, controla las rpm de la hélice variando la presión del *speeder spring* del *governor,* que a su vez modificará el paso convenientemente, tal y como hemos estudiado en apartados anteriores (hélices de velocidad constante). Moviendo la *condition lever* totalmente hacia atrás, la hélice se abanderará. Para desabanderar se emplea un botón (UNFEATHER). En modo beta, la *condition lever* controlará la potencia del motor: cuanto más hacia delante, más combustible se inyecta en la turbina y más potencia entrega. Controlando la potencia, también controlamos indirectamente las rpm del motor y de la hélice: a mayor potencia, mayores rpm.

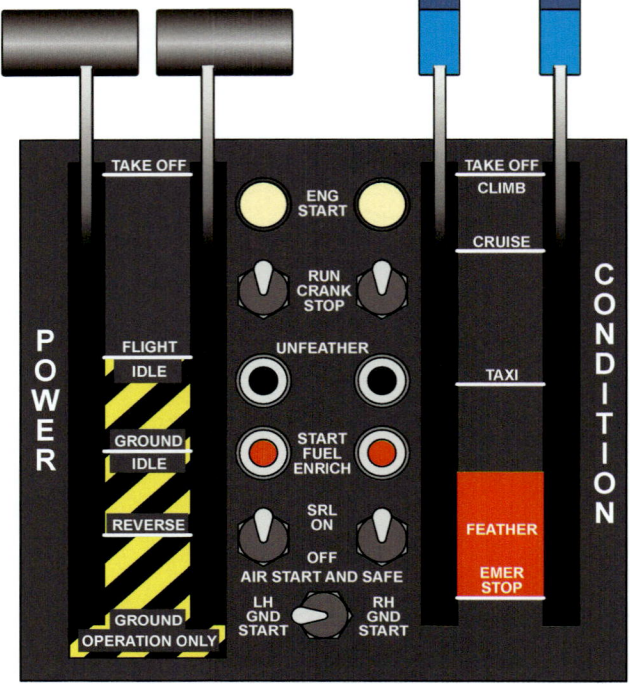

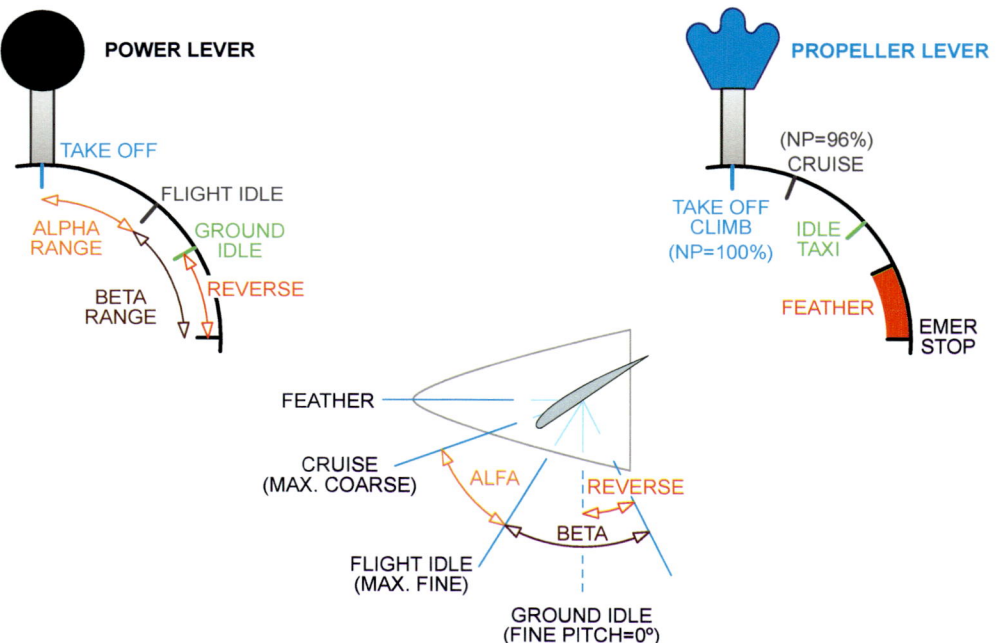

Figura 3.27. Configuración de las palancas de control del motor TPE-331.

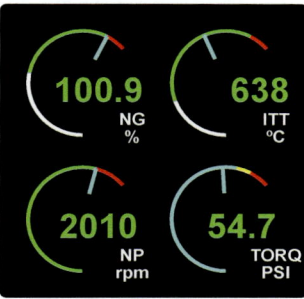

NG: rpm del generador de gas. Esta indicación es especialmente útil durante la puesta en marcha del motor.

ITT *(Interstage turbine temperature):* temperatura medida en el estator del segundo escalón de la turbina. No deberá superar un determinado valor. Suele limitar la potencia entregada por el motor en ambiente de baja densidad (elevada altitud y/o temperatura).

NP: rpm de la hélice.

TORQ: par motor a la entrada de la reductora. Es proporcional a la potencia que está entregando el motor. En entornos de elevada densidad (baja altitud o temperatura) se debe vigilar para no exceder el par máximo.

MODO ALFA (en vuelo)		NG	NP	ITT	TORQ	HP	Paso	KIAS*
Power lever	**Propeller control**							
Adelante	Fija	=	=	⇑	⇑	⇑	⇑	⇑
Fijo	Fija	=	=	=	=	=	=	=
Atrás	Fija	=	=	⇓	⇓	⇓	⇓	⇓
Fijo	Adelante	⇑	⇑	=	=	=	⇓	=
Fijo	Atrás	⇓	⇓	=	=	=	⇑	=

MODO BETA (en tierra)		Paso negativo	NP	TORQ	HP
Power lever	**Propeller control**				
Adelante	Fija	⇓ (−10° ➜ −2°)	=	⇓	⇓
Fijo	Fija	=	=	=	=
Atrás	Fija	⇑ (−6° ➜ −12°)	=	⇑	⇑
Fijo	Adelante	=	⇑	⇑	⇑
Fijo	Atrás	=	⇓	⇓	⇓

*KIAS *(knots-indicated air speed):* velocidad de vuelo indicada en nudos *(knots).*

Figura 3.28. Actuaciones y control del turbohélice Garret/Honeywell TPE-331.

Los motores turbohélice sin turbina libre, como el TPE-331, tienen habitualmente los siguientes indicadores:

- **NG** *(gas generator rpm):* rpm del generador de gas expresadas en tanto por ciento de las máximas (41 730 rpm). Esta indicación es especialmente útil cuando se arranca el motor. Típicamente, el combustible empezará a inyectarse cuando NG > 14 % y la puesta en marcha se desconectará cuando NG > 52 %. Durante el despegue las rpm serán máximas (NG = 100 %), bajando a NG = 96 % en crucero. Para que el motor de turbina funcione de forma óptima, siempre deberá rondar el 100 %, independientemente que entregue más o menos potencia.

- **NP** *(propeller rpm):* rpm de la hélice. Cuando NG = 100 %, la hélice girará a 2000 rpm o a 1591 dependiendo de la reductora que instale el motor. Puesto que se trata de un motor sin turbina libre, en donde el generador de gas arrastra directamente a la hélice, NP es siempre proporcional a NG.

- **ITT** *(interstage turbine temperature):* temperatura medida en el segundo escalón de la turbina. Su valor está relacionado con la potencia que entrega el motor. El piloto deberá vigilar que no se supere la ITT máxima en vuelos a gran altitud o elevada temperatura. Esto se debe a que, en estos ambientes de baja densidad, el motor intentará mantener la potencia a base de aumentar el consumo de combustible, lo que puede aumentar la temperatura más allá de los límites y dañar la planta de potencia.

- **TORQ** *(torque):* par entregado por el generador de gas a la reductora. Al igual que la ITT, es proporcional a la potencia que proporciona el motor a la hélice. En vuelos a baja altitud o temperatura (elevada densidad) el motor aumenta de forma natural la potencia entregada, por lo que el paso de la hélice deberá aumentar para mantener las rpm. Esta situación puede aumentar el par más allá del máximo permitido, lo que dañaría la reductora. El piloto deberá estar atento a esta circunstancia.

- ***Fuel Flow indicator:*** caudalímetro de combustible. Su indicación es útil durante el arranque y el ajuste del motor en crucero.

El control del paso en modo alfa (TO, *climb, cruise, landing*) se realiza de la siguiente forma:

- **Variación de potencia:** si movemos hacia delante la palanca de potencia, aumentará la cantidad de combustible inyectada en el motor, elevando la temperatura y la presión de los gases a la salida de la cámara de combustión, lo que se traduce en un aumento de rpm en la turbina y, por consiguiente, en el compresor y la hélice. Tanto la hélice como el motor deben mantener sus rpm constantes para entregar el máximo rendimiento, por lo que el ángulo de paso deberá aumentar, evitando así que la velocidad de giro suba. Al aumentar el paso, el par resistente y el empuje aumentan. El ***prop governor*** será el encargado de hacer esta función de forma automática, dejando salir aceite de la hélice. Si la palanca de potencia se mueve hacia atrás, haciendo el mismo razonamiento, la potencia y el paso disminuirán.

- **Variación de rpm:** si movemos la palanca de la hélice hacia delante, el *speeder spring* se comprime y «cierra» los contrapesos del *prop governor,* entrando en situación de *underspeed*. En esta situación, el *governor* enviará aceite a presión al cubo, lo que disminuye el paso y acelera la hélice. Si la palanca se mueve hacia atrás, el paso aumenta y las rpm disminuyen.

Mientras que en modo beta *(start, taxi, reverse):*

- **Variación del paso:** cuando movemos la palanca de potencia hacia atrás y superamos la posición FLIGHT IDLE, entramos en modo beta. Esto solo lo podremos hacer cuando el avión descanse su peso sobre el tren de aterrizaje, ya que el sistema dispone de un pasador accionado por el sensor del WoW *(weight on wheels)* que impide entrar en modo beta cuando el avión está en vuelo (Figura 3.29). Pasada la posición de FLIGHT IDLE, cuanto más retrasemos la *power lever*, tanto menor será el ángulo de paso, llegando hasta ángulos de paso negativos de hasta −15°, típicamente. Así pues, cuanto más retrasada esté la palanca de potencia, tanto mayor será la fuerza que empuja al avión hacia atrás. Para realizar esta función la planta de potencia cuenta con el **PPC** *(propeller pitch control)* que estudiaremos en las siguientes páginas.

- **Variación de rpm:** la palanca de la hélice seguirá controlando las rpm como en el modo alfa, pero ahora ya no lo hace a través del *prop governor,* si no que actúa sobre el ***underspeed governor.*** El *underspeed governor* es similar al *governor* estudiado anteriormente: contrapesos, *speeder spring* y *pilot valve,* solo que ahora no regula la cantidad de aceite que entra o sale del cubo de la hélice si no que controla la dosis de combustible inyectada en el motor. Así, si movemos la *propeller control* hacia delante, se comprime el *speeder spring* del *underspeed governor,* «cerrando» los contrapesos y abriendo la *pilot valve,* que mandará más combustible al motor, para que aumenten sus rpm y las de la hélice. Moviendo la palanca hacia atrás la cantidad de combustible disminuye, así como las rpm. En modo alfa, el *underspeed governor* no interviene en absoluto en la dosificación de combustible.

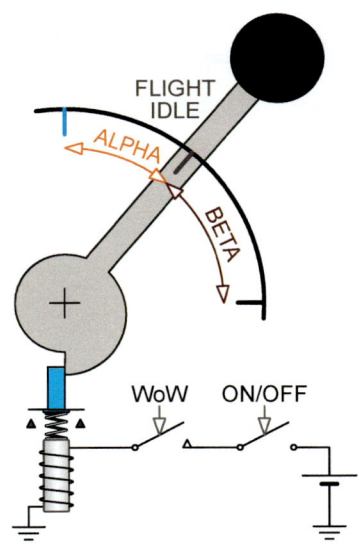

Cuando el avión está en vuelo, el pasador evita que la *power lever* baje más allá de FLIGHT IDLE, evitando que el sistema entre en modo beta. El sensor WoW *(weight on wheels)* impide accionar la bobina que retira el pasador, incluso si el piloto quiere hacerlo manualmente (ON/OFF).

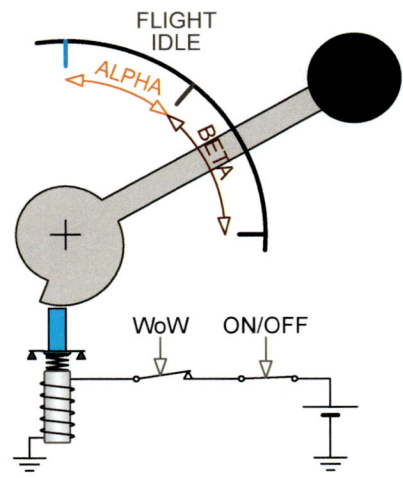

Cuando el avión toca la pista y su peso descansa sobre el tren de aterrizaje, el WoW se cierra, permitiendo al piloto retirar el pasador y entrar en modo beta si lo desea. La propia hélice también suele disponer de un pasador que impide que el paso disminuya por debajo del FLIGHT IDLE que se acciona de forma similar al de la *power lever.*

Figura 3.29. Un pasador impide que la *power lever* se desplace más allá de FLIGHT IDLE, impidiendo que la planta de potencia entre en modo beta cuando el avión está en vuelo. El sensor de «peso en pata» WoW *(weight on wheels)* asegura que el pasador no se quite en vuelo.

El sistema de control del ángulo de paso de la hélice montada en el TPE-331 dispone de los siguientes componentes:

- **PPC** *(propeller pitch control):* en modo alfa no interviene de modo alguno en el control del paso, el aceite que va hacia o desde la hélice pasa a través del PPC sin ninguna restricción. En modo beta, la posición de la *power lever* controla la entrada y salida de aceite del cubo a través del **tubo beta,** controlando de esta forma el ángulo de paso (Figura 3.30).

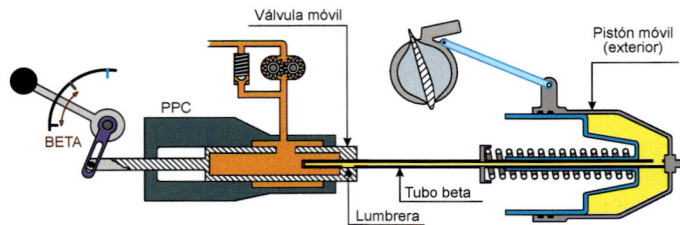

En modo beta, el paso se controla directamente desde la *power lever,* a través del PPC. El PPC dispone de una válvula que desliza hacia delante o hacia atrás (rayada en la figura), dependiendo de cómo se mueva la *power lever.* Esta válvula tapa o descubre la lumbrera del tubo beta, permitiendo que el aceite entre o salga del cubo de la hélice, cambiando el paso.

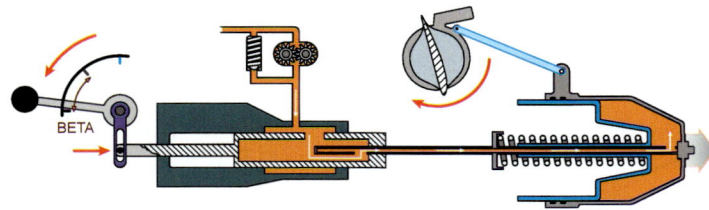

Si la *power lever* se mueve hacia atrás, la válvula móvil del PPC se desplazará hacia delante, descubriendo la lumbrera del tubo beta y permitiendo que el aceite a presión se dirija hacia el cubo y empuje al pistón, que se moverá hacia delante tirando del tubo beta. Este desplazamiento hacia delante del tubo beta provoca que el paso se haga más negativo y que la lumbrera se cierre progresivamente.

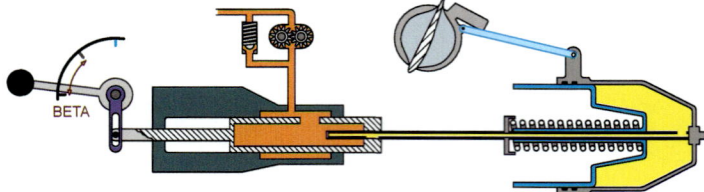

Una vez que la lumbrera del tubo beta se cierra, la hélice mantendrá el paso seleccionado.

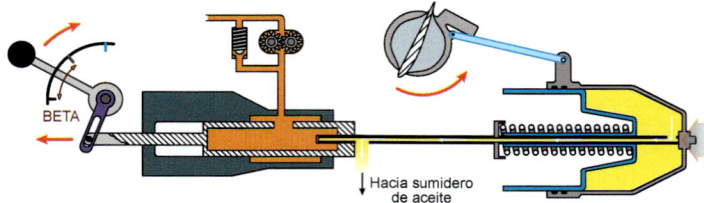

Si movemos la *power lever* hacia delante, la válvula lo hará hacia atrás, descubriendo la lumbrera. El muelle y los contrapesos de la hélice harán salir al aceite del cubo, que se drenará hacia un sumidero y de vuelta al depósito. El pistón de la hélice se desplazará hacia atrás, aumentando el paso (haciéndolo menos negativo) y cerrando de nuevo la lumbrera.

Figura 3.30. Funcionamiento del PPC y el tubo beta en modo beta.

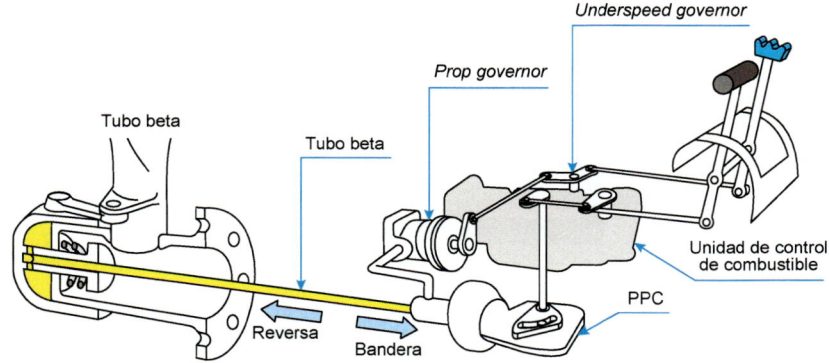

Figura 3.31. Hélice de velocidad constante, abanderable y con reversa Hartzell HC-A3VF-7, instalable en un motor Garret/Honeywell TPE-331.

- **Prop governor:** es el *governor* que hemos estudiado en apartados anteriores, en donde el *speeder spring* y los contrapesos controlan la posición de la *pilot valve* para mantener las rpm de la hélice constantes durante el **modo alfa** (Figura 3.32). El *prop governor* actúa cuando las rpm de la hélice están por encima del 96 % de NP. Por debajo del 96 % de NP, permanecerá constantemente en situación de *underspeed*, sin restringir ni regular el paso de aceite.

- **Underspeed governor:** en su construcción es muy similar al *prop governor* solo que, en vez de controlar un caudal de aceite, controla la cantidad de combustible que se

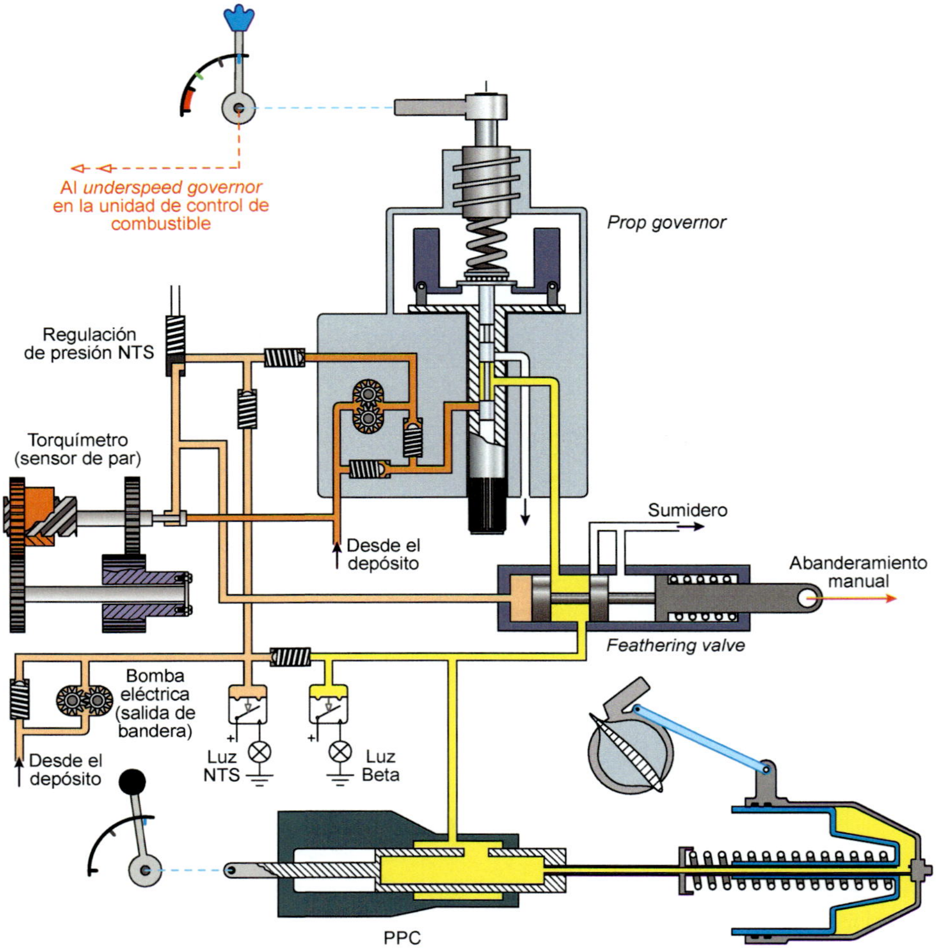

Figura 3.32. Esquema general del sistema de control de la hélice reversible en un motor TPE-331 (funcionamiento en modo alfa y en *on-speed*).

inyecta en el motor durante la operación en modo beta (NP < 96 %). Mediante la palanca de la hélice se controla la compresión de su *speeder spring*, que actúa contra unos contrapesos que giran a unas rpm proporcionales a las de la hélice. Si el piloto mueve hacia delante la palanca de la hélice, el *speeder spring* se comprimirá y los contrapesos se cerrarán. En esta situación, el *underspeed governor* interpreta que las rpm de la hélice son insuficientes, por lo que inyectará más combustible al motor, que se acelerará, aumentando también las rpm de la hélice. Si la palanca del *propeller control* se mueve hacia atrás, disminuirá la cantidad de combustible inyectada y bajarán las rpm. Por otra parte, si movemos la *power lever* hacia atrás, hacia pasos más negativos, el par resistente aumenta y el motor tiende a bajar las rpm. Esto lo detecta el *underspeed governor* que aumenta la cantidad de combustible introducido en el motor. Por encima del 96 % de NP, el *underspeed governor* se abre completamente, sin restringir ni regular el paso de aceite.

- **Overspeed governor:** la unidad de combustible dispone de un *governor* que reduce la cantidad de combustible inyectado si NG supera el 103,5 % o el 104,5 %. Este dispositivo protege al motor y a la hélice de la sobrevelocidad. Este dispositivo dispone de los contrapesos y *speeder spring* correspondientes, que son ajustados en tierra.

- **Feathering valve:** la válvula de abanderamiento permite que el aceite salga del cubo y el paso suba hasta el de bandera (Figura 3.33). El accionamiento puede ser manual, moviendo hacia atrás totalmente la palanca de la hélice o mediante un botón específico, o automática a través del NTS *(negative torque system)* o el TSS *(thrust sensitive signal)*. Hay que aclarar que el NTS actuará sobre la *feathering valve* para aumentar el

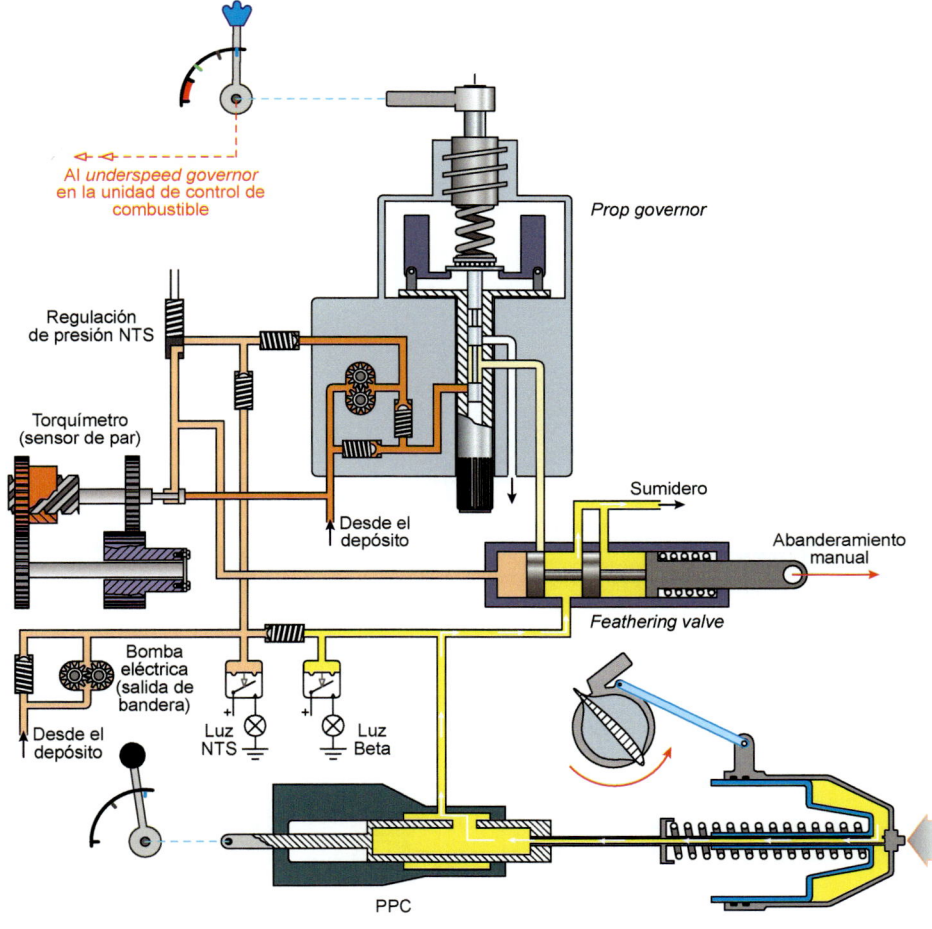

Figura 3.33. Abanderamiento manual de la hélice a través de la *feathering valve* en un motor TPE-331.

paso, pero no tiene por qué alcanzar la posición de bandera necesariamente cuando actúa (Figura 3.34). El abanderamiento se hará manualmente, como norma.

- **NTS** *(negative torque system):* durante el funcionamiento normal de la planta de potencia, el motor arrastra a la hélice (par positivo). No obstante, cuando el motor falla, la hélice pasa a arrastrar al motor gracias a la inercia que esta tiene. Decimos entonces que la planta de potencia está sufriendo un par negativo. El NTS se encarga de detectar esta situación de forma automática gracias al sensor de par, empuja la *feathering valve* y deja salir aceite del cubo para aumentar el paso (Figura 3.34). Ahora bien, como norma, el NTS no llega a poner la hélice completamente en bandera, esto lo hará el piloto de forma manual.

- **Unfeather:** la hélice saldrá de la posición de bandera gracias a una bomba eléctrica, accionada a través del botón UNFEATHER o moviendo la *condition lever* (palanca de la hélice) totalmente hacia delante.

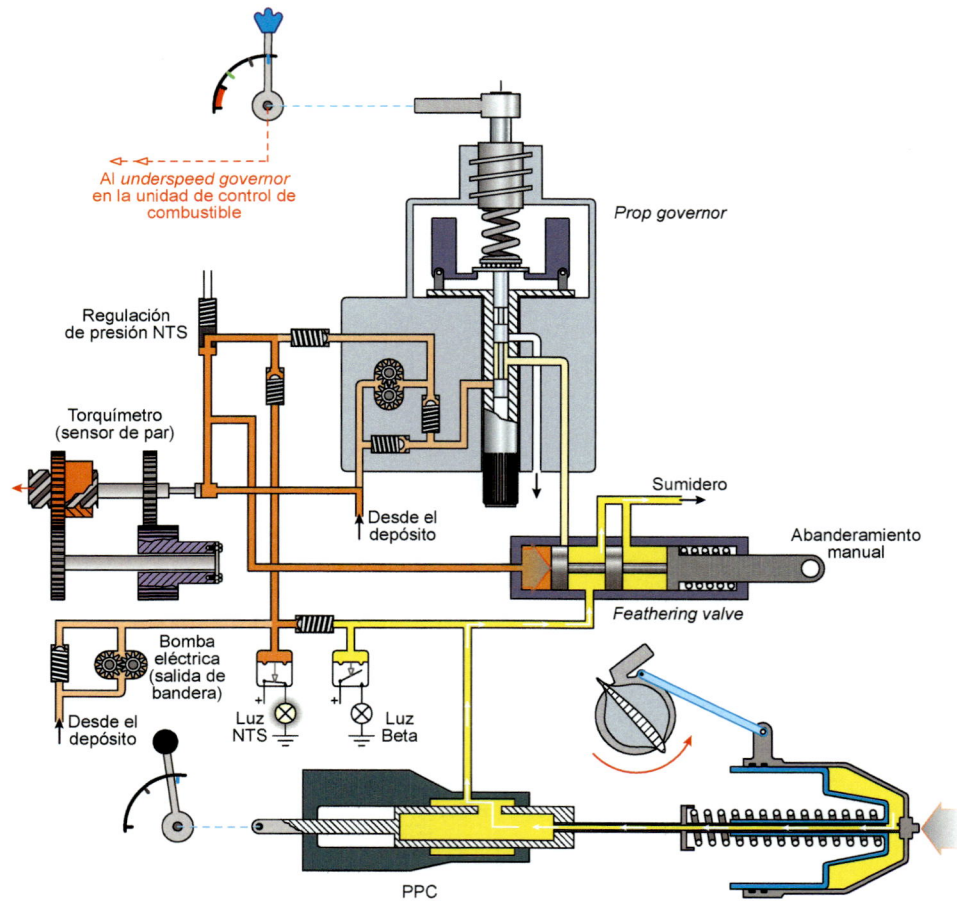

Figura 3.34. Abanderamiento automático de la hélice a través del sensor de par y de la *feathering valve* en un motor TPE-331.

Las hélices montadas en el turbohélice TPE-331 deberán disponer de los correspondientes pasadores de paso bajo, para evitar que se abanderen cuando se apague el motor. De esta forma, la hélice permanecerá en un paso bajo, ideal para arrancar de nuevo el motor cuando se necesite. La parada y la puesta en marcha del motor se realizarán de la siguiente forma:

- **Parada del motor** *(engine shutdown):* se colocará la *power lever* en GROUND IDLE, se bajarán las rpm hasta que NG < 50 %, se cerrará la válvula de sangrado del motor (si dispone de ella), se desconectará la bomba de combustible eléctrica y se colocará el interruptor RUN/STOP en la posición STOP. Cuando la hélice empieza a perder velocidad, se moverá la *power lever* a REVERSE para asegurarnos que los pasadores de paso bajo se colocan correctamente. Cuando el motor y la hélice se han detenido, se colocará la *power lever* en FLIGHT IDLE y el interruptor START/GEN se colocará en OFF.

- **Puesta en marcha** *(engine start):* después de realizar diversas comprobaciones previas al arranque, se colocará la *power lever* en GROUND IDLE, la *condition lever* (palanca de la hélice) en IDLE/TAXI/START y el interruptor START/GEN en la posición START para accionar el motor DC de puesta en marcha. Cuando las NG > 50 % se desconectará la puesta en marcha observando que las rpm suben y se estabilizan a NG = 70 % aproximadamente y que el resto de parámetros (temperatura, presión, etc.) son normales. Para que los pasadores de paso bajo liberen al mecanismo de cambio de paso de la hélice, se moverá un instante la *power lever* a la posición REVERSE para volver seguidamente a GROUND IDLE o FLIGHT IDLE.

3.6.2. Pratt&Whitney PT6

El PT6 es un motor turbohélice con turbina libre capaz de entregar de 500 HP a 1900 HP, con una NG de 38 850 rpm (NG = 100 %) y una NP máxima de 1700 rpm a 2200 rpm según el modelo (Figura 3.35). Empleando hélices Hartzell y McCauley con reversa, impulsan aviones como el De Havilland Canada DHC-6 Twin Otter o el Beechcraft Super King Air B-200 (Figura 3.36). En este caso, la turbina del generador de gas solo extrae la potencia necesaria para hacer funcionar el compresor y los accesorios del motor (bomba de combustible, bomba de hidráulico, generador eléctrico, bomba de aceite de lubricación, control de combustible, bomba del *governor,* etc.). Será la turbina libre la que extraiga la mayor parte de la potencia, que se empleará para mover la hélice.

En el PT6 ya no será necesario bloquear la hélice con un paso bajo cuando se detiene el motor, ya que el generador de gas y la turbina libre no están unidas mecánicamente. Durante la puesta en marcha, el motor de arranque solo arrastra al generador de gas por lo que es indiferente el paso y la resistencia aerodinámica que origina la hélice. Una vez que el generador de gas está funcionando, podremos desabanderar la hélice empleando las bombas habituales. Otra ventaja del PT6 es que las rpm de la hélice podrán variar mientras que el generador de gas mantiene su velocidad de giro.

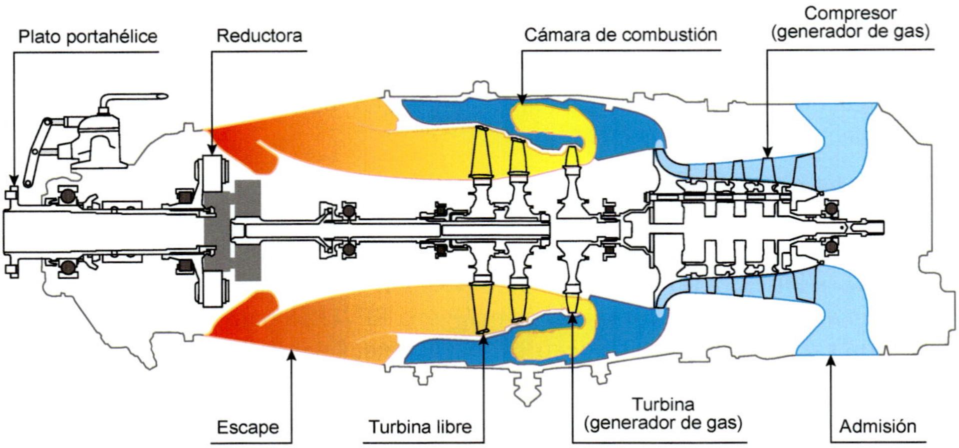

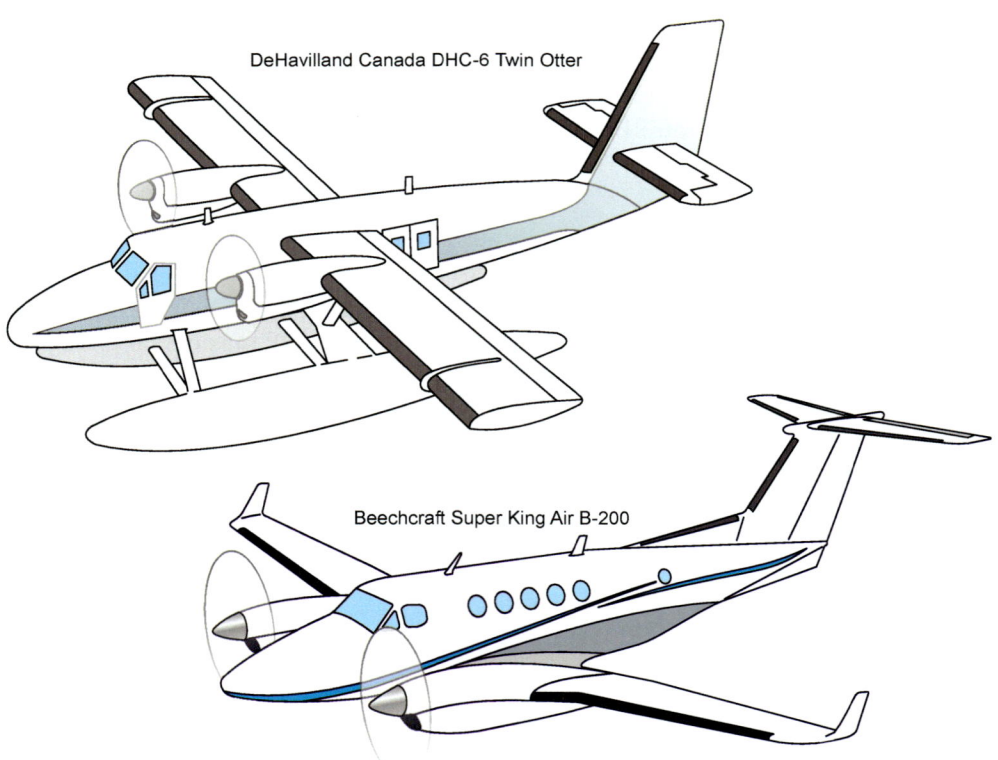

Plato portahélice | Reductora | Cámara de combustión | Compresor (generador de gas)

Escape | Turbina libre | Turbina (generador de gas) | Admisión

Figura 3.35. Motor turbohélice con turbina libre Pratt&Whitney PT6.

DeHavilland Canada DHC-6 Twin Otter

Beechcraft Super King Air B-200

Figura 3.36. De Havilland Canada DHC-6 Twin Otter y Beechcraft Super King Air B-200 equipados con motores turbohélice Pratt&Whitney PT6.

El motor PW-PT6 se controla normalmente con tres palancas (Figura 3.37):

- **Power lever:** palanca de color **negro** que, en modo alfa, controla la cantidad de combustible que se inyecta en el motor y, por tanto, la potencia que entrega: moviendo la palanca hacia delante, se inyecta más combustible y se obtiene más potencia, lo que aumenta las rpm del generador de gas NG. Si se mueve la *power lever* hacia atrás más allá de la posición IDLE la planta de potencia funcionará en modo beta y

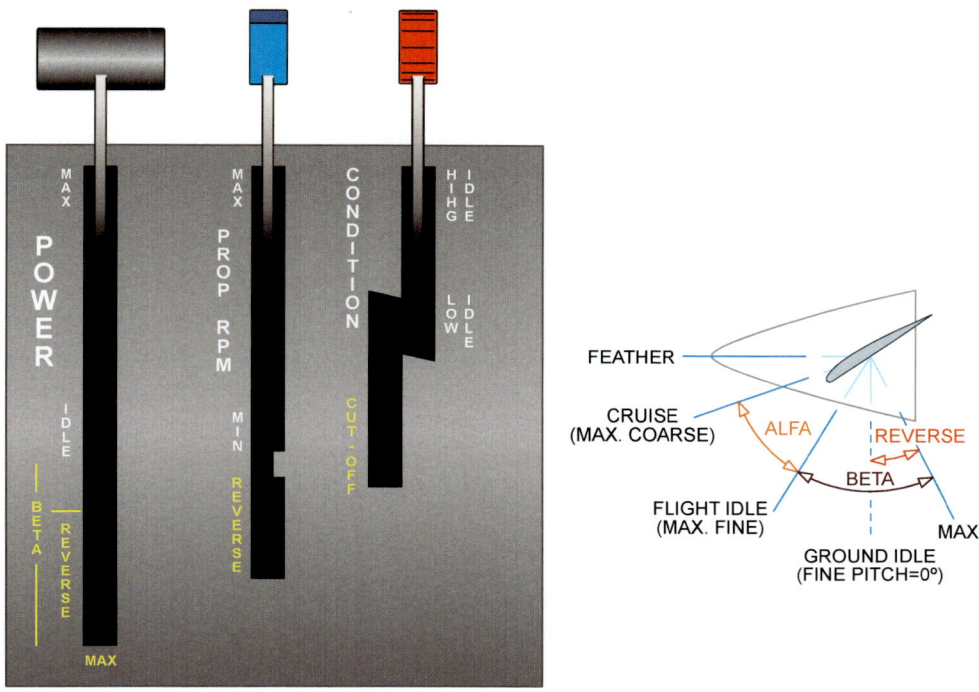

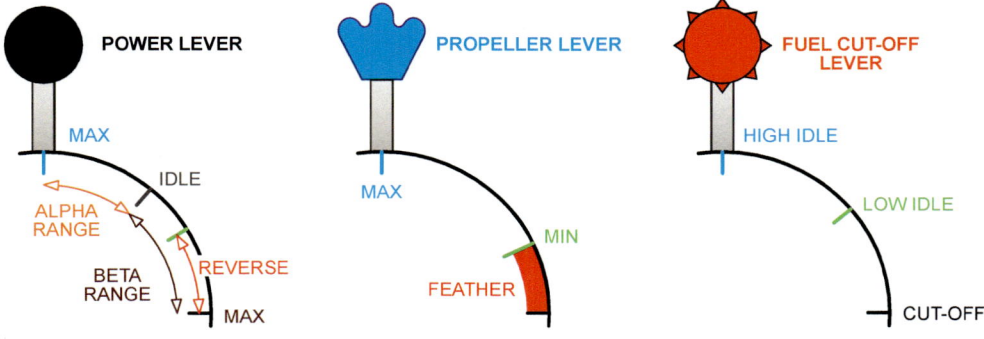

Figura 3.37. Palancas de control de la planta de potencia de un motor Pratt&Whitney PT6.

la palanca pasará a controlar directamente el paso de la hélice: cuanto más hacia atrás, tanto mayor será el ángulo negativo en reversa.

- **Propeller control lever:** palanca de color **azul** que controla las rpm de la hélice en modo alfa, actuando sobre el *speeder spring* del *governor,* como hemos visto en apartados anteriores. Si se mueve completamente hacia atrás, la hélice se abanderará. Para desabanderar bastará con moverla hacia delante siempre que el generador de gas esté en funcionamiento. En modo beta no realiza ninguna función, ya que el control de la potencia y rpm del motor es automático (y el paso se controla con la *power lever*). Ahora bien, deberá moverse totalmente hacia delante para que el *governor* esté en *underspeed* y no influya en la cantidad de aceite que entra o sale del cubo de la hélice.

- **Fuel cut-off lever:** también llamada **fuel condition lever,** es la palanca de color **rojo** que abre o cierra el paso de combustible hacia los inyectores. Algunas aeronaves disponen de una posición LO-IDLE que limita la potencia disponible durante el funcionamiento en tierra.

El sistema de indicación del motor PT6 es muy similar al del TPE-331. Se equipan habitualmente los siguientes indicadores:

- **NG** *(gas generator rpm)* o **N1:** rpm del generador de gas expresadas en tanto por ciento de las máximas (38 850 rpm). Al igual que en el motor TPE-331, esta indicación es especialmente útil durante la puesta en marcha del motor: con NG >12 % se moverá la *fuel condition lever* desde CUT-OFF hasta LOW IDLE para comenzar a inyectar el combustible y con NG > 52 % se desconectará la puesta en marcha (motor de arranque). Durante el vuelo, NG será aproximadamente del 100 % para un funcionamiento óptimo (la NG máxima será 101,6 %).

- **NP** *(propeller rpm, propeller tachometer):* rpm de la hélice. También se conoce como NF (rpm de la turbina libre, *free turbine*). Recordemos que, por tratarse de un motor con turbina libre, NG y NP varían de forma independiente.

- **ITT** *(interstage turbine temperature):* temperatura de los gases a la salida de la turbina del generador de gas (o entrada de la turbina libre, que es lo mismo). Su valor es proporcional a la potencia que entrega el motor. El piloto deberá vigilar que no se supere la ITT máxima en vuelos a gran altitud o elevada temperatura (atmósfera con baja densidad).

- **TORQ** *(torque):* par entregado por la turbina libre *(power turbine)* a la reductora. Al igual que la ITT, es proporcional a la potencia que proporciona el motor a la hélice. El piloto deberá vigilar el indicador para que no se supere el valor máximo permitido cuando se vuele a baja altitud o temperatura (atmósfera con alta densidad).

- **Fuel Flow indicator:** caudalímetro de combustible. Su indicación es útil durante el arranque y el ajuste del motor en crucero.

El control del paso en modo alfa (TO, *climb, cruise, landing*) se realiza de forma similar al TPE-331 (Figura 3.38). En modo beta *(start, taxi, reverse)* el paso también se controlará con la *power lever,* al igual que en el TPE-331, pero la palanca de la hélice no tendrá

MODO ALFA (en vuelo)								
Power lever	Propeller control	NG	NP	ITT	TORQ	HP	Paso	KIAS*
Adelante	Fija	↑	=	↑	↑	↑	↑	↑
Fijo	Fija	=	=	=	=	=	=	=
Atrás	Fija	↓	=	↓	↓	↓	↓	↓
Fijo	Adelante	=	↑	=	=	=	↓	=
Fijo	Atrás	=	↓	=	=	=	↑	=

MODO BETA (en tierra)					
Power lever	Propeller control	Paso negativo	NP	TORQ	HP
Adelante	Fija adelante	↓ (−10° → −2°)	=	↓	↓
Fijo	Fija adelante	=	=	=	=
Atrás	Fija adelante	↑ (−6° → −12°)	=	↑	↑

*KIAS *(knots-indicated air speed):* velocidad de vuelo indicada en nudos *(knots)*.

Figura 3.38. Actuaciones y control del turbohélice Pratt&Whitney PT6. En modo beta, la palanca de la hélice deberá estar completamente hacia delante.

función alguna, ya que el control de las rpm es automático en modo beta, estando NP entre el 50 % y el 85 % de las máximas. Ahora bien, esta palanca, la de la hélice, deberá situarse totalmente hacia delante para que permita la entrada y salida de aceite del cubo de la hélice sin restricciones.

El sistema de control del ángulo de paso de la hélice montada en el TPE-331 dispone de los siguientes componentes:

- **Prop governor:** es el *governor* que hemos estudiado en apartados anteriores en donde el *speeder spring* y los contrapesos controlan la posición de la *pilot valve* para mantener las rpm de la hélice constantes durante el **modo alfa** (Figura 3.39). La presión del *speeder spring* se ajusta desde la cabina a través de la palanca de la hélice *(propeller control lever)*.

- **Overspeed governor:** si la hélice supera las rpm máximas permitidas (NP > 100 %) el *overspeed governor* puentea al *prop governor* y permite la salida de aceite del cubo, aumentando el paso y frenando la velocidad de giro de la hélice. De esta forma, actúa como elemento de protección frente a la sobrevelocidad en caso de fallo del *prop governor*, por ejemplo. El *overspeed governor* se ajusta en tierra por el personal de mantenimiento.

- **Power turbine governor:** también conocido como *fuel topping governor,* reduce la cantidad de combustible inyectado cuando la hélice supera el 105 % de rpm máximas (NP > 105 %). De esta forma protege tanto al generador de gas como a la hélice de embalamientos. Al igual que el *overspeed governor*, solo se puede ajustar en tierra durante las tareas de mantenimiento.

- **FCU** *(fuel control unit):* es la unidad que se encarga de dosificar el combustible inyectado al motor en función de la posición de la *power lever* y diversos parámetros (temperaturas, presiones, rpm, etc.). En lo que a nosotros nos preocupa, que es el control de la hélice, se encarga de mantener las rpm de esta durante el modo beta: si el paso aumenta (positivo o negativo), la FCU aumentará la cantidad de combustible inyectado para aumentar la potencia y mantener la NP.

El funcionamiento en **modo alfa** es esencialmente igual que el resto de las hélices abanderables y con reversa: el *prop governor* mantiene las rpm seleccionadas controlando la cantidad de aceite que entra o sale del cubo (Figura 3.39). Si el motor se embala por

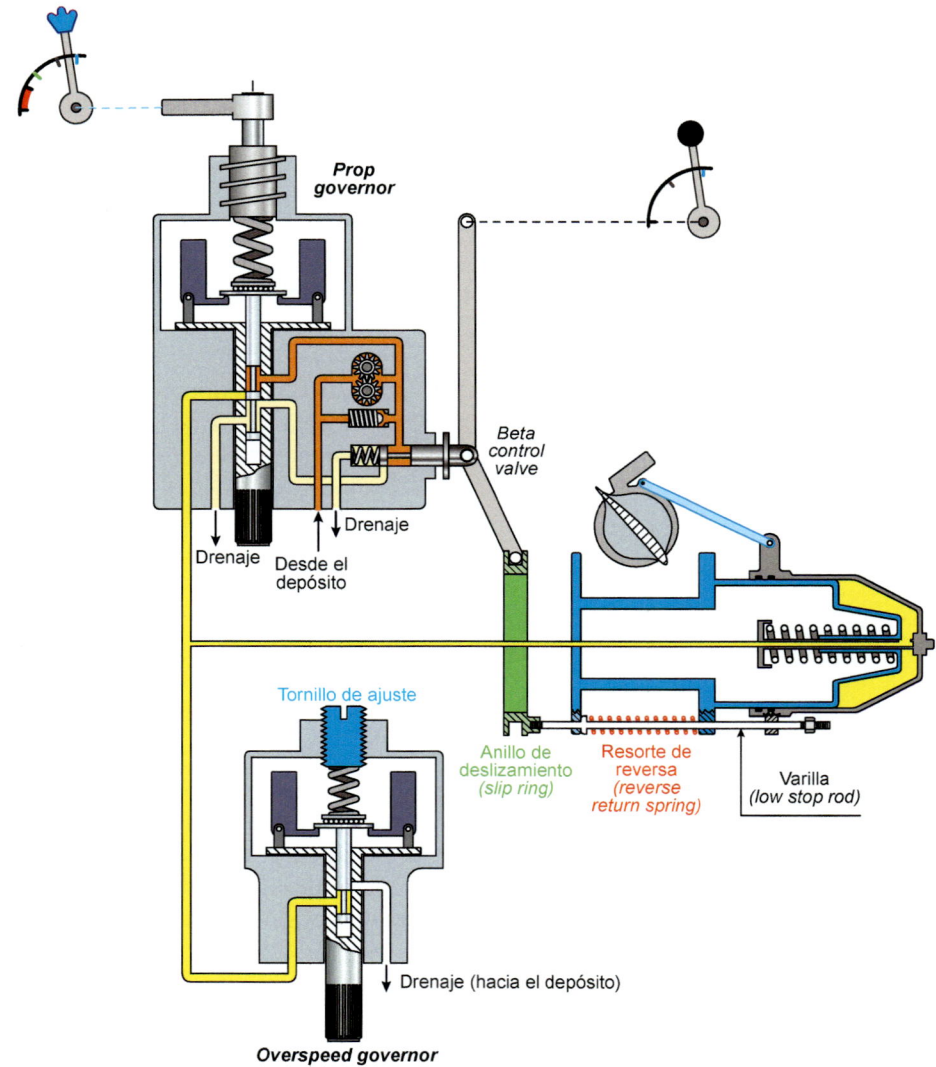

Figura 3.39. Esquema general del sistema de control de la hélice reversible en un motor TP6 (funcionamiento en modo alfa y en *on-speed*).

el motivo que sea y la NP supera el 100 % de rpm permitidas, el *overspeed governor* entrará en funcionamiento dejando que el aceite salga del cubo de la hélice, lo que aumenta el paso hasta que la situación de sobrevelocidad pase.

Por su parte, en modo beta la *power lever* controla directamente el paso. Si se mueve esta palanca hacia atrás se empujará la **beta control valve** que mandará aceite a presión al cubo de la hélice moviéndola hacia pasos negativos (Figura 3.40). El movimiento del pistón hacia delante tira de la varilla *(low stop rod)* y esta, a su vez, del anillo de deslizamiento *(slip ring)* que mueve la *beta valve* hacia la derecha hasta que se cierra el paso de aceite (Figura 3.41). Si se mueve la *power lever* hacia delante, el funcionamiento será el inverso y la *beta valve* dejará salir aceite del cubo de la hélice hasta que el movimiento del anillo de deslizamiento la vuelva a cerrar.

Otro componente importante en los motores PW-PT6 es el **freno** de la turbina libre, que evita que la hélice gire en tierra por efecto de las corrientes de aire. Esta situación no es deseable, sobre todo si la hélice gira en sentido contrario al habitual, ya que se pueden dañar las escobillas del sistema de deshielo de las palas y provocar daños internos en la turbina durante el arranque.

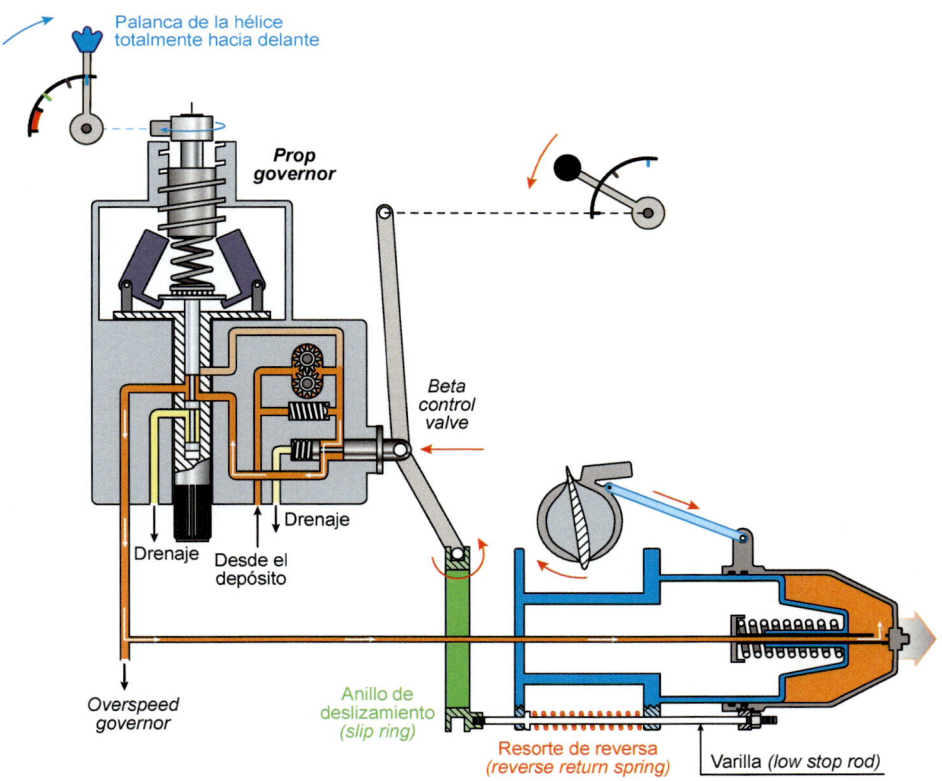

Figura 3.40. Funcionamiento de la *beta valve* al aumentar el paso negativo (de +1° a −7° por ejemplo) en modo beta (turbohélice PW-PT6).

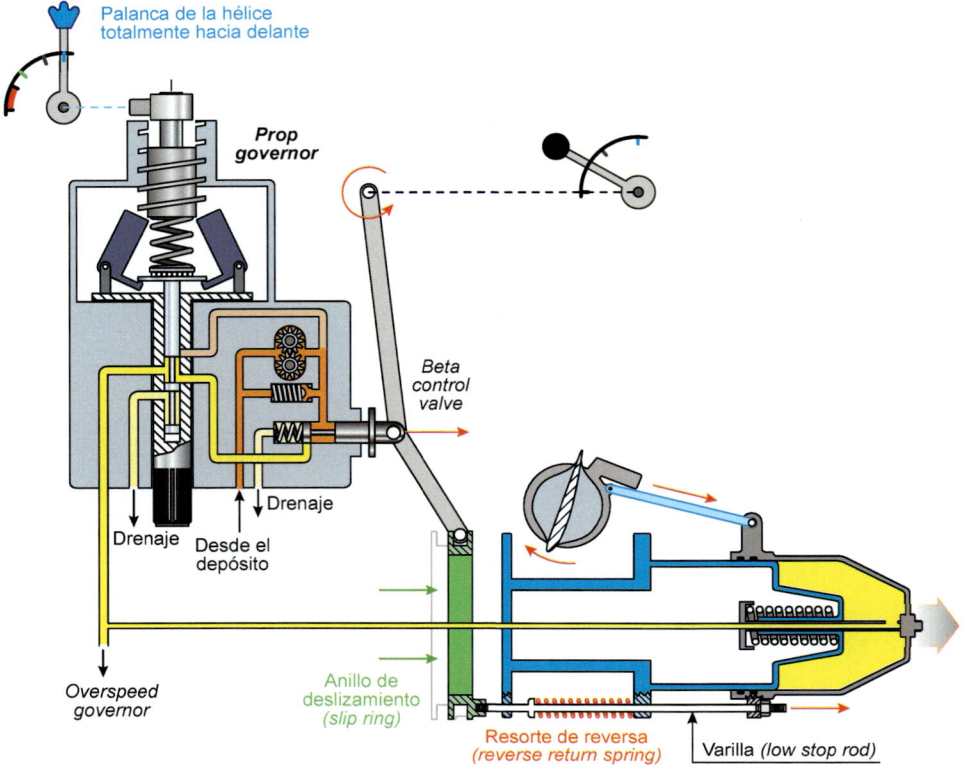

Figura 3.41. Actuación del anillo de deslizamiento y la *beta valve* en modo beta (PW PT6).

3.6.3. Otras hélices con reversa

La mayoría de los sistemas de control del paso en hélices con reversa se asemejan a los dos que acabamos de estudiar para motores con o sin turbina libre. Ahora bien, también nos podemos encontrar con hélices hidromáticas Hamilton Standard (o Hamilton Sundstrand) con capacidad de reversa. Estas hélices carecen de muelle y de contrapesos, cambiando el paso gracias a un actuador hidráulico de doble efecto. Esencialmente iguales a las estudiadas en el Apartado 3.4.1 de este libro, pero capaces de mover las palas hacia pasos negativos.

Cabe mencionar también que las hidromáticas no son las únicas hélices que utilizan un actuador de doble efecto para cambiar el paso de la hélice. Por ejemplo, la hélice Hamilton Sundstrand 568F, que equipan los aviones ATR-72 (motor Pratt&Whitney PW127), dispone de un actuador de doble efecto y también de unos contrapesos que tienden a aumentar el paso. En este caso, los contrapesos son un elemento de seguridad. Ante una eventual pérdida de presión del aceite empleado en la hélice, los contrapesos aumentarán el paso para evitar la sobrevelocidad.

También se han fabricado hélices que cambian el paso por la acción de un motor eléctrico DC, como son las Curtiss, aunque están en desuso desde hace tiempo (Figura 3.42). La principal ventaja de estas hélices es que minimizamos los problemas asociados al sistema hidráulico de cambio de paso (pérdidas de aceite, presión inadecuada, etc.). No obstante, presenta otro tipo de problemas operativos que las ha dejado prácticamente como piezas de museo. En la Figura 3.43 podemos ver de forma esquemática el sistema de control de estas hélices Curtiss eléctricas. Una característica a destacar en este tipo de hélice es que el piloto puede controlar el paso directamente, mediante los interruptores de turno (HIGH-LOW) o controlar las rpm actuando sobre la compresión del *speeder spring* situado en el *governor*.

Sabías que...

La empresa Curtiss-Wright Propeller Division construyó la primera hélice Curtiss eléctrica en 1930, equipándose posteriormente en aviones como el Republic P47 Thunderbolt, obra del ingeniero de origen georgiano Alexander Kartveli. Al finalizar la Segunda Guerra Mundial, en septiembre de 1945, la Curtiss-Wright ya había fabricado casi 146 500 de estas hélices.

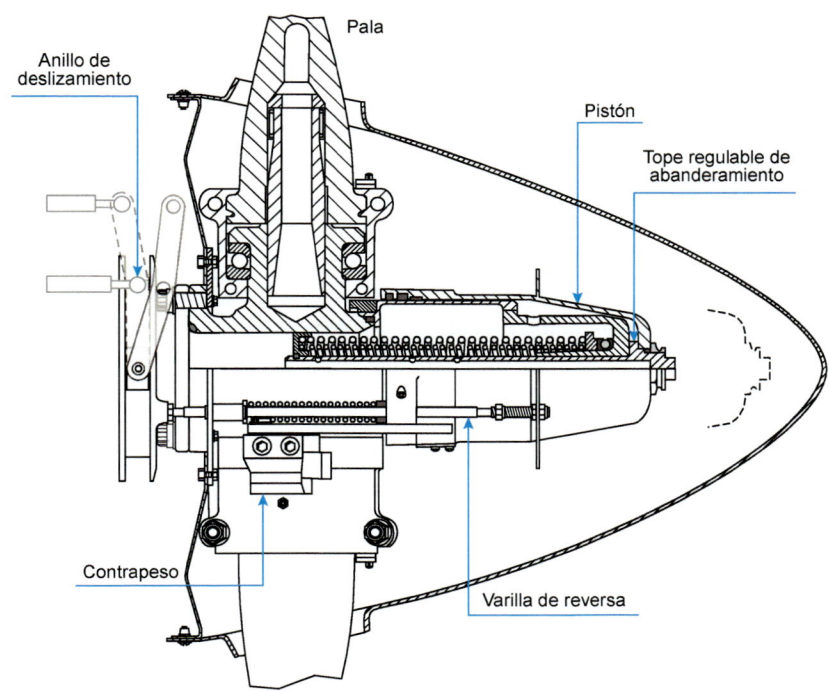

Figura 3.42. Hélice Hartzell HC-B3TN-3 empleada en motores turbohélice PW-PT6.

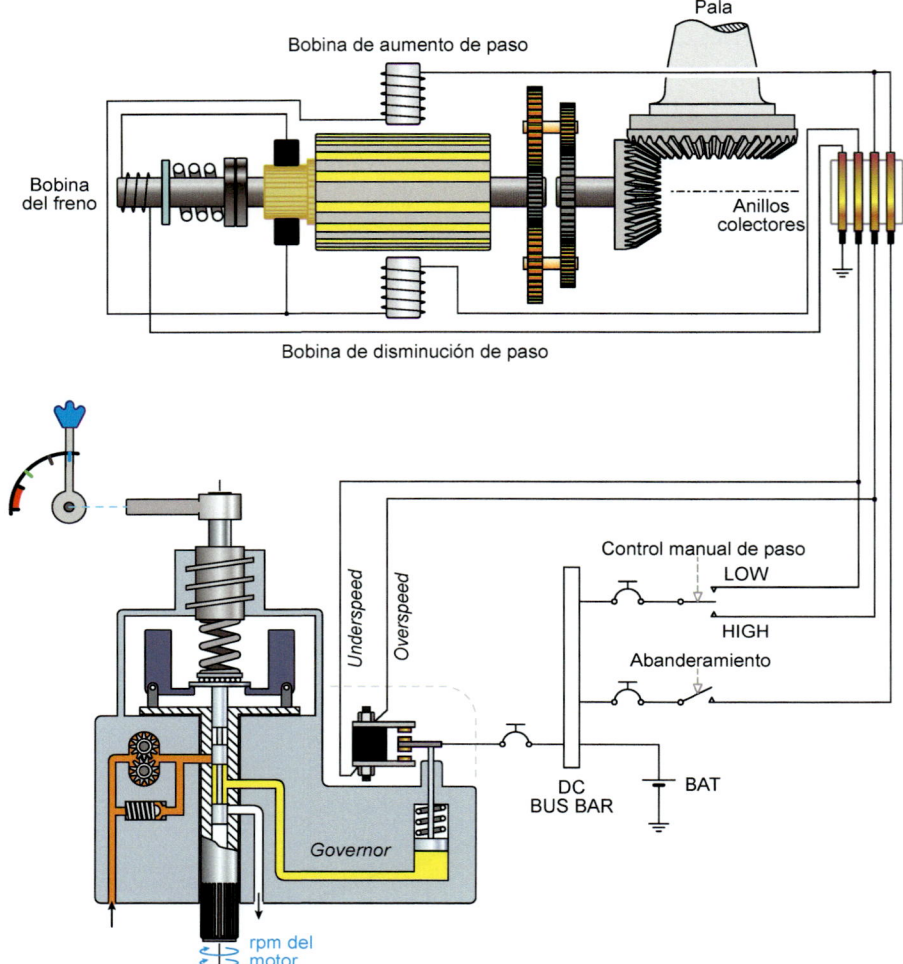

Figura 3.43. Esquema básico de un sistema de control de paso de una hélice Curtiss eléctrica. En este tipo de hélice los pilotos pueden seleccionar el paso de forma manual (LOW-HIGH) o elegir las rpm mediante la palanca de la hélice, que actúa sobre el *speeder spring* del *governor.*

3.7. Sistema de control electrónico de la hélice

Los *governor* tradicionales son dispositivos hidromecánicos complejos que gestionan el flujo de aceite hacia y desde la hélice para controlar el ángulo de paso. También pueden disponer de dispositivos neumáticos, que nosotros no hemos estudiado para simplificar el estudio de estos sistemas, y eléctricos, que veremos más adelante. El sistema de control electrónico de la hélice es un sistema computarizado que realiza la misma función que el *governor* de toda la vida: controlar el flujo de aceite que entra o sale de la hélice. Los componentes del sistema son los siguientes (Figura 3.44):

- **Electroválvula (EHV):** es equivalente a la *pilot valve* de los *governor* hidromecánicos, encargándose de permitir la entrada o salida de aceite del mecanismo de cambio de paso situado en el cubo de la hélice.

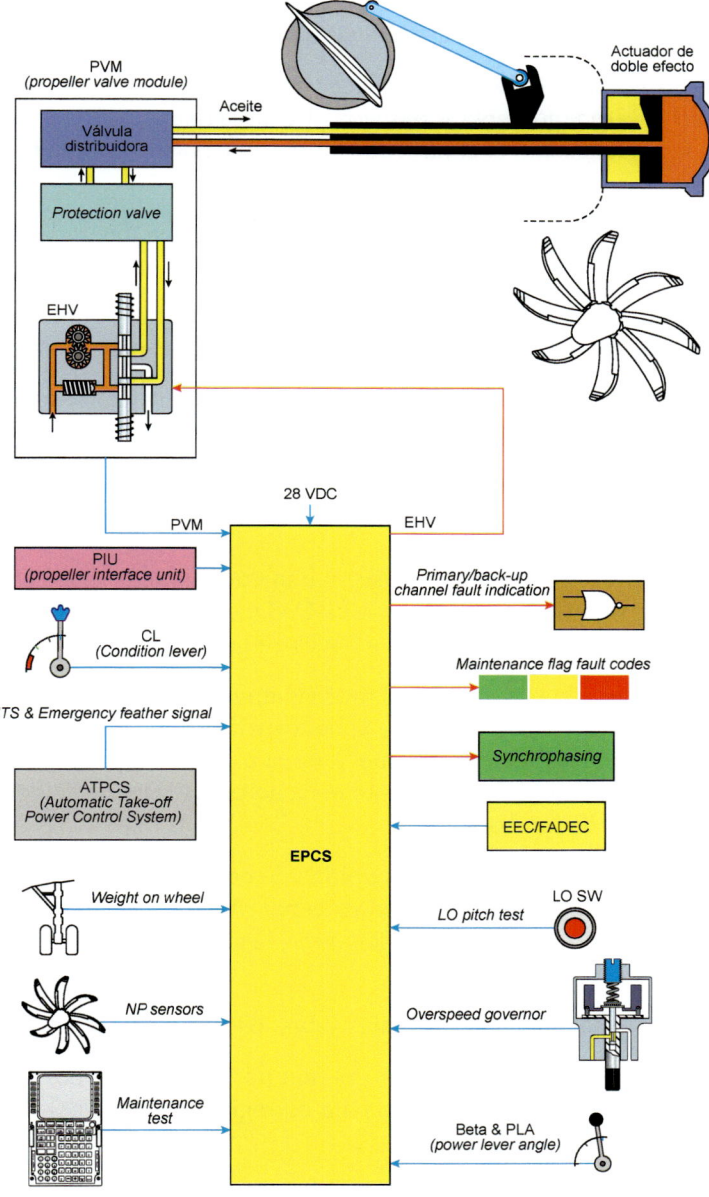

Figura 3.44. Diagrama de bloques de un sistema de control de paso electrónico EPCS típico.

- **Bomba HP:** bomba de alta presión que fuerza al aceite a vencer la acción de contrapesos o muelles para reducir el paso de la hélice. En hélices con actuador de doble efecto, la bomba provoca tanto el aumento como la disminución del paso.

- **EPCS** *(Electronic propeller control system):* también conocido como PEC *(propeller electronic control),* es la computadora que se encarga de decidir si debe entrar o salir aceite de la hélice en función de la información que recibe de los sensores correspondientes (rpm, *propeller control, power control,* NTS, etc.). Mandará una señal de tensión a la electroválvula que ejecutará la orden del EPCS.

- *Overspeed governor:* si las rpm de la hélice son excesivas (NP > 103 %, por ejemplo) el *overspeed governor* aumenta el paso para frenar la hélice. Si la sobrevelocidad no se corrige, se actuará sobre el control de combustible para reducir la cantidad inyectada al motor.

- **Palancas:** el piloto controla el funcionamiento del motor a través de la *power lever* y el *propeller control,* de igual modo que en los sistemas habituales.

- **Bomba eléctrica de abanderamiento:** en las hélices con actuador de doble efecto, es preciso ayudarnos de una bomba eléctrica para aumentar el paso hasta el de bandera.

- **Reserva de aceite:** es habitual que el motor disponga de una cavidad en el cárter de la reductora que se llena de aceite durante el funcionamiento normal. En caso de fallo del motor, esta reserva nos concede 30 segundos más de funcionamiento del sistema de control del paso para, por ejemplo, abanderar la hélice con ayuda de la bomba eléctrica de abanderamiento.

- **Indicación:** la EPCS informa de diversos parámetros y fallos detectados al EICAS/ECAM para que se muestren en la pantalla EWD, en el panel de centralización de avisos o que se pueda acceder a ellos a través de la MCDU.

- **Freno de la hélice:** algunos motores (Pratt&Whitney PW127) disponen de un freno en la reductora que bloquea el giro de la hélice y la turbina libre. De esta forma, se puede utilizar ese motor en tierra como si fuera una APU y proporcionar potencia eléctrica, neumática o hidráulica al resto de la aeronave. El ATR-72 denomina *hotel mode* a esta forma de funcionar.

- **FADEC:** tiene conexión directa con la unidad de control electrónico del motor EEC *(electronic engine control),* también conocida por FADEC *(full authority digital engine control),* o está integrada en ella. De esta forma, la coordinación entre hélice y motor es máxima.

Este sistema presenta las siguientes ventajas sobre los tradicionales:

- **Desgaste:** los equipos electrónicos no tienen partes móviles, por lo que no será necesario reajustarlos periódicamente para corregir los efectos del desgaste que sí que sufren los sistemas clásicos.

- **Instalación:** la parte eléctrica/electrónica del sistema se instala y desinstala con facilidad.

- **Autodiagnosis:** integran equipos de autodiagnóstico BITE, siendo capaces de detectar numerosos fallos, lo que mejora la información que tienen los pilotos durante el vuelo y reduce el tiempo de mantenimiento.

- **Ligereza:** son en torno a un 35 % más ligeros que los sistemas tradicionales.

- **Precisión:** realizan ajustes más precisos de rpm (de las ±20 rpm clásicas a ±2 rpm con EPCS) y optimizan el sistema de sincrofase, que estudiaremos en la siguiente unidad (desfase de ±6° en sistemas tradicionales frente a los ±3° con EPCS). De esta forma se reducen las vibraciones y se consigue un funcionamiento más «redondo» del motor.

- **Vibraciones:** incorpora sensores de vibración, lo que ayuda a detectar desequilibrios y facilita su corrección.

- *Software:* las instrucciones de funcionamiento del EPCS se introducen mediante *software* en el dispositivo. De esta forma, se puede cambiar el comportamiento del EPCS sin soltar un tornillo, simplemente indicándoselo a través de los ordenadores de a bordo o de mantenimiento.

- **Modular:** implementa la filosofía modular en su diseño, de tal manera que el fallo de un componente no afecta al resto. Si, por ejemplo, se daña la EPCS esta se sustituye por otra, pero se mantendrá la electroválvula, la bomba, etcétera.

- **Simplicidad:** los sistemas de control de paso electrónicos tienen aproximadamente un 50 % de piezas menos que los tradicionales. Esto abarata costes de fabricación y también de mantenimiento.

- **Hélices:** esencialmente, estos sistemas emplean las mismas hélices que los sistemas tradicionales, por lo que los fabricantes no tienen que certificar hélices nuevas.

El control de paso electrónico de la hélice lo podemos encontrar en aviones turbohélice modernos como el Bombardier Q400 Dash 8, el Saab 2000 y el ATR 72, entre otros.

3.8. Sobrevelocidad. Dispositivos de seguridad

Los motores turbohélice disponen de distintos sistemas de seguridad para evitar distintas situaciones que se pueden presentar en vuelo. Los sistemas más utilizados son los siguientes:

- **NTS *(negative torque sensing):*** la planta de potencia está diseñada para que la turbina, tanto libre como fija, arrastre a la hélice. Dicho de otro modo, el motor entrega par y la hélice lo absorbe. Cuando es la hélice la que arrastra al motor decimos que tenemos un par negativo. Esta situación se puede presentar debido a interrupciones temporales en la inyección de combustible, si la hélice sufre ráfagas de aire, en descensos, si realizamos ajustes de potencia bajos con alto sangrado del compresor y en parada del motor. Sea cual sea el motivo, el par negativo tiende a embalar la hélice, superando las rpm máximas permitidas. Para evitar esta situación, el NTS o minitorque detecta el par negativo gracias a un sensor situado en la reductora y permite que el aceite salga del cubo de la hélice. Esto provoca un aumento del paso y el consiguiente incremento del par resistente que ofrece la hélice, evitando así la sobrevelocidad. Como norma, el NTS no será capaz de abanderar la hélice, ya que si la hélice y el motor se detienen no existirá par negativo (ni positivo), por lo que el NTS dejaría de aumentar el paso.

- **Acoplamiento de seguridad:** supongamos que falla uno de los rodamientos de la turbina libre durante el vuelo, bloqueando el eje por completo. Esta circunstancia provoca la rápida aparición de un par negativo muy alto que el NTS no es capaz de resolver. Para evitar daños mayores, algunos motores disponen de un acoplamiento de seguridad en la reductora que desembraga la hélice para evitar que arrastre al motor y se agraven los daños sufridos.

- ***Autofeather:*** este sistema abandera la hélice de forma automática cuando detecta que el motor no está entregando par a la hélice o que esta no produce empuje, durante el despegue. También se conoce como **TSS** *(thrust sensitive signal)*. En algunas aeronaves, el EPCS ordena al motor (o motores) que aún funciona correctamente que aumente el par entregado y, por tanto, la potencia, hasta el 100 % de su capacidad *(uptrim)*. De esta forma, se descarga de trabajo a los pilotos para que se centren en gestionar otros aspectos de la emergencia que supone el fallo de un motor durante el despegue.

- **Freno:** cuando la hélice se abandera es conveniente que deje de girar. Para ello se dispone de un freno mecánico (tipo cono de fricción) que se activa cuando la presión del aceite de lubricación desciende por debajo de un determinado valor como consecuencia de la parada del motor.

AUTOEVALUACIÓN

3.1. ¿En qué tipo de hélice el piloto podrá elegir entre dos pasos (uno alto y otro bajo)?

3.2. ¿Qué fluido hidráulico emplean las hélices de velocidad constante?

3.3. En una hélice de dos posiciones, si se envía aceite a presión al cubo, el paso _____ (disminuirá/aumentará).

3.4. En una hélice de dos posiciones, los contrapesos tienden a _____ (disminuir/aumentar) el paso. Esta es la situación ideal en _____ (despegue/crucero/aterrizaje).

3.5. Decimos que el *governor* está en _____ (*underspeed/on-speed/overspeed*) cuando las rpm de la hélice son superiores a las seleccionadas por el piloto.

3.6. Con una hélice de velocidad constante, al iniciar un ascenso las rpm de la hélice tienden a _____ (disminuir/aumentar), por lo que el paso deberá _____ (disminuir/aumentar).

3.7. Durante el despegue, el piloto moverá la palanca de la hélice totalmente hacia _____ (atrás/delante), para que el paso sea _____ (bajo/alto).

3.8. Con hélice de velocidad constante, si se sobrevuela una zona con aire más frío, el paso deberá _____ (disminuir/permanecer constante/aumentar).

3.9. Con una hélice de velocidad constante, si se aumenta la potencia que entrega el motor, el paso _____ (disminuirá/aumentará) para que las rpm _____ (disminuyan/permanezcan constantes/aumenten).

3.10. ¿Cómo se denomina la válvula del *governor* que controla la circulación de aceite hacia y desde la hélice?

3.11. ¿Qué función tienen los contrapesos del *governor*?

3.12. La palanca de la hélice es de color _____ (azul/rojo/amarillo).

3.13. Si el piloto mueve hacia delante la palanca de la hélice, la compresión del *speeder spring* _____ (disminuirá/aumentará), por lo que el paso _____ (disminuirá/aumentará) y las rpm _____ (disminuirán/aumentarán).

3.14. Justo en el instante en el que el piloto mueve la palanca de la hélice hacia atrás, el *governor* se pondrá a funcionar en _____ *(underspeed/on-speed/ overspeed)*.

3.15. Se tiene una hélice de velocidad constante no abanderable con contrapesos. Si el piloto mueve la palanca de la hélice hacia delante, el *governor* dejará que el aceite _____ (salga/entre) en el cubo para que el paso _____ (disminuya/aumente).

3.16. Se tiene una hélice de velocidad constante no abanderable sin contrapesos. Si el piloto mueve hacia delante la palanca de potencia del motor, los contrapesos se _____ (cerrarán/abrirán), el *governor* dejará que el aceite _____ (salga de/entre en) el cubo para que el paso _____ (disminuya/aumente).

3.17. ¿Qué función tiene el resorte que empuja el pistón en una hélice de velocidad constante no abanderable sin contrapesos?

3.18. ¿Cómo se limitan las rpm máximas y mínimas de la hélice?

3.19. Si el link que une el *governor* con la palanca de la hélice (no abanderable sin contrapesos) se rompe, el *governor* dejará que el aceite _____ (salga de/entre en) el cubo, para que la hélice adopte el paso _____ (mínimo/máximo).

3.20. El abanderamiento de la hélice es especialmente útil durante el _____ (despegue/crucero/aterrizaje).

3.21. El actuador de cambio de paso de las hélices Hamilton Standard-Sundstrand hidromáticas es de _____ (simple/doble) efecto.

3.22. En una hélice hidromática Hamilton Standard, para aumentar el paso el pistón se deberá mover hacia _____ (atrás/delante).

3.23. Con una hélice hidromática Hamilton Standard, cuando el piloto mueve la palanca de la hélice hacia delante, la compresión del *speeder spring* _____ (disminuirá/aumentará), lo que moverá la *pilot valve* para permitir que entre aceite a presión _____ (detrás/delante) del pistón, _____ (disminuyendo/aumentando) el paso.

3.24. Para abanderar una hélice hidromática Hamilton Standard, ¿qué debe hacer el piloto?

3.25. En una hélice hidromática Hamilton Standard, ¿cuándo «entra en acción» la válvula de distribución?

3.26. La toma de aceite para el sistema hidráulico de cambio de paso de la hélice se encuentra más _____ (abajo/arriba) que la toma para la lubricación del motor.

3.27. En hélices abanderables Hartzell o McCauley el aceite a presión se utiliza para _____ (disminuir/aumentar) el paso.

3.28. En hélices abanderables Hartzell o McCauley, ¿qué función tienen los contrapesos, el muelle y el gas?

3.29. ¿Qué función tiene el acumulador hidráulico conectado al *governor* de hélices abanderables Hartzell?

3.30. En hélices abanderables Hartzell o McCauley, ¿qué acción tiene que realizar el piloto para abanderar la hélice?

3.31. Cuando se detiene el motor en tierra, es aconsejable que la hélice (abanderable) se quede bloqueada en paso _____ (bajo/medio/alto).

3.32. En un motor de pistón, ¿qué palanca controla la apertura de la válvula de mariposa del motor?

3.33. En un motor de pistón equipado con una hélice de velocidad constante, si movemos el mando de gases hacia atrás, ¿qué sucede con la MAP, la potencia entregada, las rpm de la hélice y el paso?

3.34. En un motor de pistón equipado con una hélice de velocidad constante, si movemos la palanca de la hélice hacia delante, ¿qué sucede con la MAP, la potencia, las rpm de la hélice y el paso?

3.35. Durante el despegue de un avión equipado con motor de pistón y una hélice de velocidad constante, se mueve la palanca de riqueza hacia delante, para funcionar con mezclas ricas. Para el crucero se moverá hacia atrás hasta lograr la máxima potencia. ¿Cómo afecta este movimiento a las rpm del motor y el paso de la hélice?

3.36. En un motor de pistón equipado con una hélice de velocidad constante movemos el mando de gases hacia delante, ¿qué sucede con las rpm, el paso y la velocidad de avance del avión?

3.37. Para _____ (disminuir/aumentar) la potencia en un motor de pistón equipado con una hélice de velocidad constante, en primer lugar, se ajustarán las rpm.

3.38. ¿Qué ventajas otorgan las hélices con reversa a los aviones que las equipan?

3.39. Para generar empuje negativo, el sentido de giro de la hélice será el _____ (mismo/contrario) que en vuelo.

3.40. Durante el vuelo, el sistema de control de la hélice se encuentra en modo _____ (alfa/beta), mientras que en tierra tendremos modo _____ (alfa/beta).

3.41. ¿Tiene turbina libre el motor TPE-331? ¿Y el PW-PT6?

3.42. ¿Qué controla la *power lever* de un motor TPE-331 en modo alfa? ¿Y en modo beta?

3.43. ¿Qué controla la *condition lever* en un motor TPE-331 en modo alfa? ¿Y en modo beta?

3.44. ¿Qué sucede si movemos la *condition lever* totalmente hacia atrás con un motor TPE-331?

3.45. ¿Qué tendrá que hacer el piloto para desabanderar la hélice si el motor es un TPE-331?

3.46. ¿Qué indicadores tiene habitualmente la planta de potencia (motor TPE-331)?

3.47. ¿Qué unidades tiene el indicador de NG?

3.48. Si el piloto mueve hacia delante la *power lever* (TPE-331), la ITT _____ (disminuirá/se mantendrá constante/aumentará).

3.49. Durante el vuelo a gran altitud, el piloto deberá estar pendiente de no superar principalmente la _____ (NP/NG/ITT/TORQ) máxima.

3.50. Durante el despegue en SL con baja temperatura, es probable que se supere el _____ (ITT/NG/TORQ) máximo.

3.51. ¿Qué posición de la *power lever* separa al modo alfa del modo beta?

3.52. ¿Es posible entrar en modo beta en vuelo?

3.53. TO, *climb, cruise* y *landing,* son fases de vuelo del modo _____ (alfa/beta).

3.54. En modo beta, si movemos la *power lever* hacia atrás, manteniendo fija la palanca de la hélice (TPE-331), el paso negativo _____ (disminuirá/aumentará) y las rpm _____ (disminuirán/no variarán/aumentarán).

3.55. En modo beta, moviendo la *condition lever* hacia delante (TPE-331), las rpm _____ (disminuirán/aumentarán).

3.56. En modo beta, ¿qué controla la *condition lever* (TPE-331)?

3.57. El PPC de un sistema de control de paso (TPE-331) solo entra en funcionamiento en modo _____ (alfa/beta).

3.58. ¿Por debajo de qué valor toma el control el *underspeed governor*?

3.59. ¿Qué función tiene el *overspeed governor* (TPE-331)?

3.60. ¿Cómo se puede accionar la *feathering valve* (TPE-331)?

3.61. Cuando se activa el NTS, el paso de la hélice _____ (disminuirá/aumentará).

3.62. Antes de parar el motor TPE-331, se colocará la *power lever* en la posición _____ y las rpm descenderán hasta que NG <_____ %. Cuando la hélice empieza a perder velocidad, la *power lever* se colocará en _____, hasta que el motor se detenga por completo.

3.63. Si disponemos de un motor PW-PT6, ¿qué acción deberá realizar el piloto sobre las palancas de control de la planta de potencia para desabanderar la hélice?

3.64. En reversa, ¿cómo se controlan las rpm del motor PW-PT6?

3.65. ¿Qué función tiene el *overspeed governor* de un motor PW-PT6?

3.66. ¿Qué función tiene el *power turbine governor?*

3.67. La *beta valve* es un dispositivo característico del *governor* empleado en motores _____ (TPE-331/PW-PT6).

3.68. ¿En qué tipo de hélice el piloto puede seleccionar directamente el paso o las rpm de la hélice?

3.69. ¿Qué es el EPCS? ¿Y EHV?

3.70. En hélices con control electrónico del paso se consiguen ajustes de rpm de ± _____ rpm y de _____ grados en el sistema *synchrophase.*

3.71. ¿Con qué otro nombre se conoce al sistema *autofeather?*

Sincronización de hélices

Las vibraciones derivadas del funcionamiento de la hélice aceleran los procesos de fatiga de los componentes del motor y la estructura de la aeronave. También provocan desgastes, que derivan en mayores holguras en los mecanismos de la planta de potencia, y un molesto ruido que debe soportar la tripulación y el pasaje del avión. El giro sincronizado de las hélices reduce considerablemente las vibraciones y los problemas asociados a estas, por lo que se emplean en la mayoría de los aviones polimotor. En las siguientes líneas vamos a estudiar los dos sistemas que nos podemos encontrar: sincronización y sincrofase.

4.1. Sistema de sincronización

Pequeños aviones bimotores como el Cessna 310 (Figura 4.1) disponen de un sistema de sincronización *(synchronization system)* para conseguir que sus dos hélices giren a las mismas rpm, lo que reduce las vibraciones y el ruido de forma apreciable. En un primer momento, el piloto iguala las rpm de forma manual actuando sobre la palanca de la hélice de cada motor hasta conseguir que la diferencia de velocidades de giro sea menor de 100 rpm, que es la **banda de captura** del sistema. En ese instante conectará el sincronizador que acelerará o decelerará uno de los motores **(motor esclavo)** para igualar las rpm del otro **(motor maestro).** El sistema actúa sobre el *governor* del motor esclavo, aumentando o disminuyendo la presión del *speeder spring* que, a su vez, modifica el paso como hemos estudiado en la unidad anterior.

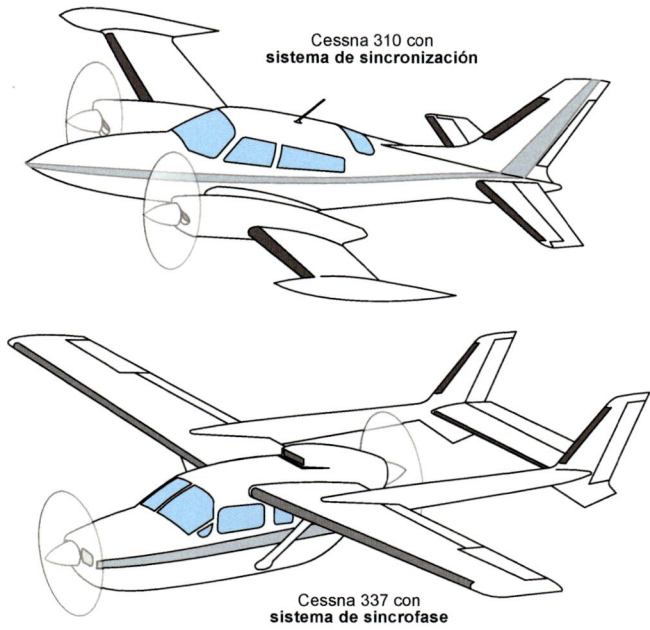

Figura 4.1. Cessna 310 con sistema de sincronización y Cessna 337 Skymaster con sistema de sincrofase.

4

El rango de funcionamiento del sistema está limitado a una diferencia de velocidad de 100 rpm entre el motor maestro y el esclavo (banda de captura). De esta forma, cuando el motor maestro falla, no arrastra al esclavo más allá de 100 rpm. Tradicionalmente este sistema permanece desconectado durante despegues y aterrizajes, para evitar que el fallo del maestro afecte al esclavo en un momento crítico del vuelo. No obstante, los sistemas más modernos pueden funcionar incluso en estas fases del vuelo, ya que se desconectan de forma automática en el mismo instante que se detecta el fallo del motor maestro.

El sistema de sincronización dispone de los siguientes componentes (Figura 4.2):

- **Sensor de rpm:** cada *governor* dispondrá de un captador magnético o de un generador AC para conocer las rpm de giro de las hélices.

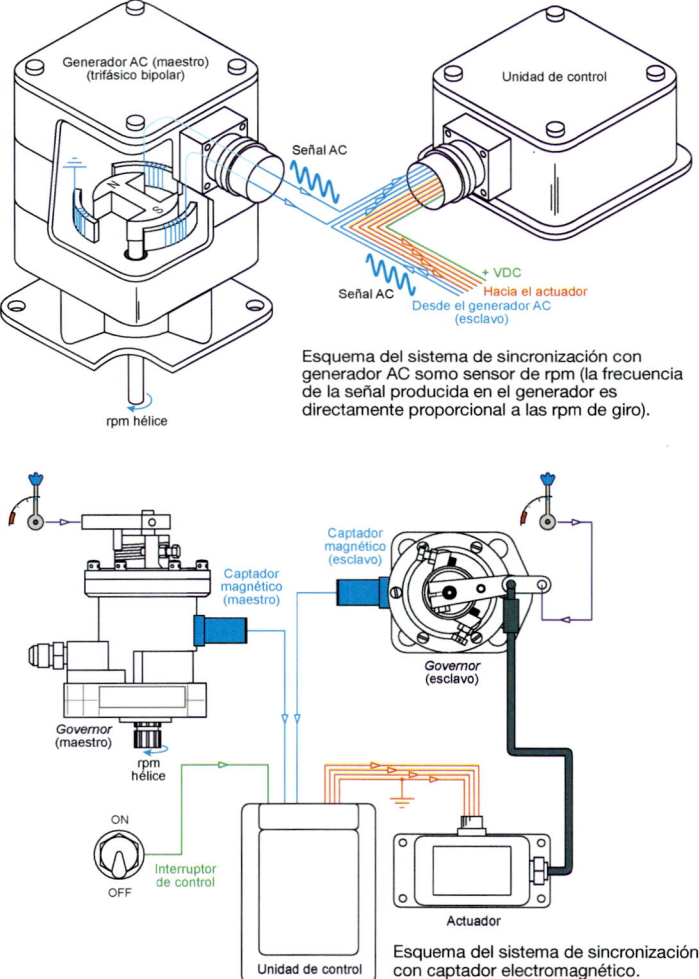

Esquema del sistema de sincronización con generador AC somo sensor de rpm (la frecuencia de la señal producida en el generador es directamente proporcional a las rpm de giro).

Esquema del sistema de sincronización con captador electromagnético.

Figura 4.2. Esquema del sistema de sincronización con generador AC y con captador electromagnético como sensores de rpm.

- **Unidad de control:** dispositivo electrónico que recibe los datos de los sensores de rpm y los compara, calculando si hay que aumentar o disminuir las rpm del motor esclavo. El resultado de esta operación lo envía en forma de señal eléctrica al actuador.

- **Actuador:** actuador eléctrico que recibe la señal de mando de la unidad de control y gira en uno u otro sentido dependiendo de si las rpm deben aumentar o disminuir. El movimiento giratorio se transmite a través de un cable hasta el *governor*.

- *Governor* **maestro:** es un *governor* similar al estudiado en la unidad anterior, solo que dispone del sensor de rpm.

- *Governor* **esclavo:** tiene las funciones de los *governor* estudiados en la unidad anterior y, además de disponer del sensor de rpm, recibe dos señales de mando: de la palanca de la hélice y del actuador. La señal del actuador tiene un recorrido limitado y solo podrá aumentar o reducir levemente la compresión del *speeder spring*.

Como norma, en aviones bimotor el motor maestro será el izquierdo y el esclavo el derecho. Si se desea cambiar las funciones y que el esclavo pase a ser maestro y viceversa, se deberá cambiar la instalación. En aviones cuatrimotor, se podrá seleccionar el motor maestro desde la cabina para poder seguir operando el sistema si el motor maestro es precisamente el que falla (los motores 2 y 3 son los que habitualmente pueden actuar como maestros).

Para verificar el funcionamiento del sistema, en la cabina se encuentra el **synchroscope** (Figura 4.3). Este indicador dispone de una aguja o un aspa giratoria, que se detendrá cuando las rpm de los motores se igualen.

Figura 4.3. Synchroscope.

4.2. Sistema de sincrofase

El sistema de sincrofase es una evolución del sistema de sincronización en donde, además de conseguir que las hélices giren a las mismas rpm, se puede establecer un desfase concreto entre las palas de las hélices (Figura 4.4). El sistema sincrofase es el más extendido hoy en día con diferencia, la práctica totalidad de los aviones polimotor turbohélice lo equipan, además de multitud de bimotores de pistón como la Cessna 337 Skymaster (Figura 4.1) o la Piper PA-30 Twin Comanche.

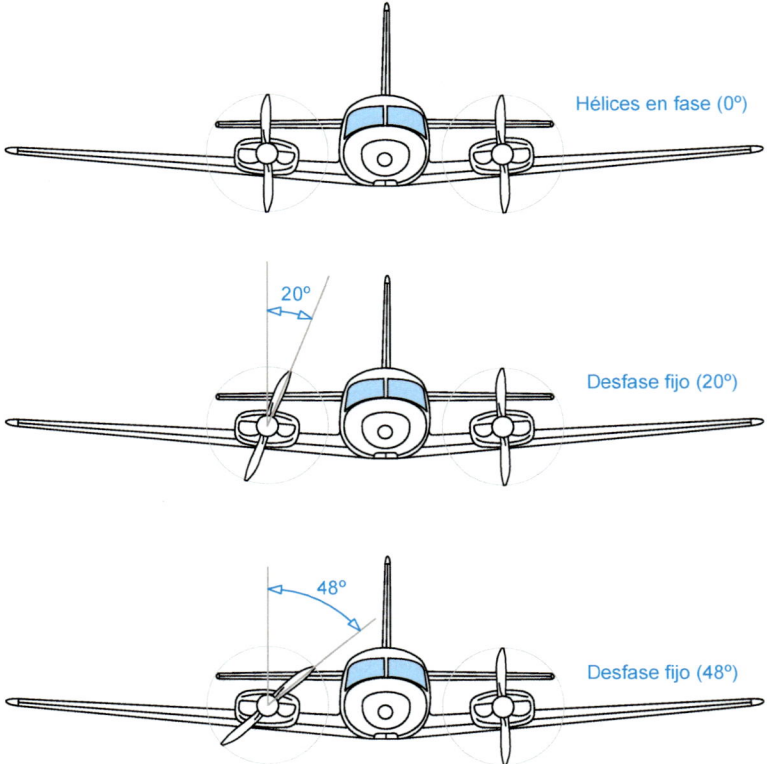

Figura 4.4. En el sistema de sincrofase se podrá elegir el ángulo de desfase que resulte más conveniente para reducir al máximo las vibraciones producidas por la planta de potencia. Este ángulo óptimo depende, en general, de la altitud y las condiciones del vuelo.

El sistema es similar al de sincronización, estando formado por los siguientes componentes (Figura 4.5):

- **Generador de pulsos:** un captador electromagnético, montado justo detrás del mamparo del *spinner,* genera un pulso cada vez que un pequeño imán, instalado sobre el propio mamparo, pasa enfrente suyo. La señal pulsatoria producida se envía a la unidad de control.

- **Panel de control del sincrofase:** panel situado en la cabina mediante el cual los pilotos pueden activar el sistema y seleccionar el ángulo de desfase.

- **Unidad de control:** dispositivo electrónico que recibe las señales de los generadores de pulsos y determina las rpm (directamente proporcionales a la frecuencia de los pulsos) y la posición de la hélice (directamente proporcional al tiempo transcurrido desde la última vez que el imán del mamparo pasó enfrente del generador de pulsos). Conociendo la posición de las hélices, la unidad de control determina el desfase entre las mismas y lo compara con el seleccionado por los pilotos en el panel de control.

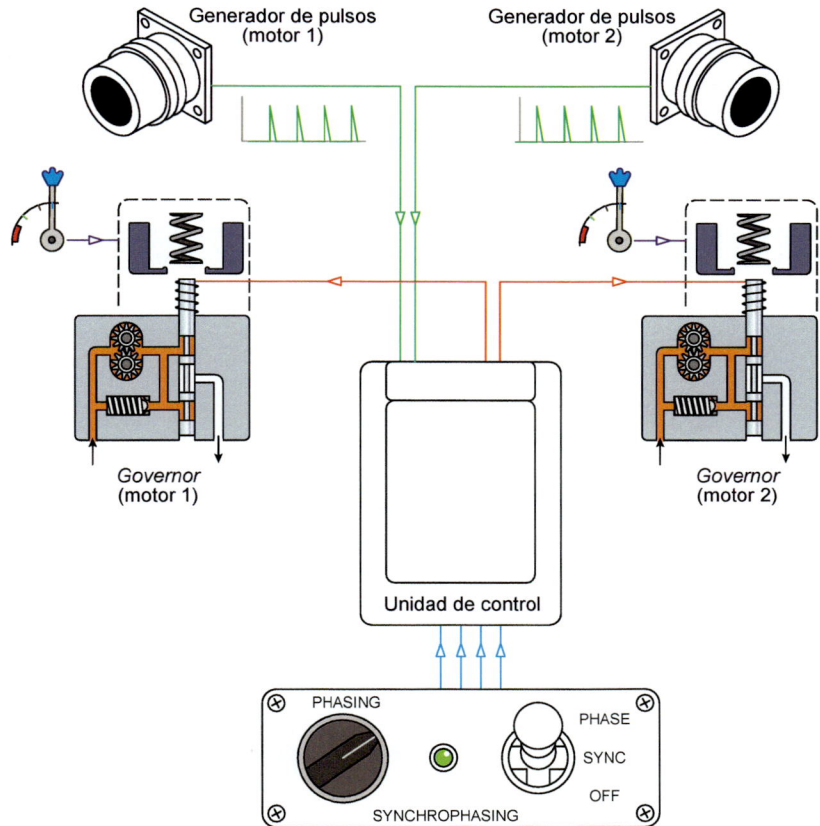

Figura 4.5. Esquema de un sistema de sincrofase.

Para igualar las rpm y obtener el desfase deseado, la unidad de control manda una señal al *governor* del motor que debe acelerarse o bien al del esclavo, dependiendo del tipo de sistema, actuando sobre la presión de su *speeder spring*. Si la hélice dispone de un sistema de control electrónico, la unidad de control del sincrofase estará incluida en el EPCS.

- *Governor:* cada *governor* dispone de una bobina que, cuando se alimenta, comprime el *speeder spring* levemente, acelerando su hélice. En el sistema sincrofase puede haber un motor maestro y otro esclavo, al estilo del sistema de sincronización, o no.

Típicamente, el sistema de sincrofase permanece desconectado durante despegues y aterrizajes, para evitar que un fallo en el motor maestro arrastre al esclavo (banda de captura de 100 rpm). No obstante, en los sistemas más modernos no hay un motor maestro y otro esclavo como tal, ya que la unidad de control puede actuar sobre el paso de todas las hélices y solo aumentando las rpm. De esta forma se evita que el motor «sano» siga al dañado en su caída de rpm (banda de captura 20 rpm y solo aumentando la velocidad de giro).

De forma equivalente al sistema de sincronización, el piloto realizará un primer ajuste manual aproximando las rpm de las hélices para que caigan dentro de la banda de captura. Acto seguido se activará el sincrofase que igualará las rpm y ajustará el desfase.

Actividad resuelta 4.1

La unidad de control de un sincrofase recibe las señales representadas en la Figura 4.6. Determina las rpm de las hélices y el ángulo de desfase existente.

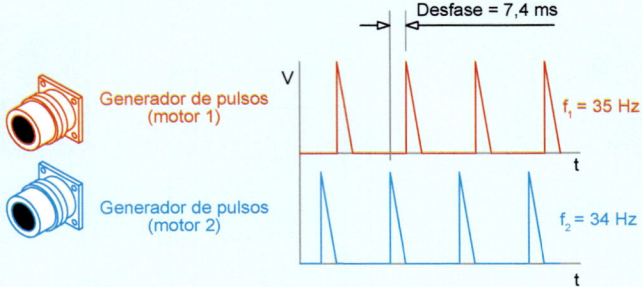

Figura 4.6. Señales producidas en los generadores de pulsos.

Solución

Cada vuelta que da la hélice el generador de pulsos produce un pico de tensión. Por tanto, la frecuencia de la señal es igual a la frecuencia de giro de la hélice:

$$f_1 = 35 \text{ Hz} \Rightarrow NP_1 = \frac{35 \text{ rev}}{\text{s}} = \frac{35 \text{ rev} \cdot 60 \text{ s}}{\text{s} \cdot 1 \text{ min}} = 2100 \text{ rpm}$$

$$f_2 = 34 \text{ Hz} \Rightarrow NP_2 = \frac{34 \text{ rev}}{\text{s}} = \frac{34 \text{ rev} \cdot 60 \text{ s}}{\text{s} \cdot 1 \text{ min}} = 2040 \text{ rpm}$$

Así pues, $NP_1 = 2100$ rpm y $NP_2 = 2040$ rpm. La diferencia de rpm está dentro de una banda de captura tradicional de 100 rpm, por lo que se podría activar el sistema.

Para determinar el desfase entre las hélices, en primer lugar tendremos que calcular el tiempo que tarda la hélice 1, que utilizamos como referencia, en dar una vuelta completa:

$$T = \frac{1}{f} = \frac{1}{35} = 0{,}02857 \text{ s} = 28{,}57 \text{ ms}$$

Realizando una regla de tres: si la hélice tarda 28,57 ms en girar 360°, en 7,4 ms tardará x:

$$x = \frac{7{,}4 \cdot 360}{28{,}57} = 93{,}25°$$

El desfase existente es de 93,25°. Ahora bien, puesto que las rpm son distintas, el desfase cambiará a lo largo del tiempo. En concreto, en el instante representado en la figura, el desfase se reducirá hasta hacerse nulo, para aumentar a continuación.

4.3. Sistema activo de supresión de ruido

Los fabricantes de aeronaves aplican distintas soluciones para reducir las vibraciones y el ruido generado por la planta de potencia: hélices que giren más lentamente, sistemas de sincronización y sincrofase, y mejoras aerodinámicas, entre otras. Por otra parte, la cabina se aísla acústicamente para minimizar las molestias producidas en la tripulación y el pasaje (reducción pasiva de ruido). Los aviones turbohélice de última generación, como el Bombardier Dash 8-Q400, pueden equipar un sistema de supresión de ruido y vibraciones ANVS *(active noise and vibration suppression system)*. Este sistema funciona de forma similar a unos auriculares con supresión de ruido activo: captan el ruido mediante uno o varios micrófonos y producen una señal opuesta que lo cancele (Figura 4.7).

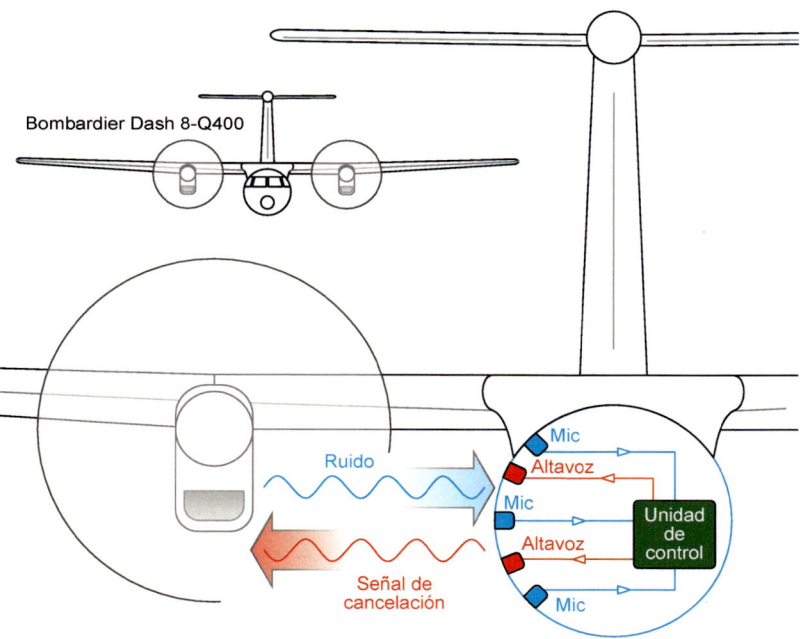

Figura 4.7. Sistema de supresión de vibraciones y ruido de un Bombardier Dash 8-Q400. Como dice el fabricante del Q400: *«Q is for quiet»*.

Sabías que...

El ruido que genera un avión se mide en EPNL *(Effective Perceived Noise Level)*, no en dB como se acostumbra a medir de forma cotidiana. Todas las aeronaves deberán pasar una serie de pruebas para establecer los niveles efectivos de ruido percibido (EPNL) del avión, certificados en diferentes condiciones de vuelo (aproximación, vuelo de paso y lateral) según las normas de certificación de ruido de aeronaves ICAO Anexo 16, FAR 36 y CEI 61265.

AUTOEVALUACIÓN

4.1. ¿Cuál es el objetivo del sistema de sincronización de hélices? ¿Cómo logra ese objetivo?

4.2. ¿En qué fases del vuelo permanecerá conectado un sistema de sincronización tradicional?

4.3. La banda de captura de un sistema sincrofase tradicional es de _____ rpm.

4.4. El sistema sincrofase logra una reducción de ruido _____ (menor/igual/mayor) que el de sincronización.

4.5. El sistema de _____ (sincronización/sincrofase) es capaz de hacer girar las hélices a la mismas rpm y seleccionar el desfase.

4.6. Para aumentar o disminuir las rpm de la hélice, el sistema de sincronización actuará sobre el *speeder spring* del motor _____ (esclavo/maestro).

4.7. ¿Qué dos tipos de captador de rpm emplea el sistema de sincronización?

4.8. ¿En qué indicador pueden ver los pilotos el funcionamiento del sistema de sincronización?

4.9. ¿Cuántos motores maestros tiene un bimotor? ¿Y un cuatrimotor?

4.10. El sistema de _____ (sincronización/sincrofase) es el más empleado en aviación hoy en día.

4.11. ¿Qué elemento utiliza el sincrofase como transductor de rpm?

4.12. Si aumentan las rpm de la hélice, la frecuencia de la señal producida por el generador de pulsos de un sincrofase _____ (disminuye/aumenta).

4.13. La señal producida en un generador de pulsos de un sistema de sincrofase tiene una frecuencia de 20 Hz. ¿A qué rpm girará la hélice?

4.14. Si la hélice dispone de un sistema de control electrónico, la unidad de control del sincrofase estará incluida en el _____.

4.15. En un sistema de sincrofase moderno, la banda de captura es de _____ rpm.

4.16. ¿Con qué siglas se designa el sistema activo de supresión de ruido?

4.17. ¿Qué sensores utiliza el sistema ANVS?

Protección antihielo de la hélice

La formación de hielo en la hélice se produce bajo ciertas condiciones de temperatura y humedad del aire que rodea al avión. El hielo depositado «rompe» la aerodinámica de las palas, afectando notablemente al rendimiento propulsivo. Además, la formación de hielo en las palas no será simétrica, por lo que se producirán peligrosas vibraciones, capaces de dañar en muy poco tiempo la planta de potencia e incluso la estructura de la aeronave. Por último, hay que mencionar que la formación de hielo aumenta el peso de la hélice y los efectos giroscópicos que esta produce.

El hielo se forma en primer lugar en la zona central de la hélice: *spinner,* cubo y raíz de la pala, para ir avanzando poco a poco hacia la punta y desde el borde de ataque hacia el borde de salida de la pala. Existen dos tipos de sistemas antihielo: ***anti-icing*** (prevención mediante fluidos) y ***de-icing*** (eliminación mediante radiadores eléctricos). A continuación, estudiaremos ambos sistemas.

5.1. *Anti-icing*

Este sistema previene la formación de hielo pulverizando un fluido anticongelante con un bajo punto de congelación en la raíz de las palas, justo en el borde de ataque que es donde comenzaría la formación de hielo. El anticongelante se mezcla con la humedad presente en la pala, bajando el punto de fusión y evitando la cristalización.

Es importante incidir en que el *anti-icing* no es capaz de eliminar el hielo ya formado, solo previene su aparición. Por tanto, el piloto deberá tener el sistema conectado durante todo el tiempo en el que las palas sean susceptibles de acumular hielo. En general, dependerá de la temperatura y la humedad ambiental. Aviones como la Cessna 310 equipan este sistema.

El control del *anti-icing* lo realiza el piloto a través de un reostato de control (Figura 5.1) que controla la velocidad de la bomba eléctrica y, por tanto, el caudal de anticongelante utilizado. Cuando el fluido llega a la hélice, este se «lanza» contra un disco metálico que gira solidario a la hélice denominado *slinger ring* (Figura 5.2). La fuerza centrífuga empuja al líquido *anti-icing* hacia el perímetro del *slinger ring*, en donde queda retenido gracias a una acanaladura que posee. La acanaladura dispone de tantos agujeros como palas tenga la hélice, permitiendo que el anticongelante salga por los conductos del antihielo y caiga justo en el borde de ataque de la raíz de cada pala, sobre un revestimiento de goma que está pegado sobre esta conocido como **bota** *(anti-icing boot)*. Las botas cuentan con unos canales longitudinales que facilitan el avance del fluido hacia la parte media de las palas. La longitud de las botas no suele exceder la mitad de la pala.

Se pueden emplear dos tipos de fluido en el sistema *anti-icing:*

- **Alcohol isopropílico:** es económico y tiene una alta disponibilidad, pero resulta altamente inflamable, por lo que habrá que tomar las precauciones oportunas cuando se rellene el depósito y durante el almacenaje.

- **Fosfatos:** más caros que el isopropílico, pero menos inflamables y, por lo tanto, más seguros.

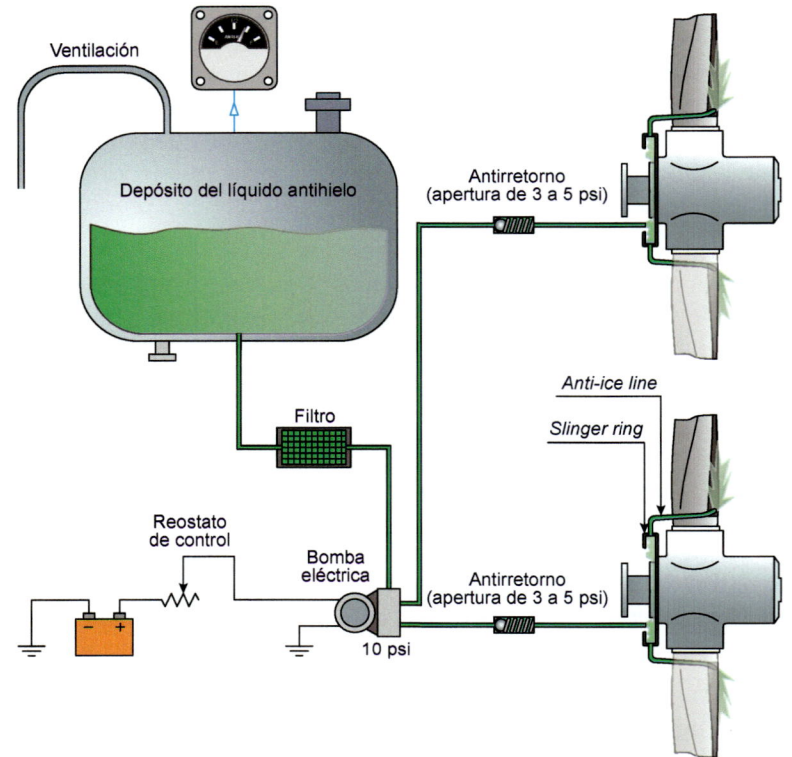

Figura 5.1. Esquema del sistema *anti-icing* de un avión bimotor.

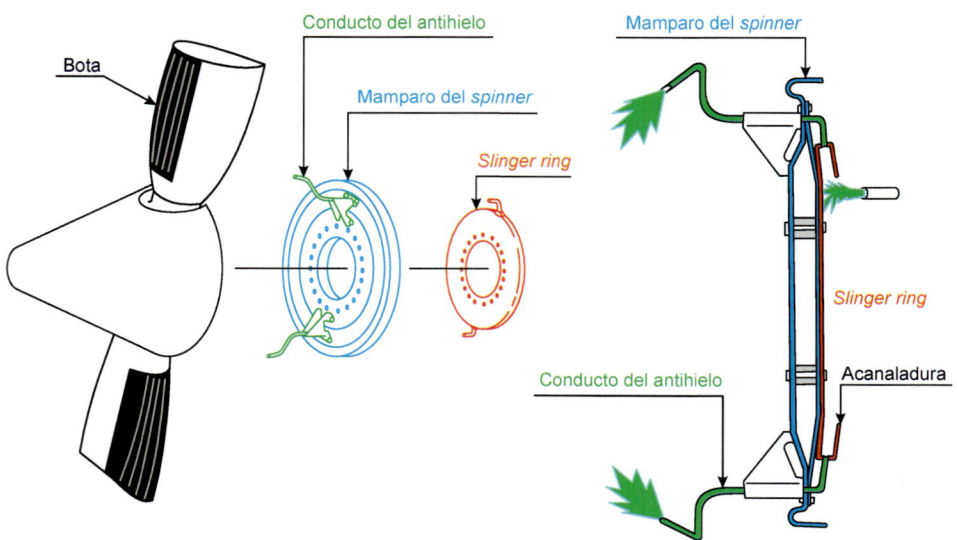

Figura 5.2. Instalación del *slinger ring* del antihielo.

El precio del fluido es un factor determinante a la hora de elegir el compuesto anticongelante, ya que, durante el vuelo en condiciones propicias para la formación de hielo, gastaremos grandes cantidades de fluido, que deberemos recargar antes del siguiente despegue.

5.2. *De-icing*

Este sistema elimina el hielo formado en las palas calentando el borde de ataque, a la altura de la raíz de la pala, mediante unas resistencias eléctricas calefactoras. El calentamiento despegará el hielo formado en esta zona y la fuerza centrífuga lo desprenderá hacia la atmósfera. En cuanto se desconectan las resistencias, la película de hielo se vuelve a formar, siendo precisa la reconexión cuando ha pasado un tiempo. Por ello, el sistema cuenta con un **circuito temporizador** que se encargará de conectar y desconectar las resistencias de cada pala y cada hélice de forma secuencial (Figura 5.3).

El *de-icing* es el método más utilizado para evitar la acumulación de hielo en las palas de la hélice. La principal ventaja respecto al *anti-icing* es que el *de-icing* puede funcionar de forma indefinida, ya que no depende de un fluido que se va gastando poco a poco (el flujo de electrones no se termina nunca). Por otra parte, en aviones polimotor el *anti-icing* requiere mucha «fontanería», resultando el *de-icing* bastante más sencillo y compacto. Este sistema lo encontramos en la práctica totalidad de los aviones turbohélice, como el Bombardier Dash8-Q400, y en algunos de motor de pistón, como la Cessna 210 (Figura 5.4).

Cada pala dispone típicamente de dos sets de calentadores, uno más cercano a la raíz (INBD) y otro más alejado (OUTBD), ambos montados sobre una bota de goma pegada sobre el borde de ataque. Estos calentadores están conectados a los anillos colectores, sobre los que deslizan las escobillas que introducen la corriente en la hélice. El piloto activará el sistema *de-icing* cuando estime conveniente y el temporizador se encargará de conectar alternativamente las resistencias calefactoras y así mantener la intensidad consumida por debajo de los límites del sistema eléctrico de la aeronave (se podrá controlar a través de un amperímetro destinado a tal efecto). En algunos sistemas, el piloto podrá elegir entre dos o más frecuencias de deshielo, dependiendo de la velocidad a la que se forme el hielo en la pala.

Por otra parte, es fundamental que el sistema opere de forma intermitente. Si las resistencias permanecieran conectadas constantemente, el agua que aparece cuando se derrite el hielo resbalaría hacia la punta de las palas donde podría congelarse de nuevo al hacer contacto con una superficie muy por debajo de 0 °C. Puesto que en esa zona carecemos de resistencias calefactoras, el hielo formado en la punta va a ser difícil de eliminar. Por ello es recomendable que el sistema permita la formación de pequeños «trozos» de hielo que se desprenden íntegramente y son lanzados hacia la atmósfera como consecuencia de la fuerza centrífuga.

Actualmente, el temporizador es un circuito electrónico basado en un circuito integrado IC555 o similar. En sistemas antiguos, se disponía de un motor que movía un selector

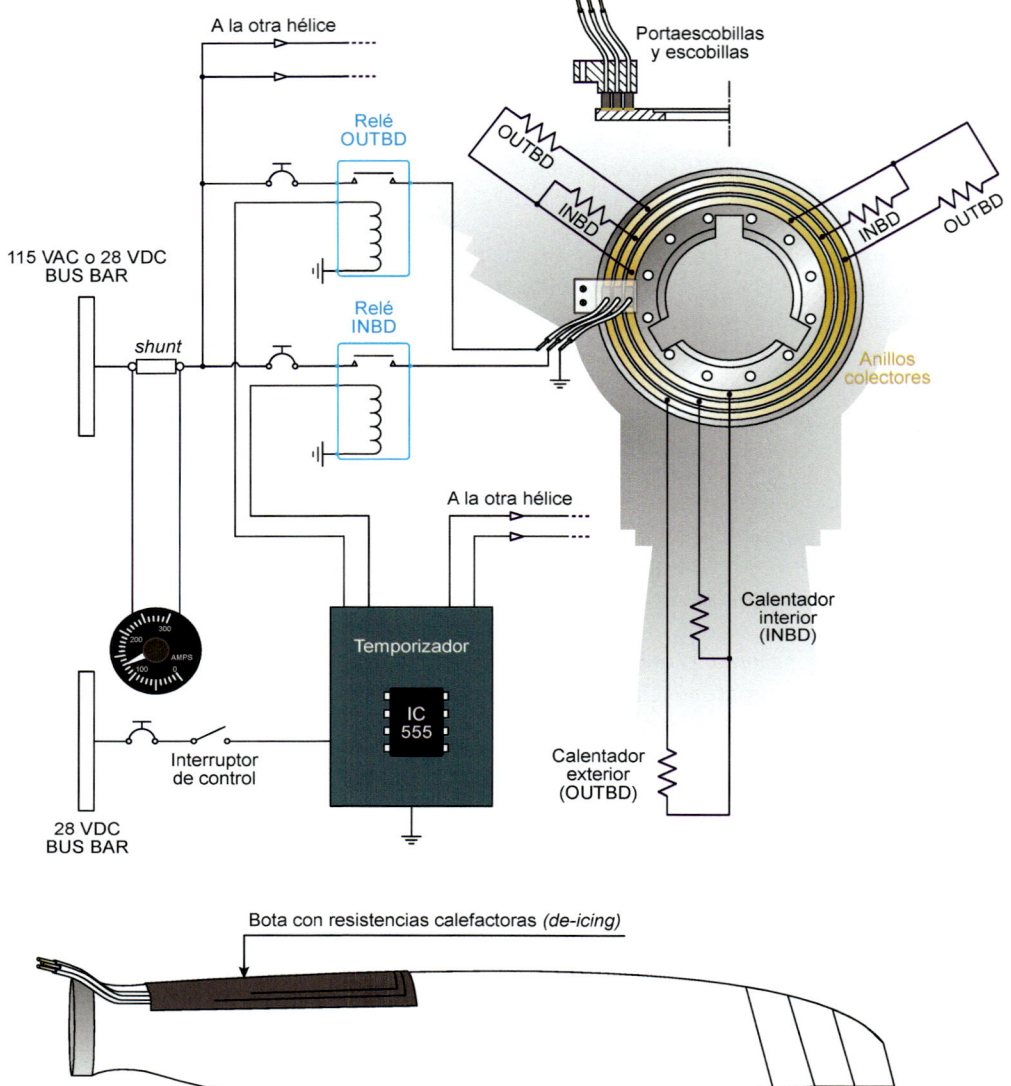

Figura 5.3. Esquema general del sistema *de-icing* de las hélices.

eléctrico encargado de repartir la corriente a las resistencias. Por su parte, se utilizará DC o AC indistintamente para alimentar las resistencias calefactoras, todo dependerá del sistema de generación y distribución que tenga el avión.

El *de-icing* de la hélice está habitualmente conectado al *de-icing* de la admisión de aire del turbohélice, ya que en ambos casos el hielo aparece bajo las mismas condiciones.

Sabías que...

Durante el vuelo, también se formará hielo en el borde de ataque del ala si las condiciones atmosféricas son apropiadas. Muchos aviones sangran aire caliente del compresor del motor y lo reparten a lo largo del borde de ataque, evitando la acumulación del hielo. También es muy frecuente que nos encontremos con botas de deshielo neumáticas instaladas en el borde de ataque del ala. Dichas botas se hinchan con aire sangrado del compresor del motor, o producido por una bomba específica, rompiendo la capa de hielo formada que será lanzada a la atmósfera.

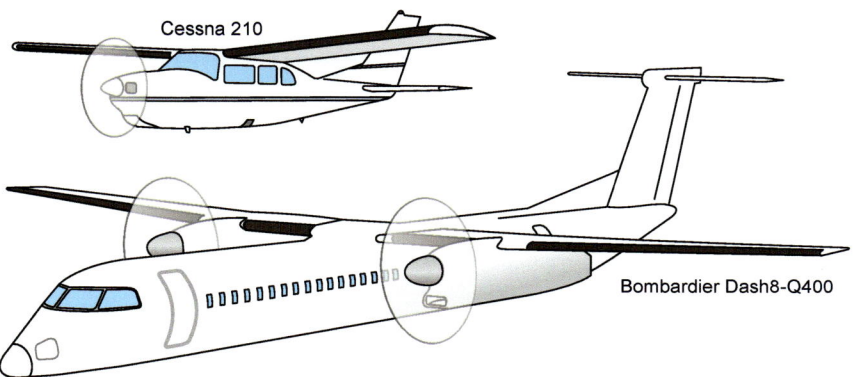

Figura 5.4. Aviones con sistema *de-icing*.

Por último, hay que mencionar que las escobillas del sistema antihielo están diseñadas para deslizar siempre en el mismo sentido sobre los anillos colectores. Es por esto que, como norma, está prohibido girar la hélice en sentido contrario al normal de rotación en las tareas de mantenimiento en tierra.

• •

5.1. ¿Qué consecuencias tiene la formación de hielo en las palas de la hélice?

5.2. ¿En qué zona de la pala comienza a formarse el hielo?

5.3. Existen dos tipos de sistemas antihielo: _____ (prevención mediante fluidos) y _____ (eliminación mediante radiadores eléctricos).

5.4. Si ya se ha formado hielo en la pala, ¿podrá ser eliminado gracias al sistema *anti-icing*?

5.5. ¿Cómo se controla el caudal de fluido *anti-icing* que fluye hacia las palas?

5.6. ¿A qué rpm gira el *slinger ring*?

5.7. ¿Cómo se denominan las láminas de plástico que están pegadas en el borde de ataque en la zona de la raíz de la pala?

5.8. ¿Qué dos fluidos se emplean generalmente en el sistema *anti-icing* de las hélices?

5.9. ¿Qué líquido empleado en el *anti-icing* de la hélice es económico, pero más inflamable?

5.10. ¿Cómo despega el hielo de las palas el sistema *de-icing*?

5.11. El sistema _____ *(anti-icing/de-icing)* dispone de un sistema temporizador para conectarlo y desconectarlo a intervalos definidos.

5.12. Los aviones turbohélice disponen habitualmente de un sistema _____ *(anti-icing/de-icing)* en la hélice.

5.13. En un sistema *de-icing,* cada pala dispone típicamente _____ (una/dos/tres) resistencias.

5.14. El sistema _____ *(anti-icing/de-icing)* dispone de un amperímetro para controlar el funcionamiento de este.

5.15. ¿Las resistencias del sistema *de-icing* se alimentarán con DC o con AC?

5.16. ¿En qué sentido se podrán girar las hélices con sistema *de-icing*?

Mantenimiento de la hélice

En esta unidad vamos a estudiar los procedimientos de mantenimiento, inspección y reparación realizados habitualmente en la mayoría de las hélices y que son comunes a muchas de ellas. Ahora bien, es importante tener en cuenta que si se necesita información sobre una hélice específica, deberemos consultar siempre las instrucciones que facilita el fabricante en los manuales de mantenimiento, en concreto en el ATA 61 *(Propellers)*. Las acciones típicas de mantenimiento realizadas sobre las hélices, y que vamos a estudiar a continuación, son las siguientes:

- Equilibrado estático y dinámico.
- Reglaje de las palas.
- *Blade tracking*.
- Instalación y bajada de la hélice.
- Reparación estructural.
- Ajustes.

6.1. Equilibrado estático y dinámico

Una hélice desequilibrada es una importante fuente de vibraciones. Estas vibraciones aceleran el desgaste de los componentes afectados (cojinetes, engranajes, sellos, etc.), provocan la aparición de holguras, originan problemas estructurales y que la tornillería se afloje, fatiga en la estructura y en la tripulación, etc. Nos podemos encontrar con dos tipos de desequilibrio (Figura 6.1):

- **Desequilibrio estático:** aparece cuando el centro de gravedad (CG) de la hélice no se encuentra sobre el eje de giro. Sin equilibrado estático tampoco habrá equilibrado dinámico.

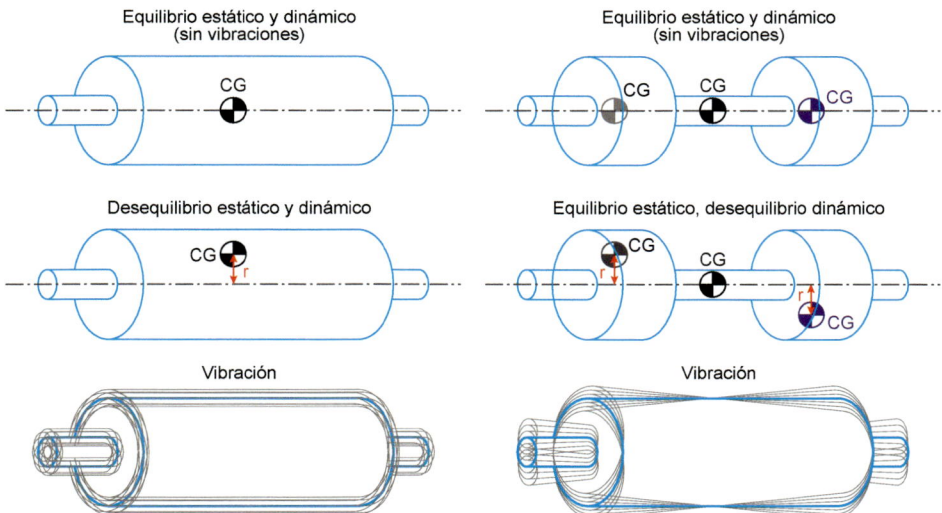

Figura 6.1. Equilibrio (y desequilibrio) estático y dinámico.

- **Desequilibrio dinámico:** se origina cuando los momentos dinámicos derivados de las fuerzas de inercia de los distintos componentes de la hélice (palas, cubo, *spinner,* etc.) no se anulan entre sí. Dicho de otro modo, se produce cuando los centros de gravedad de los componentes de la hélice no se encuentran en el mismo plano de rotación. Para poder equilibrar dinámicamente la hélice es necesario que primero lo esté estáticamente.

Para minimizar las vibraciones que se producen durante el giro de la hélice, esta deberá estar adecuadamente equilibrada, tanto estática como dinámicamente. Por otra parte, también tenemos que considerar las vibraciones de origen aerodinámico que aparecen cuando una pala genera más empuje o resistencia aerodinámica que el resto. Esta circunstancia se debe a desgastes y daños desiguales en las palas, un mal ajuste del ángulo de paso en alguna pala o un incorrecto centrado *(propeller tracking).*

6.1.1. Equilibrado estático

Antes de realizar el equilibrado de la hélice se deberá comprobar que el ángulo de paso es igual en todas las palas y coincide con el indicado por el fabricante en el manual de mantenimiento. De no ser así, se deberá corregir esta situación y después proceder con el equilibrado estático, en donde perseguimos que el centro de gravedad de la hélice se sitúe justo sobre el eje de rotación.

Se desmontará la hélice del avión y se colocará en un banco de cuchillas o similar (Figura 6.2), en donde pueda girar libremente. Si la hélice está equilibrada, esta no girará y se quedará en cualquier posición que la dejemos. En cambio, si el centro de gravedad no está sobre el eje, la hélice girará hasta dejar el CG hacia abajo.

En **hélices bipala** de paso fijo, el equilibrado estático se realizará de la siguiente forma:

- **Preparación:** se insertará un casquillo y un mandril en el cubo y se posará el conjunto sobre las cuchillas (reglas). La hélice debe tener libertad total de giro, sin apenas rozamiento.

- **Equilibrado vertical:** la hélice se gira a mano hasta que quede perfectamente vertical, soltándola a continuación. Si la hélice está equilibrada permanecerá en esta posición. Si está desequilibrada, girará lentamente, oscilando de un lado a otro, hasta que finalmente se detenga quedando la parte más pesada hacia abajo (CG justo debajo del eje). En tal caso decimos que la hélice tiene un **desequilibrio estático vertical.** Para verificar los resultados, de nuevo giraremos la hélice a mano hasta la vertical, pero dejando arriba la pala que antes había quedado abajo. Después de oscilar unas cuantas veces, la hélice deberá quedarse en la misma posición que en el caso anterior. El desequilibrio vertical tiene su origen en una incorrecta distribución de masas en la zona del cubo.

- **Equilibrado horizontal:** se girará la hélice a mano hasta dejarla en posición horizontal. Si la hélice está equilibrada, esta permanecerá inmóvil. De lo contrario, esta girará y oscilará hasta detenerse dejando el CG hacia abajo. Decimos entonces que tenemos un **desequilibrio estático horizontal.** Para verificar los resultados, volveremos

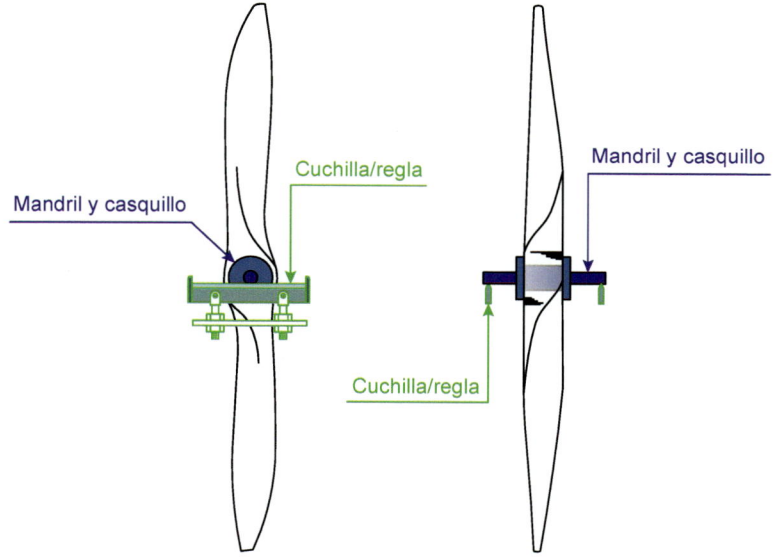

Equilibrado estático vertical
(para detectar desequilibrios en la zona del cubo)

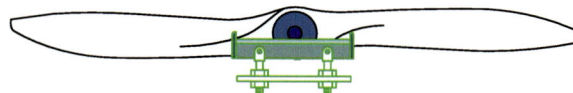

Equilibrado estático horizontal
(para detectar desequilibrios en las palas)

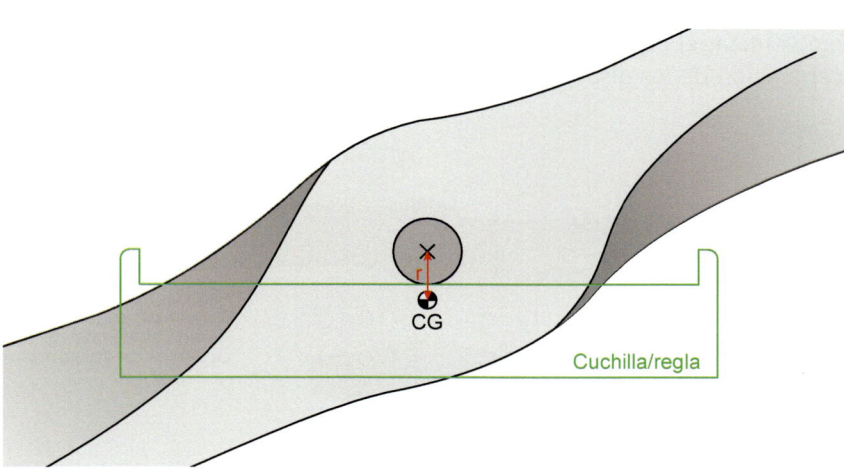

Cuando aparece un desequilibrio, el centro de gravedad quedará hacia abajo

Figura 6.2. Equilibrado vertical y horizontal de una hélice bipala de paso fijo.

a poner la hélice horizontal, pero cambiando de lado las palas. El desequilibrio horizontal tiene su origen en una incorrecta distribución de masas en las palas (una pala pesa más que la otra).

- **Comprobación final:** si llegados a este punto no hemos detectado ningún desequilibrio, se girará la hélice a mano para ponerla en distintas posiciones y comprobar que, efectivamente, permanece inmóvil en todas ellas.

Sabías que...

También existen equilibradoras digitales, las cuales disponen de un eje vertical en donde se coloca la hélice, como si de un helicóptero se tratara. A través de una pantalla dan el desequilibrio existente indicando el desplazamiento del CG. También pueden informar del peso que hay que añadir para corregir dicho desequilibrio.

La forma en la que se corrige el desequilibrio dependerá del origen de este (vertical u horizontal) y del tipo de hélice:

- **Hélice de madera con cantoneras de borde de ataque:** en estas hélices de paso fijo, el desequilibrio vertical se corrige colocando una plaquita de bronce en el lado más ligero del cubo (Figura 6.3). Por su parte, el desequilibrio horizontal se elimina añadiendo estaño soldado a la cantonera de la pala más ligera o eliminándolo de la más pesada si se hubiera añadido en ajustes anteriores. En ocasiones, el desequilibrio horizontal es tan leve, que bastará añadir una capa adicional de barniz a la pala más ligera para solucionar la situación. Dos días después de aplicar la capa extra, se deberá verificar el equilibrado para tener en cuenta la posible pérdida de peso por la evaporación de los disolventes del barniz.

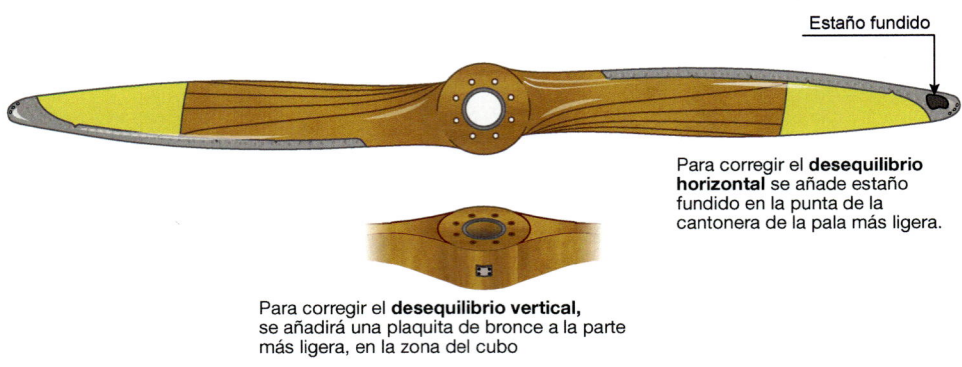

Estaño fundido

Para corregir el **desequilibrio horizontal** se añade estaño fundido en la punta de la cantonera de la pala más ligera.

Para corregir el **desequilibrio vertical,** se añadirá una plaquita de bronce a la parte más ligera, en la zona del cubo

Figura 6.3. Corrección del desequilibrio horizontal y vertical en hélices de madera con cantoneras metálicas.

- **Hélice de madera sin cantoneras:** en estas hélices, también de paso fijo, tanto el desequilibrio vertical como el horizontal se corregirán añadiendo un plomo en el lado más ligero del cubo (Figura 6.4).

- **Hélice metálica de paso fijo:** en estas hélices se corregirá el desequilibrio lijando levemente el borde de ataque o de salida de la pala más pesada (Figura 6.5). En caso de desequilibrio vertical, se eliminará material en la zona de la raíz; mientras que para el horizontal, se hará lo propio en la zona de la punta.

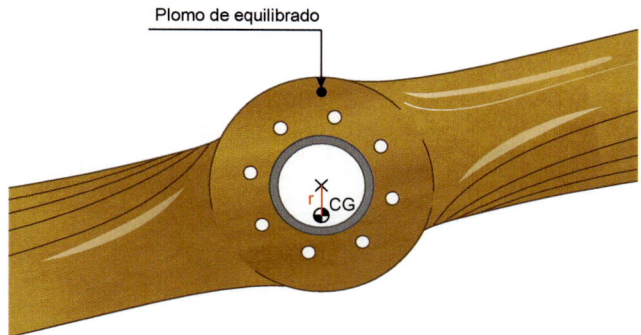

Figura 6.4. Corrección del desequilibrio horizontal y vertical en hélices de madera (sin cantoneras).

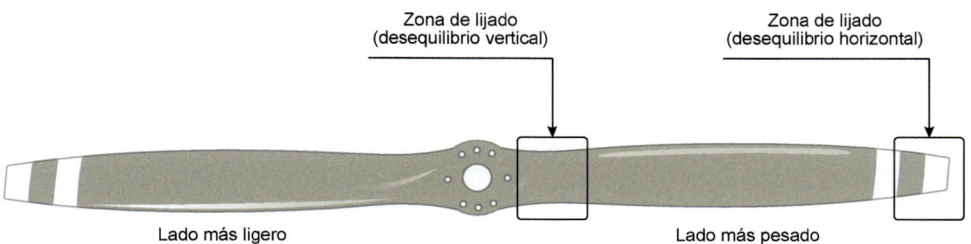

Figura 6.5. Corrección del desequilibrio horizontal y vertical en hélices de aluminio de paso fijo.

Vemos que, en las hélices de madera de paso fijo se añade material a la parte más ligera mientras que en las de aluminio se quita de la más pesada. En hélices bipala de velocidad constante también se comprobará el equilibrado vertical y horizontal. El desequilibrio se corregirá añadiendo unas plaquitas de metal en la zona del cubo más ligera (Figura 6.6), independientemente del material de fabricación de las palas.

En hélices de tres o más palas ya no tiene sentido hablar de equilibrado horizontal o vertical. En este caso, se colocará la hélice con una pala hacia abajo cada vez (Figura 6.7). Si la hélice está equilibrada permanecerá inmóvil en cada posición, de lo contrario, girará hasta que su centro de gravedad quede hacia abajo. Para corregir el desequilibrio se colocarán unas plaquitas en la zona más ligera del cubo de la hélice.

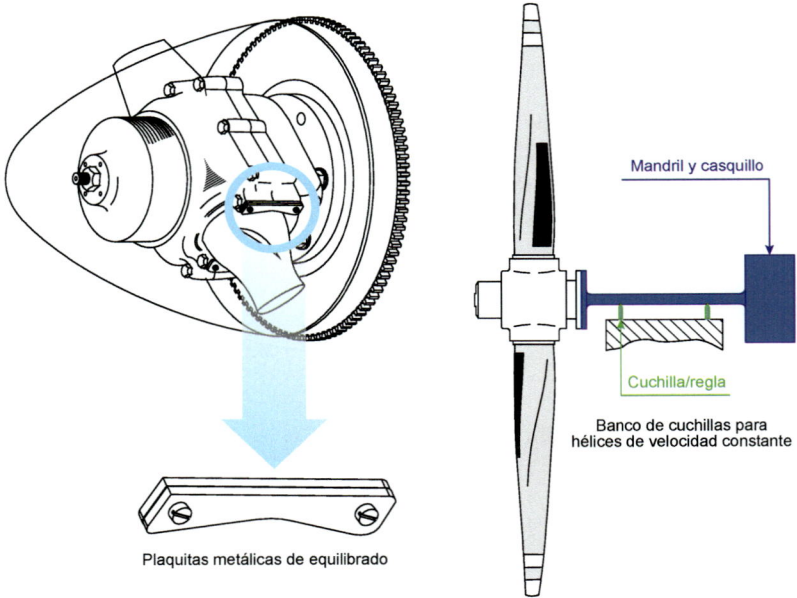

Figura 6.6. Corrección del desequilibrio horizontal y vertical en hélices bipala de velocidad constante.

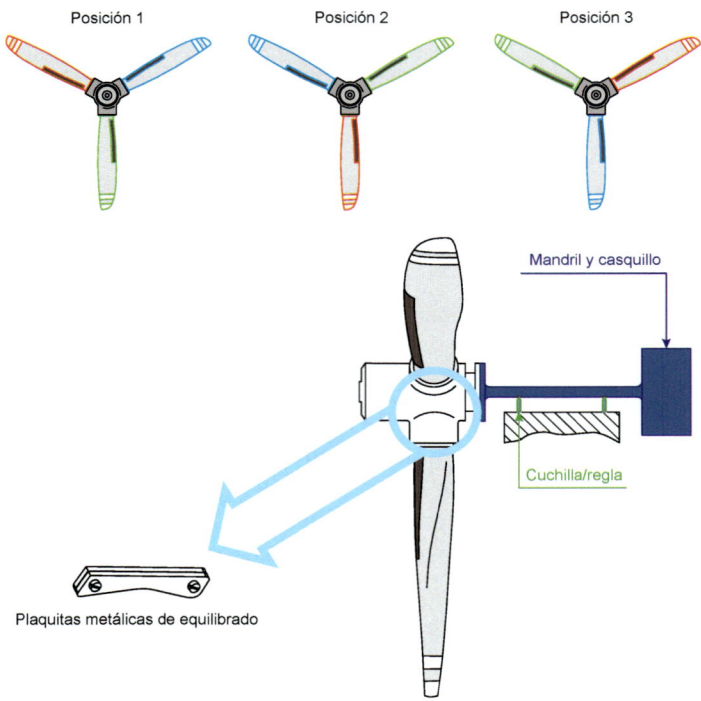

Figura 6.7. Equilibrado de una hélice tripala.

6.1.2. Equilibrado dinámico

Puesto que el eje de la hélice tiene poca longitud, el desequilibrio dinámico será reducido y, en muchas ocasiones, despreciable. Por esto, algunos fabricantes no exigen realizar un equilibrado dinámico, aunque lo recomienden. El caso es que cuando se realiza el equilibrado estático, con la hélice desmontada de la aeronave, no se tienen en cuenta el *spinner* ni su mamparo, ni el volante de la puesta en marcha que tienen algunos motores de pistón, ni las fuerzas aerodinámicas, etc. El equilibrado dinámico se realiza con la hélice instalada sobre el motor y busca reducir las vibraciones de la planta de potencia en general.

Durante el funcionamiento de la hélice, el desequilibrio puede aparecer por un mal manejo de la hélice, aparición de holguras en los mecanismos de cambio de paso, daños y reparaciones en las palas, descentrado *(out-of track)* debido a una pala que se ha doblado ligeramente hacia delante, etc. Realizando un equilibrado dinámico podremos minimizar las vibraciones sin necesidad de desmontar la hélice de la aeronave.

Es importante comprender que pequeños desequilibrios pueden producir vibraciones importantes. Una desviación de una milésima de pulgada del CG respecto al eje de giro puede provocar un desequilibrio de 0,3 IPS *(inch per second,* pulgadas por segundo), lo que equivale a una carga oscilante de unos 20 kg que deberá soportar el cojinete delantero del motor.

Los niveles de vibración se clasifican según la velocidad máxima que se alcanza en la oscilación. Una vibración de 0,3 IPS implica que la hélice alcanza una velocidad máxima de 0,3 pulgadas por segundo en su movimiento de vibración (movimiento oscilatorio). Nos podemos encontrar con los siguientes niveles de vibración:

- *Danger* (1,25 IPS): la vibración es notable y se percibe con claridad. La hélice deberá ser desmontada inmediatamente ya que debe tener algún problema inherente que le provoca un importante desequilibrio estático y que hay que resolver. Funcionar con este nivel de vibración dañaría rápidamente la planta de potencia y la estructura.

- *Very rough* (1,00 IPS): es posible equilibrar la hélice, pero habrá que añadir una gran cantidad de peso para conseguirlo. Es recomendable bajar la hélice de la aeronave para realizar un equilibrado estático. Es un nivel de vibración inaceptable, ya que provocaría daños en la planta de potencia y la estructura.

- *Rough* (0,50 IPS): es un nivel de vibración importante, pero que probablemente se podrá corregir con un equilibrado dinámico. Si la planta de potencia funciona durante muchas horas con este nivel de vibración aparecerán holguras en los mecanismos de la planta de potencia.

- *Slightly rough* (0,25 IPS): este nivel de vibración se percibe por el pasaje y la tripulación, pero es soportable para la planta de potencia. No obstante, puede causar problemas en equipos eléctricos y electrónicos de la aeronave, así como en la instrumentación.

- *Fair* (0,15 IPS): este es el máximo nivel de vibración permitido después de realizar un equilibrado dinámico.

- **Good** (0,07 IPS): la mayoría de los centros de mantenimiento que realizan equilibrados dinámicos garantizan este nivel de vibración. Es prácticamente imperceptible para la tripulación o el pasaje y solo se detectará mediante un equipo de equilibrado digital.

Para el equilibrado dinámico se emplean equipos digitales que determinan el nivel de vibración de la planta de potencia e indican en qué zona del mamparo del *spinner* se deberá colocar un determinado peso, también indicado, para corregir el desequilibrio. Las tareas de preparación son las siguientes:

- **Orientación de la aeronave:** se deberá colocar el avión encarado con la dirección del viento (Figura 6.8) y se calzará. Para que el equilibrado sea fiable, la velocidad del aire deberá ser inferior a 20 nudos (37 km/h).

- **Instalación del captador de vibraciones:** se colocará el captador de vibraciones *(vibration sensing unit)* atornillado al cárter del motor y lo más cerca posible del cojinete delantero (Figura 6.9). Deberá quedar paralelo al disco de giro de la hélice, en posición aproximadamente vertical. En ciertas ocasiones también se coloca otro captador adicional en la parte trasera del motor para determinar con mayor precisión si el origen del desequilibrio está en la hélice o en el motor, ya que cuanto más cerca de la fuente de la vibración esté el captador, mayor serán las IPS detectadas. Por ejemplo, si el captador delantero marca 0,06 IPS y el trasero 0,26 IPS, es porque existe un desequilibrio que tiene su origen en el motor (con un solo captador detrás de la hélice no se podría detectar esta circunstancia). Se emplean habitualmente captadores piezoeléctricos (la amplitud de la señal eléctrica generada por el captador es proporcional a las IPS de la vibración).

- **Instalación del fototacómetro:** seguidamente se instalará el fototacómetro *(photo-tach)* a unos 30-45 cm detrás de la hélice y apuntando directamente hacia esta. Se suele montar en el mismo punto que el captador de vibraciones. En algunas ocasiones, se coloca sobre el capó del motor.

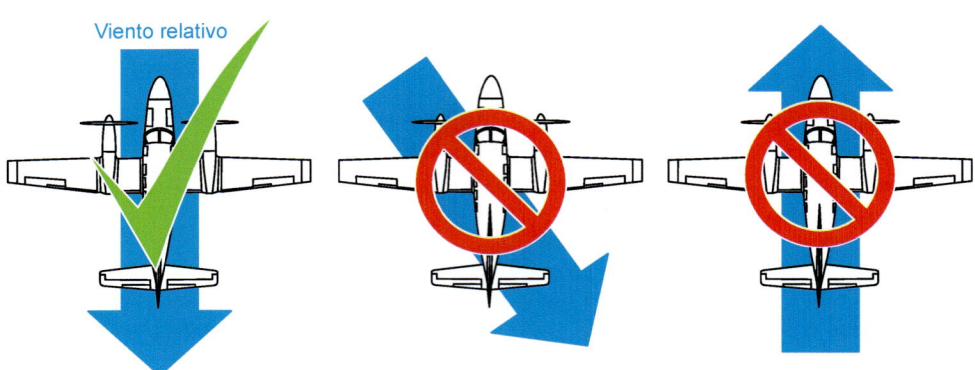

Figura 6.8. Antes de realizar el equilibrado dinámico, el avión se colocará encarado con la dirección del viento.

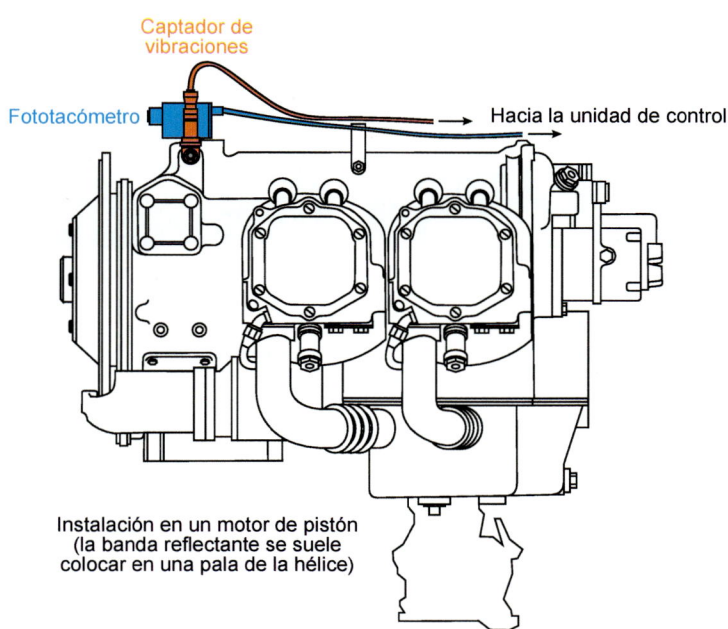

Captador de vibraciones

Banda reflectante

Motor

Fototacómetro

Hacia la unidad de control

Captador de vibraciones

Fototacómetro

Hacia la unidad de control

Instalación en un motor de pistón
(la banda reflectante se suele
colocar en una pala de la hélice)

Figura 6.9. Instalación del captador de vibraciones, el fototacómetro y la banda reflectante (equilibrado dinámico). En ocasiones se instala un segundo captador de vibraciones en la parte trasera del motor para facilitar la detección del origen del desequilibrio.

- **Colocación de la banda reflectante:** se girará la hélice hasta su posición de referencia (pala número uno hacia abajo, por ejemplo) y se pegará una cinta adhesiva reflectante en el mamparo del *spinner,* justo en frente del fototacómetro (Figura 6.9). Para facilitar la operación, el fototacómetro emite un haz láser que deberá tocar el mamparo justo delante de la cinta reflectante. Cuando la hélice esté girando, el haz láser rebotará en la cinta reflectante y será captado por el fototacómetro, que generará un pulso eléctrico que enviará a la unidad de control. En algunos casos, la cinta reflectante se pega en una de las palas de la hélice.

- **Instalación del cableado:** se conectará el captador de vibraciones y el fototacómetro a la unidad de control. El cableado se agrupará y fijará correctamente a la estructura de la aeronave o al motor para evitar enredos. Este cableado se separará de partes calientes (escapes, conductos de aceite, etc.).

- **Configuración de la unidad de control:** se encenderá la unidad de control y se introducirán los datos solicitados: rpm del ensayo, potencia, tipo de captador de vibración, etc. (Figura 6.10). El equipo de equilibrado puede almacenar esta información en una memoria propia de tal manera que solo tendremos que acceder a ella y cargar los datos, agilizando el proceso.

Una vez que está todo listo se arrancará el motor y se pondrá a funcionar en ralentí un instante para permitir al equipo de calibrado que se autoajuste. A continuación, se acelerará el motor hasta las rpm de equilibrado especificadas y, cuando los valores se estabilicen, se presionará el botón START en la unidad de control para realizar la medición. En el *display* del equipo se mostrarán las rpm captadas por el fototacómetro y el nivel de vibración en IPS (Figura 6.10). Pulsando el botón STOP, el equipo tomará

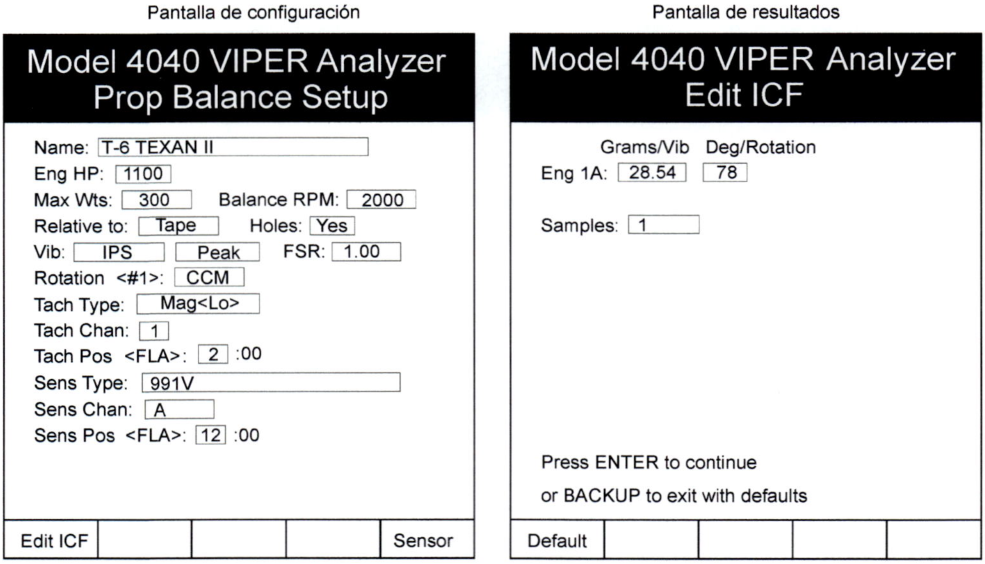

Pantalla de configuración | Pantalla de resultados

Model 4040 VIPER Analyzer Prop Balance Setup	Model 4040 VIPER Analyzer Edit ICF
Name: T-6 TEXAN II	Grams/Vib Deg/Rotation
Eng HP: 1100	Eng 1A: 28.54 78
Max Wts: 300 Balance RPM: 2000	
Relative to: Tape Holes: Yes	Samples: 1
Vib: IPS Peak FSR: 1.00	
Rotation <#1>: CCM	
Tach Type: Mag<Lo>	
Tach Chan: 1	
Tach Pos <FLA>: 2 :00	
Sens Type: 991V	
Sens Chan: A	
Sens Pos <FLA>: 12 :00	
	Press ENTER to continue
	or BACKUP to exit with defaults
Edit ICF Sensor	Default

Figura 6.10. Ejemplo de una pantalla de configuración y otra de resultados del test en un equipo digital de equilibrado típico.

la medida y nos dará dos opciones: *accept* (el equipo dará por buena la medida y nos indicará qué peso hay que añadir y dónde añadirlo para corregir el desequilibrio) o *retake* (se repetirá el ensayo).

Para corregir el desequilibrio se añadirán una serie de arandelas de 4,1 g cada una (0,144 oz) que se fijarán al mamparo del *spinner* mediante un tornillo y una tuerca. Ahora bien, no siempre podremos colocar el peso indicado en el lugar señalado. Por ejemplo, el equipo nos puede indicar que se deben añadir 28,54 g a 78° del punto de referencia (Figura 6.10), pero el mamparo no dispone de un agujero para montar el contrapeso a 78° (tiene a 72° y a 90°, como se aprecia en la Figura 6.11). Por otra parte, el peso combinado de la tuerca, el perno y las arandelas es poco probable que sea 28,54 g exactamente. Si ponemos cuatro arandelas, el peso total sería de 25,4; si ponemos cinco arandelas, sería

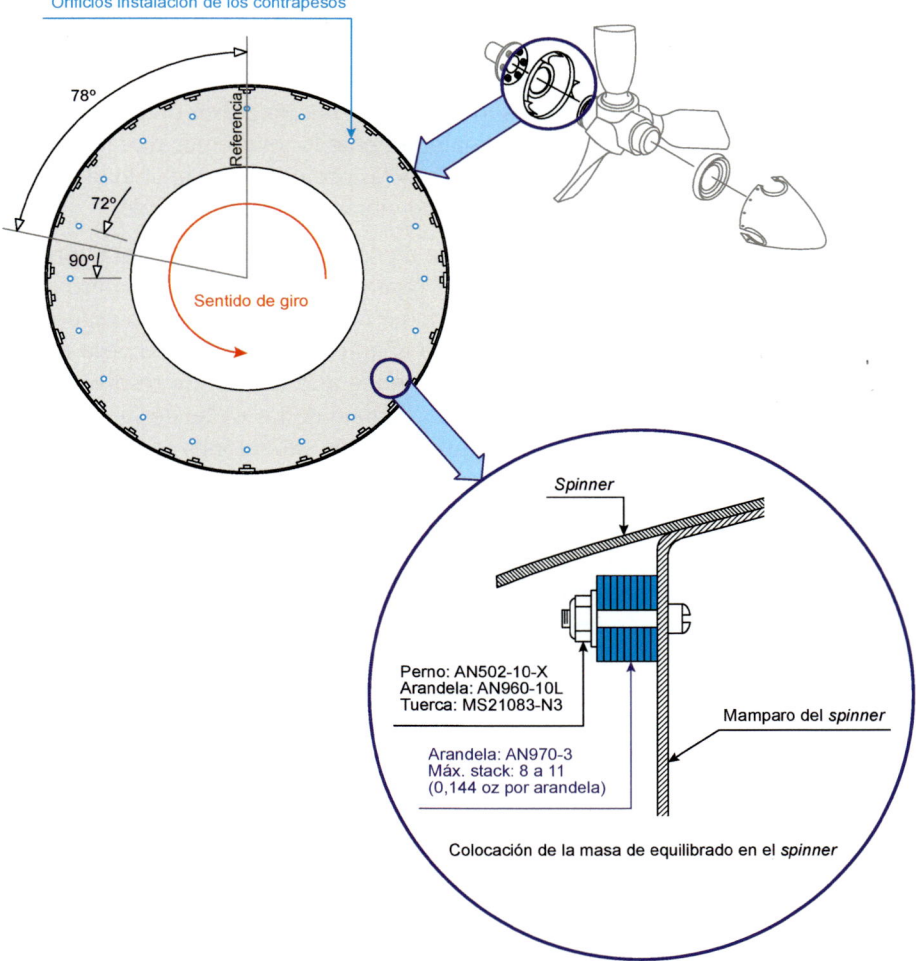

Figura 6.11. Corrección del desequilibrio dinámico añadiendo contrapesos en el mamparo del *spinner*.

de 29,5 g. Por tanto, el técnico que está realizando el equilibrado deberá decidir qué peso colocar y dónde colocarlo. Supongamos que se decanta por poner 25,4 g (cuatro arandelas) a 72°. Deberá introducir esta circunstancia en la unidad de control y volver a realizar el proceso de equilibrado, obteniéndose, por ejemplo 4,7 g a 84°. Si tenemos en cuenta que solo el peso del tornillo y la tuerca es de 9 g aproximadamente, nos va a resultar imposible añadir 4,7 g. Lo que se puede hacer es quitar alguna arandela de la primera posición para ponerlo en esta segunda, a 90° por ejemplo, introducir esta información en la unidad de control y volver a realizar el equilibrado. Este proceso se realizará varias veces más hasta conseguir que el nivel de vibración sea menor de 0,07 IPS.

Respecto al equilibrado dinámico de la hélice es importante tener en cuenta los siguientes aspectos:

- **Peso máximo por posición:** el tipo y el número máximo de arandelas que podemos poner en una sola posición varía de 8 a 11, dependiendo del modelo de hélice, del tipo de *spinner* y del motor equipado. En otros casos, el fabricante limita el peso total que podemos situar en cada posición, incluido el tornillo y la tuerca (40 g, por ejemplo). Si el equipo de equilibrado nos indica que debemos poner un peso mayor que el máximo permitido por agujero, obligatoriamente lo tendremos que repartir entre dos o tres agujeros. Se introducirán los pesos y las posiciones en la unidad de control y se repetirá el proceso hasta que el nivel de vibración sea el deseado.

- **Número de iteraciones:** habitualmente, se alcanzará un nivel de vibración menor a 0,07 IPS realizando el equilibrado tres o cuatro veces, ajustando el peso añadido después de cada prueba. Si después de cinco o más intentos no se consigue reducir las vibraciones suficientemente, o hay que añadir una cantidad de peso excesiva, es debido a algún defecto inherente de la hélice que habrá que resolver antes de proseguir con el equilibrado (pala doblada, reglaje de las palas desigual, situación de *out-of-track,* etc.). Para resolver alguna de estas situaciones se deberá bajar la hélice del avión.

- **Colocación de los contrapesos:** en la mayoría de los casos, los contrapesos se fijan al mamparo del *spinner,* tal y como hemos estudiado. En otros casos, el mamparo integra tuercas tipo *nutplate* en todos los agujeros, roscándose en ellas el tornillo con las arandelas. También nos podemos encontrar con arandelas de equilibrado en los tornillos de unión del mamparo con el *spinner.* En algunos motores de pistón, los contrapesos se añaden al volante de la puesta en marcha. En definitiva, deberemos consultar la documentación técnica específica de cada hélice y cada aeronave que tengamos entre manos para corregir los desequilibrios.

Recuerda

Una vez finalizado el proceso de equilibrado dinámico, será imprescindible quitar la cinta reflectante que habíamos pegado en el mamparo del *spinner* o en la pala. Si no lo hacemos, facilitamos la aparición de la corrosión en palas o mamparos metálicos.

6.1.3. Equilibrado aerodinámico

Cuando todas las palas de la hélice producen el mismo empuje o la misma resistencia al giro decimos que tiene equilibrio aerodinámico. Ahora bien, se puede dar la circunstancia de que una pala esté ligeramente deformada, que tenga un paso ligeramente mayor o menor que el resto o que una reparación haya cambiado su perfil aerodinámico. Decimos entonces que la hélice está desequilibrada aerodinámicamente. Nos podemos encontrar con dos situaciones derivadas del desequilibrio aerodinámico (Figura 6.12):

- **Empuje desigual:** una de las palas empuja más o menos que el resto.

- **Resistencia al giro desigual:** una de las palas produce una mayor o menor resistencia aerodinámica que el resto. Se puede dar al mismo tiempo que el empuje desigual.

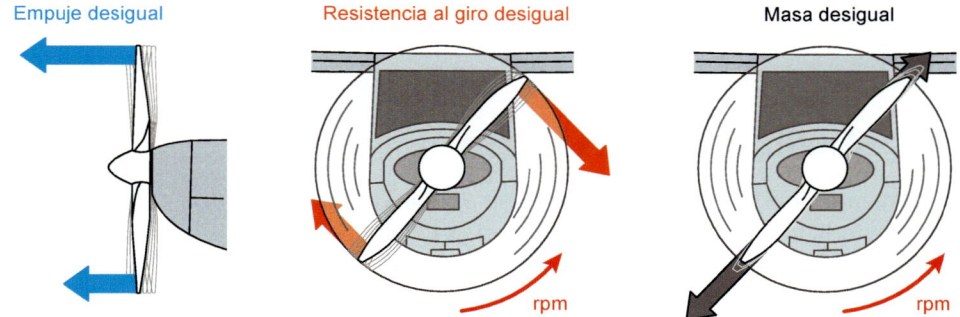

Figura 6.12. Desequilibrios aerodinámicos y másicos.

Cuando existe desequilibrio aerodinámico, se percibirán vibraciones importantes en la estructura y la instrumentación durante el vuelo a pesar de haber conseguido rebajar las vibraciones por debajo de un IPS aceptable tras realizar un equilibrado dinámico. En otras ocasiones, no será posible bajar el IPS al nivel deseado añadiendo contrapesos. Para detectar el origen del problema se recurrirá a un analizador de espectro, que estudiaremos en el próximo apartado. También se puede pegar una cinta reflectante a la punta de cada pala, poner el motor en marcha y observar la posición de las puntas con ayuda de una lámpara estroboscópica (parecerá que la hélice está parada, aunque gire a gran velocidad).

Si el desequilibrio aerodinámico es leve, se puede corregir ajustando el paso de una o más palas. Si, por ejemplo, una pala genera más empuje que las demás, se reducirá su paso ligeramente. Esta circunstancia deberá quedar reflejada en *Propeller logbook* y se colocará una etiqueta en el cubo de la hélice que refleje esta circunstancia (Figura 6.13).

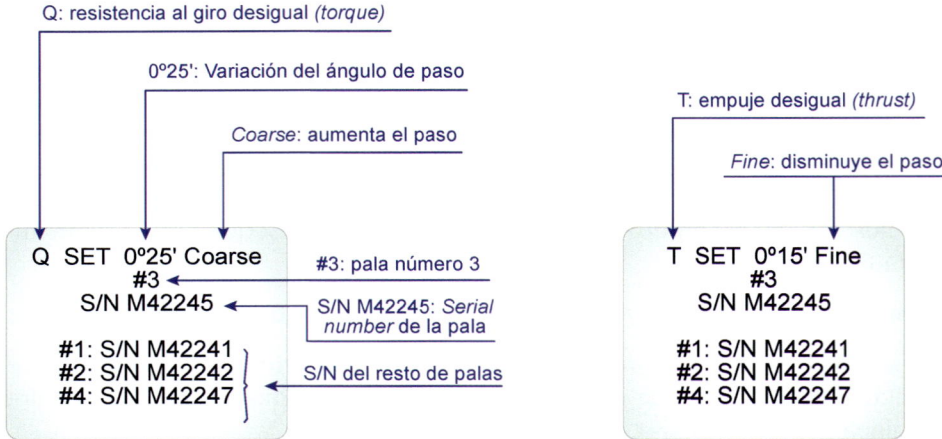

Figura 6.13. Ejemplo de etiqueta que se coloca en el cubo de la hélice indicando el ACF *(aerodynamic correction factor)* en una de las palas de la hélice para corregir el desequilibrio aerodinámico *(indexing)*.

6.1.4. Analizador de espectro

Un analizador del espectro de vibraciones *(vibration spectrum survey)* es un equipo capaz de indicar en qué momento del giro de la hélice se produce una vibración. De esta forma, se pretende distinguir entre la vibración causada por una ubicación no deseada del CG, del resto de orígenes (desequilibrio aerodinámico, cojinetes del motor o de sus accesorios en mal estado, holguras, desalineamientos, etc.).

En la Figura 6.14 vemos un ejemplo de una gráfica como la que podría generar un analizador de espectro. Dependiendo de la frecuencia a la que se produce la vibración se puede establecer su origen. Por ejemplo, si la hélice gira a 2000 rpm la frecuencia de la señal producida por el captador de vibraciones será de 33,3 Hz. Dicho de otra manera, la hélice vibra una vez por cada revolución. Si el engranaje solar de la reductora del motor gira a 5000 rpm (83,3 Hz) y en la gráfica aparece un pico a esta frecuencia, quiere decir que ese es el origen de parte de las vibraciones captadas. Y si el generador DC gira a 9000 rpm (90 Hz), y a esa frecuencia aparece otro pico, es porque dicho generador también origina vibraciones. De esta forma se puede determinar el origen de la vibración para actuar sobre él y corregir la situación.

En un motor de aviación hay muchos elementos que pueden vibrar a distintas frecuencias, incluso varios elementos lo pueden hacer a la misma, por lo que puede resultar complicado dar con la causa de la vibración. No obstante, cada planta de potencia tendrá su propia «firma» característica cuando todo está en orden y cuando falla un determinado componente. De esta forma, comparando los resultados obtenidos durante el ensayo y las «firmas» de esa planta de potencia, se pueden identificar diversas fuentes de vibración.

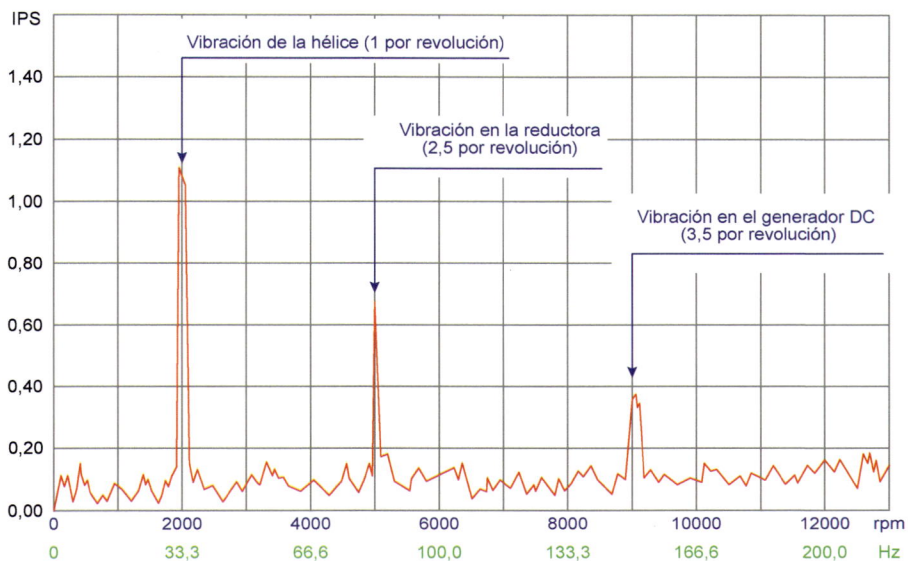

Figura 6.14. Los analizadores de espectro entregan una gráfica en donde se puede distinguir la frecuencia a la que aparece la vibración.

6.2. Reglaje de las palas

Se denomina reglaje de las palas al ajuste de su ángulo de paso. Es, por tanto, una tarea básica en hélices de paso ajustable en tierra, de dos posiciones y de velocidad constante. Para realizar este ajuste se necesita un transportador de ángulos especial denominado *propeller protractor*.

El *protractor* tradicional dispone de un anillo y un disco giratorio, montados sobre una estructura de soporte más bien rectangular (Figura 6.15). El disco y el anillo se mueven girando sus correspondientes mandos, pudiéndose bloquear el movimiento relativo entre el disco y el anillo, y entre el anillo y el soporte mediante los correspondientes tornillos de blocaje. Tanto el anillo como el soporte disponen de un nivel de burbuja para nivelar correctamente el *protractor*.

El proceso de medición del ángulo de paso de las palas es el siguiente:

- **Perfil de referencia:** en primer lugar, se marcará con un rotulador el perfil de referencia de la pala (habitualmente el elemento ¾; 75 %). Es en este perfil donde deberemos realizar la medición.

- **Puesta a cero del *protractor*:** se aflojarán los blocajes entre anillo-soporte y anillo-disco. Se actuará sobre el mando de giro del anillo hasta hacer coincidir el 0 del disco con el 0 del anillo. Seguidamente se apretará el tornillo de bloqueo anillo-disco para evitar el movimiento relativo entre ambos. Se establecerá un plano de referencia, que puede ser el paralelo al eje de la hélice o el perpendicular (Figura 6.16).

6

Se apoyará el *protractor* sobre el plano de referencia, colocándolo perfectamente vertical con la ayuda del nivel de burbuja fijo al soporte. Acto seguido se girará el conjunto anillo-disco, que anteriormente hemos bloqueado, hasta que la burbuja del nivel del disco esté centrada. Se apretará el tornillo de bloqueo anillo-soporte y se aflojará el de anillo-disco. El *protractor* ya está listo para medir.

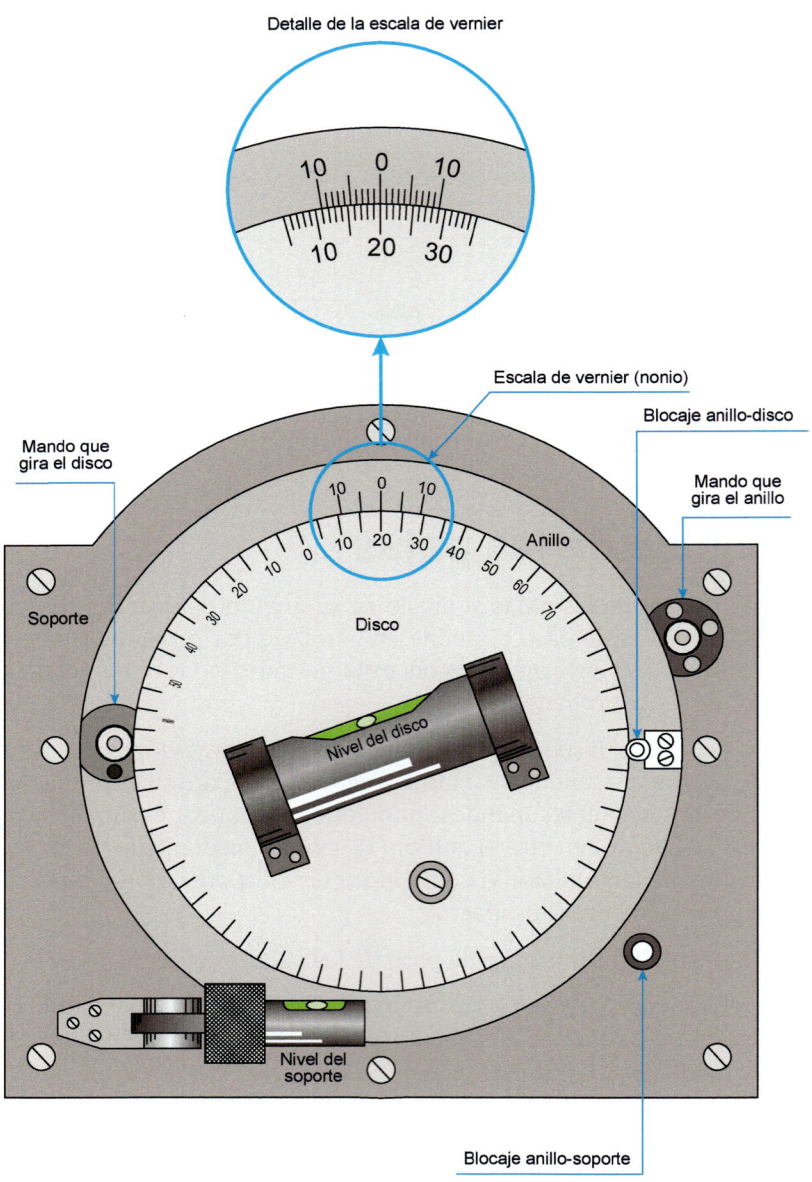

Figura 6.15. *Propeller protractor* empleado para medir el ángulo de paso de las palas de la hélice.

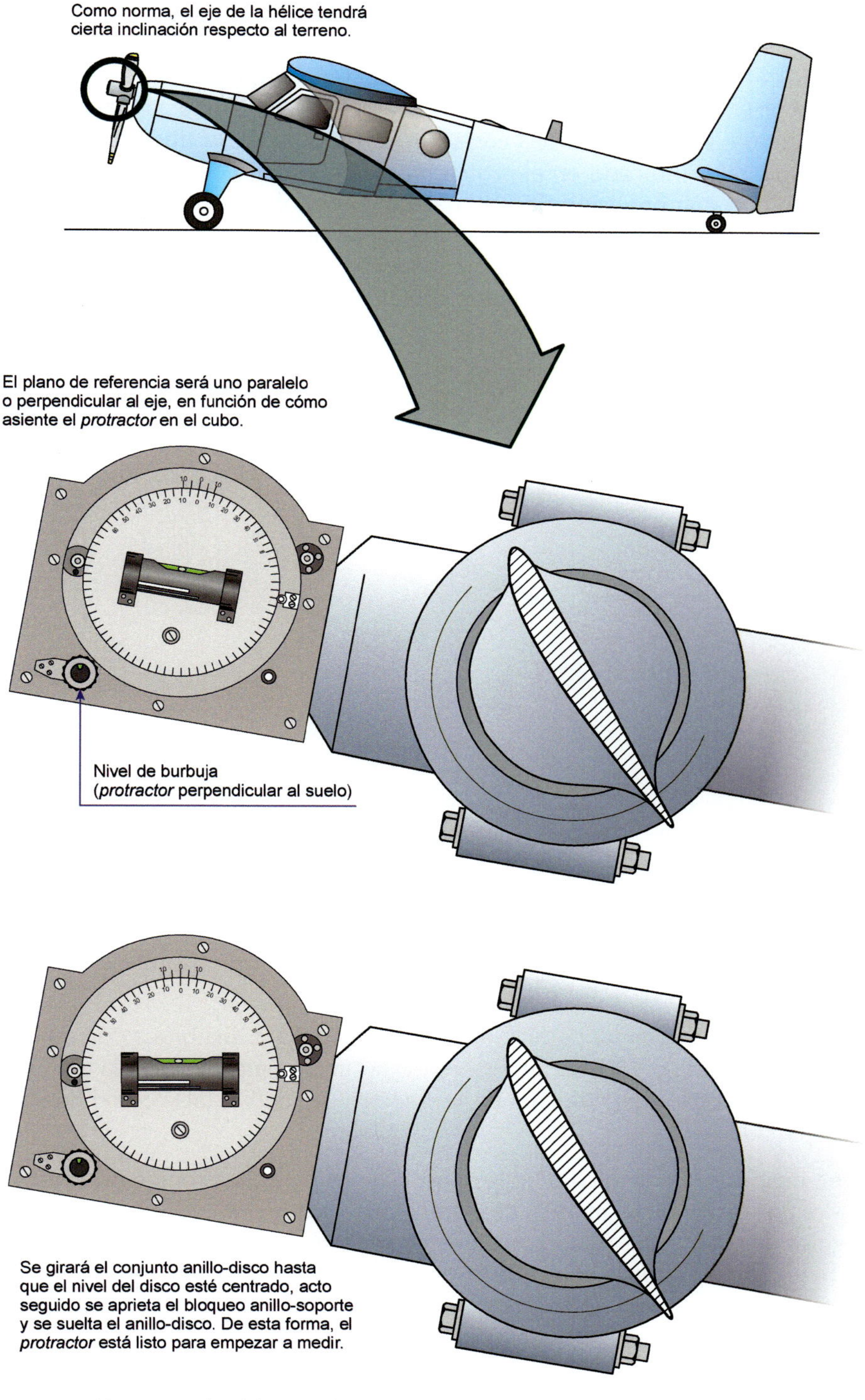

Como norma, el eje de la hélice tendrá
cierta inclinación respecto al terreno.

El plano de referencia será uno paralelo
o perpendicular al eje, en función de cómo
asiente el *protractor* en el cubo.

Nivel de burbuja
(*protractor* perpendicular al suelo)

Se girará el conjunto anillo-disco hasta
que el nivel del disco esté centrado, acto
seguido se aprieta el bloqueo anillo-soporte
y se suelta el anillo-disco. De esta forma, el
protractor está listo para empezar a medir.

Figura 6.16. Ajuste previo del *propeller protractor* antes de empezar a medir.

- **Medición:** se colocará el *protractor* sobre la cara de la pala en el perfil marcado (zona ¾ o del 75 %). Es fundamental que no se cambie la orientación del *protractor:* si durante el ajuste y puesta a cero la escala graduada queda a nuestra derecha, al poner el *protractor* sobre la pala, la escala también quedará hacia nuestra derecha. Seguidamente se girará el disco hasta que la burbuja de su nivel se centre (Figura 6.17). El valor indicado en el *protractor* será el ángulo de paso. Para realizar la medición con una precisión de décimas de grado, observaremos las escalas para determinar qué línea del nonio está alineada con una de las líneas de la escala graduada, como cuando medimos empleando un calibre pie de rey. Tomaremos nota de los grados de esa pala y giraremos la hélice para medir el ángulo de paso en el resto de las palas.

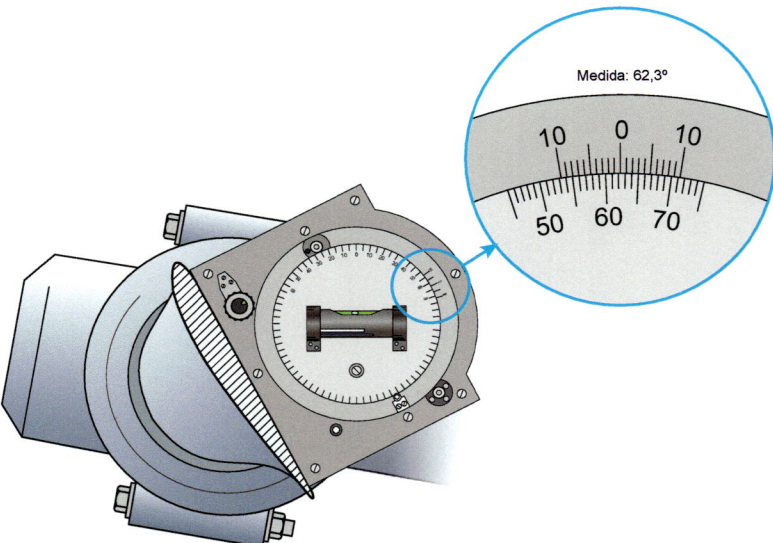

Figura 6.17. Medida del paso con el *protractor.*

Si la cara de la pala no fuera perfectamente plana, se fijará una broca con cinta adhesiva a media pulgada del borde de ataque y otra broca a media pulgada del borde de salida. Sobre las brocas se colocará el *protractor* y se medirá tal y como hemos visto en este apartado.

Una vez medidos los ángulos de paso de todas las palas se procederá a evaluar los resultados con la ayuda del manual de mantenimiento de la hélice. Si la diferencia entre los ángulos de paso de las palas es excesiva o si algún ángulo particular es demasiado alto o bajo, se procederá como indica el manual. De forma general tendremos los siguientes casos:

- **Hélices de paso fijo:** se desmontará la hélice del avión y se enviará a un taller especializado para realizar un *repitch*. En este proceso se doblará una de las palas hasta obtener el ángulo indicado (hélices de aluminio).

- **Hélices de paso ajustable:** se aflojarán los pernos del cubo lo justo para permitir que la pala rote sobre su eje y cambie el paso. Con la ayuda de una palanca se rotará la pala hasta el ángulo deseado (Figura 6.19), comprobando los grados con el *protractor*. Una vez que todas las palas tienen el paso indicado, con una tolerancia de más/menos 0,1°, y la diferencia entre pasos es menor de 0,1°, se apretarán levemente los pernos del cubo. Se verificarán los ángulos nuevamente con el *protractor* y, si son los adecuados, se procederá a dar el par de apriete.

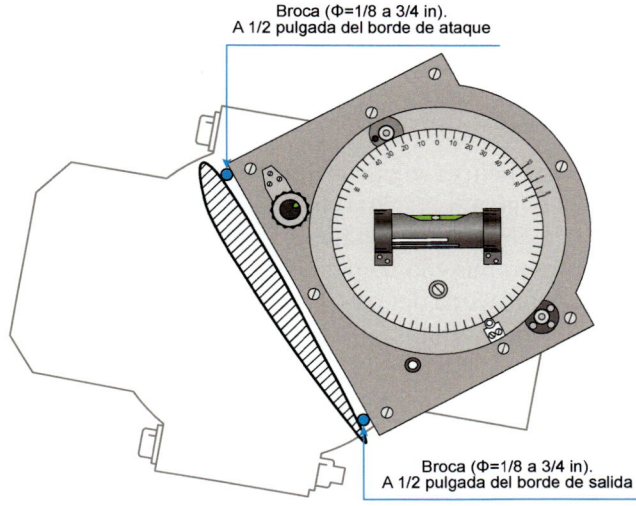

Figura 6.18. Medida del paso con el *protractor* sobre una cara con curvatura.

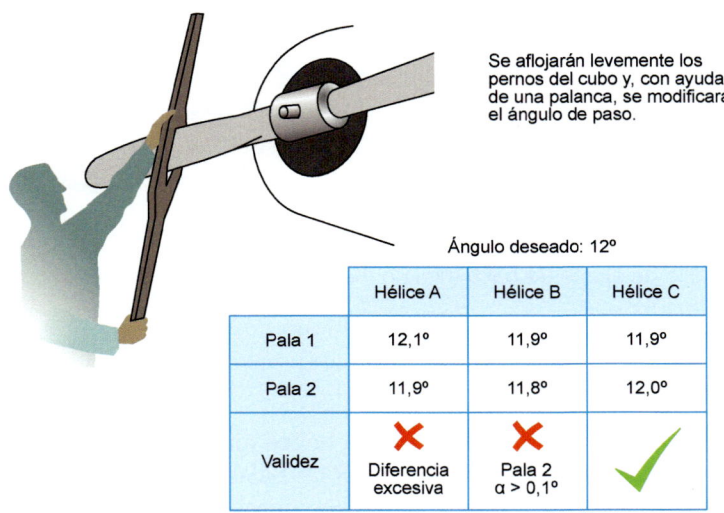

Se aflojarán levemente los pernos del cubo y, con ayuda de una palanca, se modificará el ángulo de paso.

Ángulo deseado: 12°

	Hélice A	Hélice B	Hélice C
Pala 1	12,1°	11,9°	11,9°
Pala 2	11,9°	11,8°	12,0°
Validez	✘ Diferencia excesiva	✘ Pala 2 α > 0,1°	✔

- La diferencia entre los ángulos de paso de las palas no podrá superar 0,1°.
- La tolerancia de cada pala deberá ser menor de más/menos 0,1°.

Figura 6.19. Cambio de paso en hélices de paso ajustable en tierra.

- **Hélices de dos posiciones:** en el contrapeso de cada pala existe un tornillo de ajuste con el que se puede variar la longitud del link que une el pistón con la pala. Si esta longitud aumenta, el ángulo de paso también lo hace. Con este tornillo también se puede establecer el ángulo de paso mínimo y máximo.

- **Hélices de velocidad constante:** en algunos modelos, como en las Hartzell de cubo de acero, se procederá de forma similar a las hélices de dos posiciones. En este caso tenemos que tener en cuenta que, si aumentamos el ángulo de una pala 0,5°, también aumentará 0,5° el ángulo de paso máximo y 0,5° el mínimo. En otros modelos, como en las Hartzell compactas, se deberán realizar ajustes en los mecanismos de cambio de paso que están dentro del cubo. En este segundo caso, será necesario bajar la hélice del avión y mandarla a un centro especializado y aprobado para llevar a cabo modificaciones mayores.

Por otra parte, en algunas hélices se puede ajustar el paso mínimo, como es el caso de las Hartzell compactas (Figura 6.20). Estas hélices disponen de un tornillo, el *low pitch stop,* situado en la parte frontal del cubo, que controla el paso mínimo: si lo giramos en sentido horario, el paso mínimo aumenta; en sentido antihorario, disminuye. Una vez realizado el ajuste con ayuda del *protractor,* se apretará la tuerca de retención que evita que el *low pitch stop* se afloje.

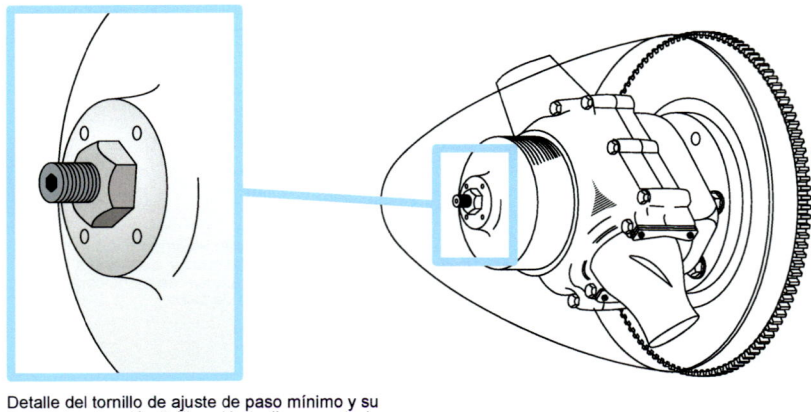

Detalle del tornillo de ajuste de paso mínimo y su
tuerca de retención (hélices Hartzell compactas)

Figura 6.20. Tornillo de ajuste de paso mínimo (hélices Hartzell compactas).

6.3. *Blade tracking*

El camino que sigue la punta de una pala de la hélice mientras esta gira se denomina *track.* Si el *track* no es (casi) el mismo en todas las palas, decimos que la hélice está descentrada o que está *out-of-track.* Se deberá comprobar periódicamente en la inspección anual o de las 100 horas, y cuando aparezcan ciertos problemas de funcionamiento, que el *track* de todas las palas está dentro de tolerancias, en un proceso que se denomina **blade tracking.**

Para realizar el *blade tracking* se calzará el avión para evitar que se mueva lo más mínimo y se girará la hélice hasta que una de sus palas quede perfectamente vertical y hacia abajo. Justo debajo de esta pala se colocará un tablero, u otra superficie plana, lo más cerca posible de la punta, pero sin que se toquen (Figura 6.21). Con un lapicero o rotulador se realizará una marca en el tablero justo a la altura de la punta de la pala. Es importante no empujar la pala hacia delante o hacia atrás durante la tarea, ya que la holgura de esta podría falsear la indicación. Después giraremos la hélice para hacer la misma operación con el resto de las palas.

La separación máxima permitida del *track* de cada pala está definida en el manual de mantenimiento de la hélice. No obstante, podemos establecer las siguientes reglas generales:

- **Hélices metálicas:** de diámetro inferior a 6 pies (1,83 m), como las utilizadas en aviación ligera, la separación máxima es de 1/16 de pulgada (1,6 mm).

- **Hélices de madera:** la separación máxima es de 1/8 de pulgada (3,2 mm). Un *track* excesivo se puede corregir añadiendo unos calzos metálicos *(shims)* de 2 a 4 milésimas de pulgada entre la hélice y el plato portahélice (Figura 6.21).

- **Otras hélices:** algunas hélices McCauley permiten hasta 0,060 pulgadas (1,52 mm), Hartzell estipula un máximo de 0,125 pulgadas (3,17 mm) en unas hélices y 0,250 pulgadas (6,45 mm) en otras. En definitiva, deberemos consultar el manual de mantenimiento de cada hélice (ATA 61) para conocer sin ambigüedades la máxima separación permitida entre las marcas.

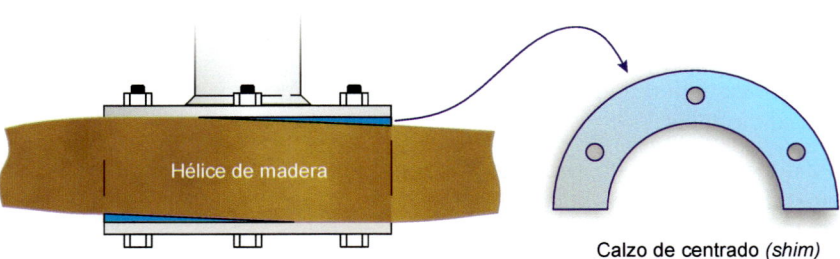

Hélice de madera

Calzo de centrado *(shim)*

Figura 6.21. Corrección del centrado *(tracking)* en hélices de madera.

Recuerda

Cuando se realiza el *tracking* de una hélice que está montada sobre un motor de pistón, debemos asegurar que las magnetos están convenientemente derivadas a masa para evitar «pistonadas» que provoquen un rápido giro de la hélice. Es buena costumbre quitar una bujía de cada cilindro, lo que nos facilita girar la hélice a mano y nos protege por completo de una «pistonada».

La situación de *out-of-track* genera esfuerzos y vibraciones que afectan a la estructura, el motor y la hélice, provocando el fallo prematuro de sus componentes. Una o varias palas dobladas, el eje desalineado y los pares de apriete excesivo o insuficientes, son causas habituales que derivan en un *out-of-track*.

6.4. Instalación y bajada de la hélice

En la segunda unidad de este libro hemos estudiado los tres tipos de unión entre la hélice y el motor que nos podemos encontrar: plato portahélice, eje estriado y eje cónico. Antes de realizar la instalación debemos tener en cuenta lo siguiente (preinstalación):

- **Magnetos:** si el motor es de pistón, nos debemos asegurar de que las magnetos están derivadas a masa colocando el interruptor correspondiente en OFF. Lo ideal sería quitar una bujía de cada cilindro, por seguridad y para facilitar el giro del eje del motor y la hélice.

- **Inmovilizar el avión:** se calzarán las ruedas del tren de aterrizaje del avión, para evitar que este se desplace.

- **Adaptador:** algunas hélices en determinados motores y aviones requieren la instalación de un adaptador especial. Antes de proceder a instalar la hélice se colocará este adaptador sobre el eje del motor.

- **Limpieza:** se limpiarán ambas caras de las palas con ayuda de un estropajo suave y alcohol. Se repasarán con un paño limpio hasta dejarlas perfectamente limpias. Se realizará lo mismo con el eje o el plato de unión. Se comprobará el estado de los pernos y acoplamientos que se van a utilizar, el roscado deberá estar perfectamente limpio.

- **Otras tareas:** dependiendo del modelo de hélice, motor y avión, se podrán requerir tareas adicionales.

Una vez que está todo listo, procedemos al montaje de la hélice. Si el montaje es sobre **plato portahélice** se procede como sigue:

- **Mamparo del *spinner*:** se instalará el mamparo del *spinner* y el sistema *de-icing* o *anti-icing* según corresponda, o cualquier otro elemento que no se pueda montar después de la hélice.

- **Izado:** siempre que sea posible, nos ayudaremos de algún tipo de grúa para subir la hélice hasta el eje del motor. En muchos casos, por el peso de la hélice, esto será imprescindible. En hélices bipala, la posición más cómoda y segura para llevar a cabo la instalación suele ser con una pala a las 4 y otra a las 10.

- **Colocación de la hélice:** se empujará la hélice hasta que deslice sobre la guía del eje. Algunas hélices solo admiten una posición, por lo que se deberá encajar el *index pin* adecuadamente. La hélice debe encajar en su sitio con suavidad y sin forzar.

- **Apriete:** se colocarán los pernos correspondientes y se irán apretando a mano poco a poco y de forma alterna, con un patrón en estrella, para conseguir que el apriete sea uniforme (Figura 6.22). Cuando la hélice esté acoplada, se apretarán los pernos empleando una llave dinamométrica con el **par mínimo** indicado en la documentación. El apriete se realizará siguiendo un patrón en estrella. Es recomendable verificar el *track* de la hélice conforme se van apretando los pernos.

- **Verificación del par:** en algunos modelos de hélice se deberá verificar el par pasada una hora. En ningún caso se aflojarán los pernos, siempre se girará la dinamométrica en sentido de apriete.

- **Frenado:** los pernos y las tuercas deberán estar correctamente frenados para evitar que se aflojen como consecuencia de las vibraciones. Se utilizará alambre de frenar o pasadores, según corresponda (Figura 6.22). En algunos casos se emplean tuercas autofrenantes.

- *Spinner:* instalación del *spinner* y resto de componentes.

- *Tracking:* se comprobará el *track* de la hélice, que deberá quedar dentro de los límites establecidos en la documentación técnica.

- **Revisión postvuelo:** después del primer vuelo es habitual verificar el par de apriete de los pernos.

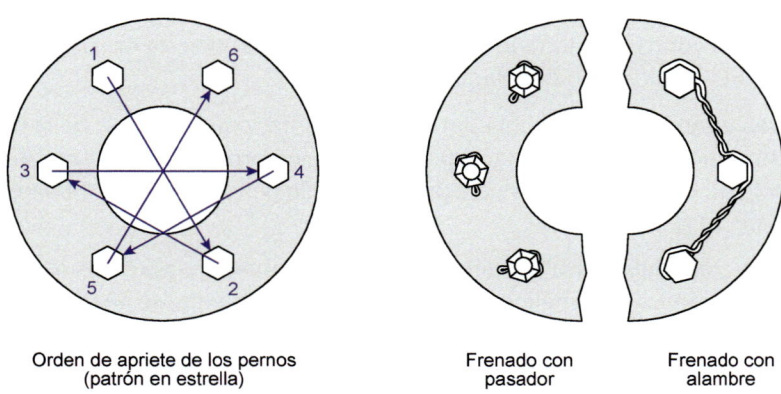

Orden de apriete de los pernos (patrón en estrella) — Frenado con pasador — Frenado con alambre

Figura 6.22. Orden de apriete y métodos de frenado (plato portahélice).

Si la hélice se instala sobre un **eje estriado,** el proceso tiene ciertas diferencias:

- **Mamparo e izado:** igual que en hélices con plato de unión, primero se colocará el mamparo y sistemas asociados. De igual modo, nos ayudaremos de una grúa para elevar la hélice.

- **Colocación del cono trasero:** se deslizará el cono trasero (de una sola pieza) hasta que haga tope.

- **Colocación de la hélice:** se deslizará la hélice por el eje estriado, previamente untado con aceite, hasta que haga tope en el cono de centrado trasero.

- **Colocación del cono delantero:** se instalará el cono delantero, compuesto por dos mitades.

- **Tuerca de retención:** se rosca a mano la tuerca de retención hasta el tope. Seguidamente se le dará el par de apriete mínimo, tal y como está indicado en la documentación técnica.

- **Pasador:** se instalará el pasador que evita que la tuerca de retención se suelte. Como es poco probable que la posición relativa de tuerca y eje permita que el pasador entre hasta el fondo, se deberá apretar la tuerca de retención hasta que el pasador penetre en el agujero del eje, pero sin pasarnos del par máximo permitido. Para evitar que el pasador se suelte se le colocará un *cotter pin*.

- *Tracking:* se verificará el *tracking* de la hélice.

- *Dome:* en hélices Hamilton Standard, se deberán montar los elementos internos de cambio de paso y la cúpula *(dome)*.

- *Spinner:* se instalará el *spinner* y resto de componentes.

- **Revisión postvuelo:** después del primer vuelo se realizará una inspección general de la hélice.

En hélices con instalación en eje estriado se nos puede presentar un problema conocido como **bottom.** Este inconveniente se nos presenta cuando la hélice no asienta perfectamente sobre los conos de centrado (Figura 6.23). El origen de esta circunstancia puede estar en el cono trasero o en el delantero:

- *Bottom* **en cono trasero:** la punta del cono toca antes con las estrías de la hélice que con la superficie cónica de esta. Esta situación se corregirá mecanizando el cono, quitándole un poco de la punta para permitir que la hélice se mueva totalmente hacia atrás y asiente perfectamente.

- *Bottom* **en cono delantero:** la punta del cono toca antes en las estrías del eje que en la superficie cónica de la hélice. Para corregir este problema, se añadirá un espaciador de bronce detrás del cono trasero, que empujará a la hélice hacia delante, hasta que haga contacto con el cono delantero.

Finalmente, si el montaje de la hélice se realiza sobre un eje cónico de un motor de pistón antiguo procederemos como sigue:

- **Mamparo e izado:** igual que en el resto de los casos, primero se colocará el mamparo y sistemas asociados. Seguidamente se izará la hélice con la ayuda de una grúa si fuera necesario.

- **Verificación de acoplamiento eje-adaptador:** el eje del motor es cónico pero el orificio de la hélice es cilíndrico, por lo que será necesario utilizar un adaptador (Figura 6.24). Antes de instalar la hélice se deberá comprobar que la superficie de contacto entre el adaptador y el eje es mayor del 70%. Para ello, se pintará la superficie interna del adaptador con una témpera de alta calidad tipo **azul de Prusia.** Seguidamente se instalará el adaptador sobre el eje, danto el par de apriete correspondiente a la tuerca de retención. Acto seguido, se soltará la tuerca, se extraerá el

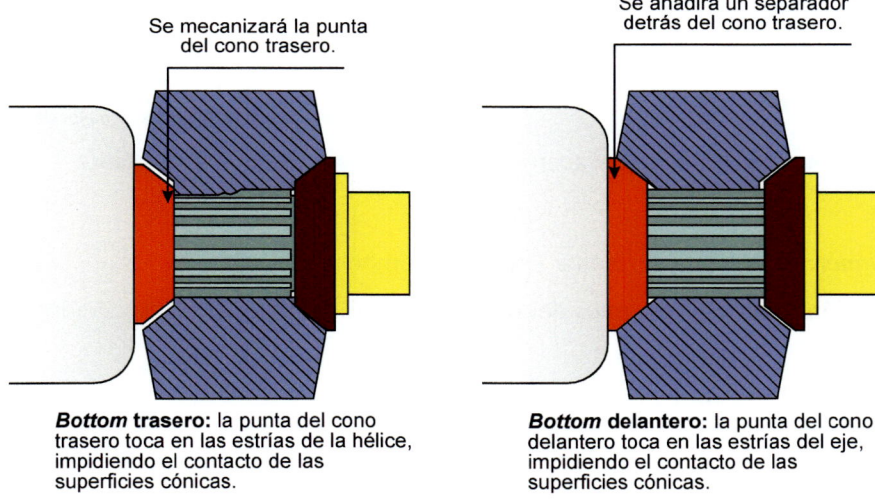

Figura 6.23. *Bottom* en el acoplamiento de la hélice al eje estriado.

adaptador y se comprobará la cantidad de pigmentos que se han transferido al eje cónico. Si la transferencia es de menos del 70 % implica que existen irregularidades superficiales en el eje o en el adaptador que se deberán corregir. Si la transferencia es mayor del 70 %, el contacto es el adecuado y se procederá a limpiar y aceitar el adaptador, antes de deslizarlo en el eje.

- **Colocación de la hélice**: se montará la hélice sobre el adaptador y se instalará la tuerca de sujeción, o los pernos correspondientes, con el par de apriete indicado en la documentación. Un pasador, similar al empleado en los ejes estriados, evitará que la tuerca de retención se afloje. En caso de utilizar pernos, se utilizará alambre de frenado. Como norma, las hélices instaladas en los ejes cónicos serán de paso fijo de madera y de pequeño diámetro.

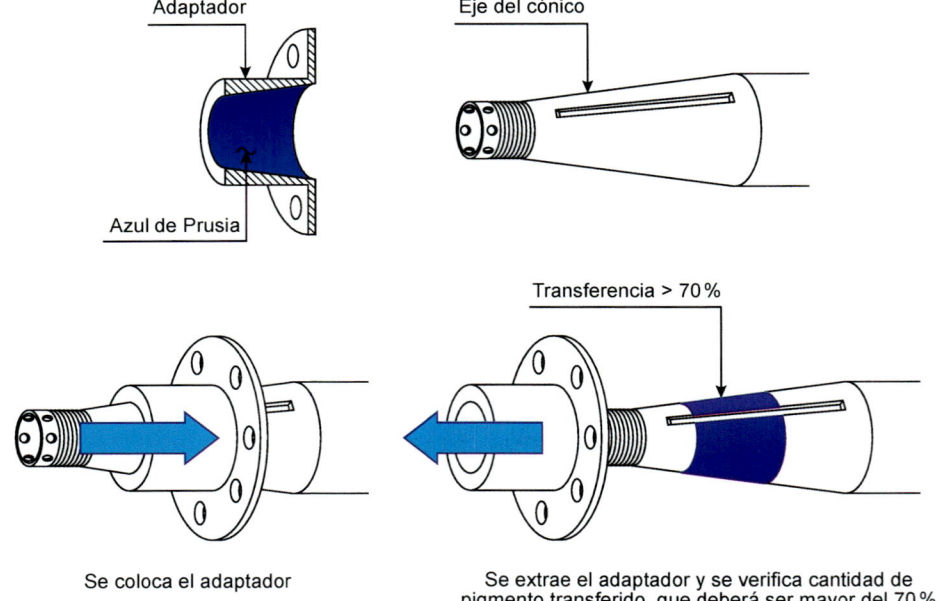

Figura 6.24. Comprobación del acoplamiento entre el eje cónico y el adaptador.

- **Spinner:** se instalará el *spinner* y resto de componentes.
- **Revisión postvuelo:** después del primer vuelo se realizará una inspección general de la hélice.

Como podemos suponer, la bajada de la hélice resulta una tarea mucho más sencilla que la instalación. No obstante, deberemos seguir paso a paso las instrucciones recogidas en el manual de mantenimiento y utilizar el utillaje indicado (grúas, soportes, etc.).

6.5. Reparación de hélices

Las técnicas de inspección y reparación empleadas dependerán del tipo de hélice (paso fijo, paso ajustable, paso variable), del material de construcción de las palas (madera, aluminio, composites) y del equipamiento que dispongan (tipo de *governor*, sistema *anti-icing* o *de-icing,* sistema de sincronización o de sincrofase, reversa, etc.). En este apartado vamos a describir procedimientos generales seguidos en la mayoría de las hélices, aunque en ningún caso sustituirán a los especificados en los manuales de mantenimiento y los boletines de servicio de cada una.

Por otra parte, debemos tener en cuenta que un buen número de reparaciones y ajustes solo se podrán efectuar en un centro especializado. En el mantenimiento de campo solo se podrán realizar reparaciones que denominamos menores.

6.5.1. Hélices de paso fijo de madera

Las hélices de madera son baratas y funcionales. Poseen una buena relación resistencia/peso y son fáciles de fabricar y de mantener. No obstante, se degradan en ambientes húmedos y bajo la acción de la luz ultravioleta y el calor. Y, aunque este envejecimiento es lento, es inevitable.

De forma general, se considera que el nivel de **humedad** ideal en la madera de la hélice está entre un 10 y un 12 %. No obstante, este nivel puede subir o bajar en función de las condiciones ambientales. Si la hélice gana humedad, se hincha, provocando que el par de apriete de los pernos que la unen al platillo de unión aumente. Si, por el contrario, la hélice pierde humedad, el par de apriete disminuye. Esta variación del par en función de la humedad es totalmente indeseada y nos obligará a verificar el par de apriete, al menos, cada 50 horas de vuelo. Las variaciones de temperatura también dilatarán y contraerán la madera, pero sus efectos son mucho menos severos que los derivados de las variaciones de humedad.

Por otra parte, de forma general, la distribución de la humedad a lo largo de la hélice será desigual. En tierra, la humedad tiende a ir a las partes bajas, por efecto de la gravedad, mientras que en vuelo se moverá hacia la punta de las palas por efecto de la fuerza centrífuga. Esta distribución desigual de la humedad puede causar desequilibrios y vibraciones en la hélice. De forma frecuente se medirá la humedad en tres puntos de cada pala, separados más de 30 cm, de tal manera que todas las mediciones tienen que quedar dentro del margen 10-15 % de humedad y la diferencia entre ellas no deberá ser mayor del 2 %.

Para **conservar** la hélice de madera de forma óptima debemos proceder como sigue:

- **Calor:** justo después de la parada del motor (motor de pistón), se girará la hélice para alejarla de sus zonas calientes. Se podrá dejar en posición vertical, horizontal o en ángulo, es indiferente siempre que se aleje de las partes calientes mientras el motor se enfría.

- **Posicionamiento en *parking*:** una vez que el motor se ha enfriado se girará la hélice hasta dejarla horizontal. Si se dejara vertical, la humedad se acumularía en mayor medida en la punta de la pala que está a las 6 y en la caña de la que está a las 12, desplazándose el centro de gravedad hacia abajo. Esta situación provocaría un desequilibrio importante, por lo que siempre se dejará en posición horizontal.

- **Fundas:** se cubrirá la hélice con unas fundas impermeables pero transpirables. Es conveniente que las fundas sean opacas y que no dejen pasar la luz ultravioleta.

- **Encerado:** es conveniente encerar la hélice al menos una vez al año, para tapar los poros y dificultar la absorción de humedad, tanto en las palas como en el cubo. Se deberá tener la precaución de no tapar los agujeros de drenaje que tiene la pala en sus puntas.

- **Limpieza periódica:** las palas de madera se limpiarán empleando una esponja no abrasiva humedecida en una disolución de agua y un jabón no alcalino. Se secará la pala con un paño suave, que no arañe las palas. Para la limpieza, se girará la hélice hasta la vertical y se limpiará la pala situada a las 6, moviendo la esponja hacia abajo, para evitar que el compuesto de limpieza resbale hasta el cubo, donde puede ser absorbido por capilaridad. Se evitará emplear equipos de limpieza a presión, ya que estos pueden romper los sellos y provocar que el líquido de limpieza penetre en el cubo o en otras cavidades. Si el avión opera cerca del mar, la limpieza deberá realizarse con mayor frecuencia si cabe, por el salitre presente en el aire.

- **Manejo en tierra:** cuando se desea mover la aeronave, nunca se tirará o empujará de la hélice, ya que se puede dañar. Esto es para todas las hélices, independientemente de cómo estén fabricadas.

- **Equilibrado:** se realizarán los equilibrados oportunos para disminuir la vibración suficientemente, tal y como se ha estudiado anteriormente.

En lo que respecta al proceso de **inspección** deberemos tener en cuenta los siguientes puntos:

- **Preparación:** la hélice deberá estar limpia antes de realizar las inspecciones. En este sentido, se limpiará la hélice como se ha explicado anteriormente.

- **Daños:** se realizará una inspección visual, con la ayuda de una linterna y una lupa, buscando grietas en la zona del cubo, muescas, cortes profundos transversales o paralelos a la fibra, delaminaciones, holguras entre los pernos de unión al eje y los agujeros practicados en el cubo, daños en los manguitos y cantoneras, entre otros (Figura 6.25).

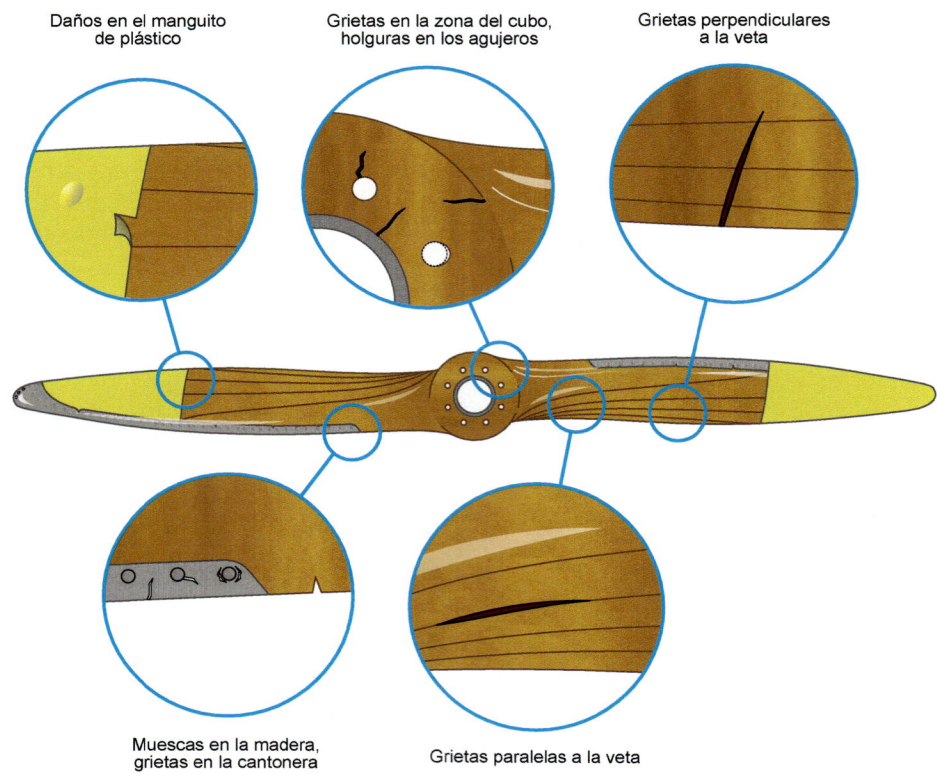

Figura 6.25. Daños habituales en las hélices de madera.

- **Tracking:** se verificará el *track* de la hélice.

- **Par de apriete:** se comprobará el par de apriete de los pernos o la tuerca de retención que une la hélice al eje, según corresponda.

En las hélices, ya sean de paso fijo de madera o de cualquier otro tipo, podemos distinguir entre tres niveles de reparaciones:

- **Reparaciones menores:** son aquellas que pueden ser acometidas por un LMA con conocimientos generales y utillaje común a pie de pista sobre la aeronave. La reparación de pequeñas grietas o muescas, que no requieren una gran eliminación de material, pertenece a este grupo. La gran mayoría de reparaciones se corresponden a este nivel.

- **Reparaciones mayores:** son aquellas en donde el daño no es solo superficial, si no que va más allá. A este grupo corresponde la reparación de defectos importantes en zonas críticas o que afecten a una gran área de la pala. En estas reparaciones se necesitará utillaje especial y solo se podrá llevar a cabo por un centro autorizado.

- **Reparaciones en fábrica:** solo se realizan en fábrica o en un centro autorizado debido a la extrema dificultad de devolver la aeronavegabilidad a la hélice. Los daños importantes que aparecen cuando una pala golpea en el suelo o con un objeto grande, o algunos daños en el cubo solo podrán ser solucionados por el fabricante.

De forma general, se pueden realizar las siguientes **reparaciones** en las hélices de madera:

- **Grietas paralelas a la veta:** se inyectará un adhesivo para madera. Transcurrido el tiempo de curado, se retocará la zona con papel de lija y se aplicará el barniz o recubrimiento correspondiente.

- **Daños en el manguito plástico:** podemos encontrarnos con grietas, ampollas, desconchones, arrugas, etc. en estos manguitos, siendo reparables todos ellos. Si el daño es menor de ¾ de pulgada, se aplicará una o varias capas de una laca especial. Una vez que la laca ha curado, no se debe apreciar la discontinuidad. Daños mayores a ¾ de pulgada serán remitidos a un centro especializado.

- **Grietas en la cantonera:** las grietas alrededor de los remaches que fijan la cantonera a la pala, suelen aparecer como consecuencia de daños en la madera por lo que se recomienda una inspección minuciosa de la zona. Si no se encuentran daños mayores, se volverán a soldar las juntas remache-cantonera. Si se aprecia deterioro en la madera se deberá mandar la hélice a un centro de mantenimiento especializado, donde desmontarán la cantonera para determinar la profundidad del daño.

- **Delaminaciones y grandes grietas:** las delaminaciones superficiales se podrán reparar en un centro especializado. Las delaminaciones internas no. Las grietas de gran tamaño, que requieren realizar un injerto a modo de refuerzo, solo se podrán acometer en centros especializados.

- **Remaches perdidos o con holgura:** los daños en los remaches que unen la cantonera a la pala también se podrán reparar, pero en un centro especializado.

Una vez finalizado el proceso de reparación se aplicará el recubrimiento correspondiente y se realizará un equilibrado estático.

En las hélices de madera también existen daños que no se pueden reparar. Son los siguientes:

- Grietas o cortes profundos transversales a la veta, así como daños importantes en el encastre o en la raíz de una pala.

- Pala partida o pérdida apreciable de una porción de madera de una pala.

- Delaminaciones o grietas en la estructura interna de la madera.

- Putrefacción en las palas o en el cubo.

- Deformación (flexión) excesiva en una pala.

- Rotura de los remaches de la cantonera de borde de ataque.

- Sobremedida del agujero del buje en hélices de paso fijo, grietas en el agujero del buje o de los pernos de unión al plato portahélice y holgura excesiva en estos mismos agujeros.

6.5.2. Hélices de paso fijo de aluminio

Las hélices construidas con aleaciones de aluminio tienen una mayor eficiencia y durabilidad que las construidas con madera. Y todo esto con un coste de mantenimiento reducido, lo que las ha hecho muy populares a lo largo de los años. Las principales tareas de mantenimiento son las siguientes:

- **Limpieza:** se limpiará la zona del cubo de la hélice con un paño suave humedecido en disolvente tipo *stoddard* (MIL-PRF-680 type I). De esta forma se eliminarán los restos de grasa, aceite y otros residuos. Las palas se limpiarán con una disolución de jabón neutro (ni ácido ni alcalino), frotando con un paño o con un cepillo suave de nailon para desincrustar la suciedad. Para el aclarado, se empleará agua corriente aplicada a chorro, apenas sin presión. En ningún caso se dejará secar la solución jabonosa sobre la hélice ni utilizar equipos de limpieza a presión. Finalmente se secará la hélice con un paño limpio y suave. Durante el proceso de limpieza de cada pala, estas deberán estar en la posición de las 6 en punto, para que los líquidos empelados escurran hacia el suelo y no hacia el cubo. Si la aeronave opera cerca del mar, con ambiente salino, la limpieza deberá realizarse con mayor frecuencia si cabe.

- **Aplicación de inhibidores:** es recomendable aplicar inhibidores de corrosión en ciertas zonas de la hélice, como el cubo y la unión de este al eje, sobre todo en aeronaves que operen en entornos desfavorables: ambiente salino, industrial, tareas agrícolas, etc. Se utilizarán inhibidores como el LPS3 o el Ardrox AV30.

- **Pulido del *spinner*:** se pulirá el *spinner* con un pulimento aprobado.

En lo que respecta al proceso de **inspección** debemos tener en cuenta los siguientes puntos:

- **Limpieza:** como norma, la hélice deberá estar limpia antes de iniciar la inspección, ya que la suciedad nos puede tapar posibles defectos o hacernos pensar que hay un daño que no existe realmente.

- **Inspección visual:** se realizarán inspecciones visuales sobre la hélice para verificar la ausencia de grietas, cortes, muescas, erosión, corrosión, deformación, holguras excesivas, etc. en las palas, el cubo y el *spinner* (Figura 6.26). Se comprobará el estado de los pernos y demás elementos de unión, y la existencia de pérdidas de aceite o grasa. Nos ayudaremos de una lupa (de cuatro aumentos, aproximadamente) y una linterna. Es importante tener en cuenta que las zonas más susceptibles de sufrir daños son el borde de ataque y la cara de la pala. Por otra parte, si se detectan manchas de aceite o grasa, se deberá determinar el origen de estas antes de realizar la limpieza, lo que facilita la detección de posibles daños.

- **NDI:** si durante la inspección visual intuimos la presencia de un daño, pero no estamos seguros, se puede recurrir a otros métodos de inspección no destructiva (NDI) para verificar el estado de la hélice, como los líquidos penetrantes, los ultrasonidos, las partículas magnéticas, los ultrasonidos o los rayos X, dependiendo del componente a inspeccionar.

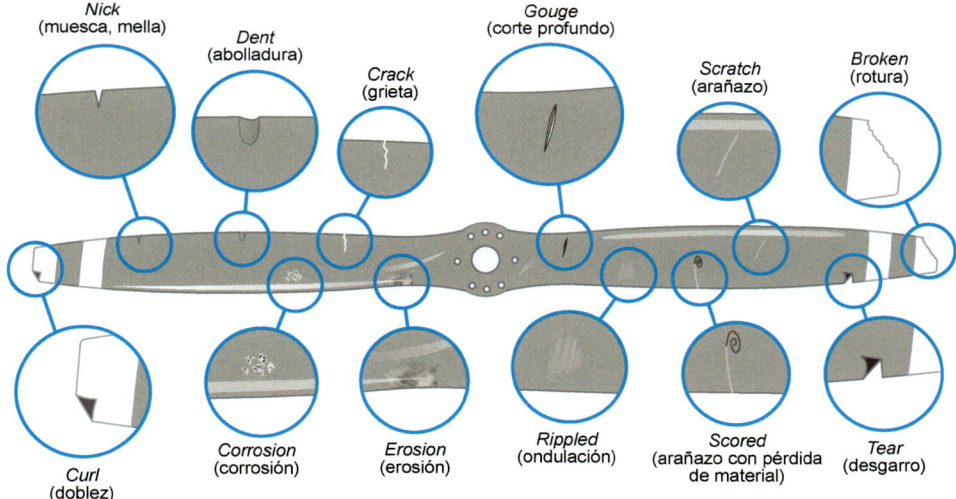

Figura 6.26. Designación de los daños que nos podemos encontrar en una hélice de aleación de aluminio.

Recuerda

Todas las hélices son susceptibles de recibir el impacto de un rayo. De hecho, son un punto habitual de entrada del rayo en la aeronave. Por tanto, cuando aparece esta circunstancia, se deberá inspeccionar la punta de las palas en busca del punto de entrada, que aparecerá quemado. También nos podemos encontrar con delaminaciones o cantoneras despegadas.

De forma general, las hélices de aluminio admiten las siguientes **reparaciones:**

- **Corrosión:** la corrosión leve se eliminará frotando con un estropajo o un cepillo suave humedecido con una disolución de ácido fosfórico (Alumiprep 33 o Bonderite C-IC33) o bien con un papel de lija de grano fino, dejando un acabado suave y progresivo (Figura 6.27). Una vez eliminada la corrosión, se realizará un tratamiento de conversión superficial con una disolución de ácido crómico (Alodine o Bonderite M-CR) que repondrá la protección de la zona y se pintará. Si se aprecia corrosión severa, el daño deberá ser evaluado y corregido en un centro de mantenimiento especializado.

- **Muescas, grietas, desgarros, cortes:** se corregirán quitando material de la pala, bien con una lija o una lima de forma manual o con ayuda de una amoladora, dejando un acabado suave y progresivo (Figuras 6.27 y 6.28). El vaciado que hemos realizado deberá estar orientado según el eje longitudinal de la pala y se deberá respetar la forma aerodinámica de esta (Figura 6.29). Se repasará la zona con un papel de lija cada vez más fino para dejar un buen acabado superficial. A continuación, se aplicará la protección frente a la corrosión (Alodine o Bonderite) y se pintará como proceda.

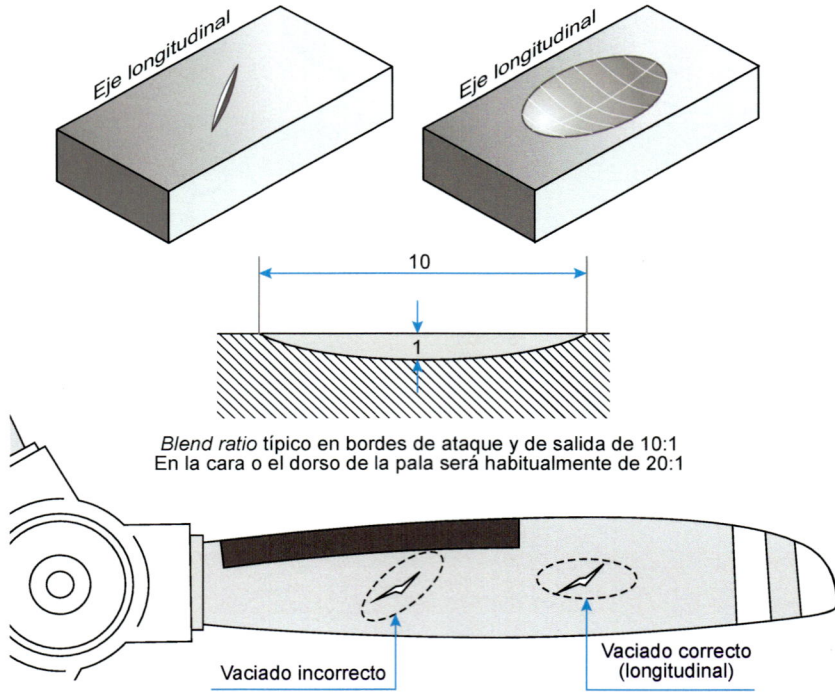

Figura 6.27. Al quitar material en una reparación se dejará un acabado suave, con un cambio de forma progresivo, y siempre en la dirección longitudinal a la pala. La relación entre la profundidad y el eje mayor del vaciado es típicamente de 20:1.

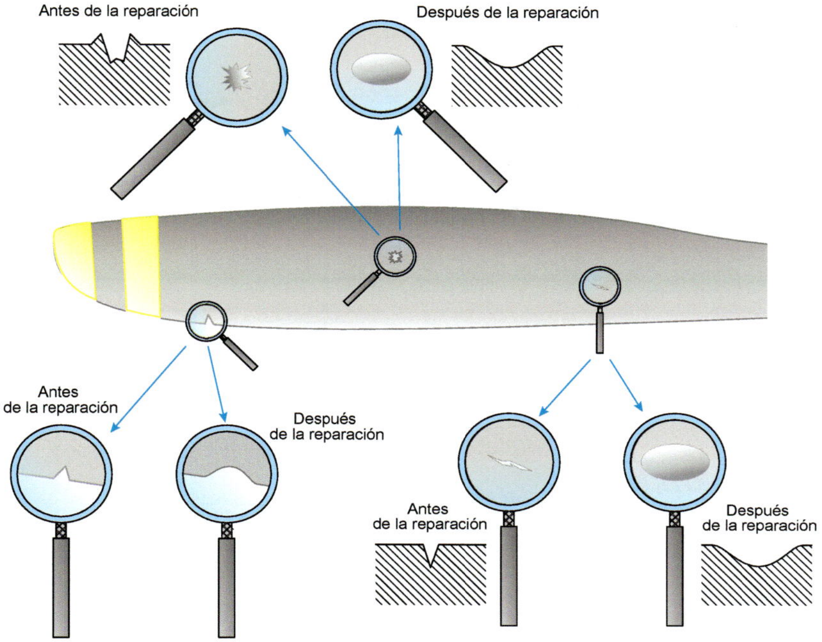

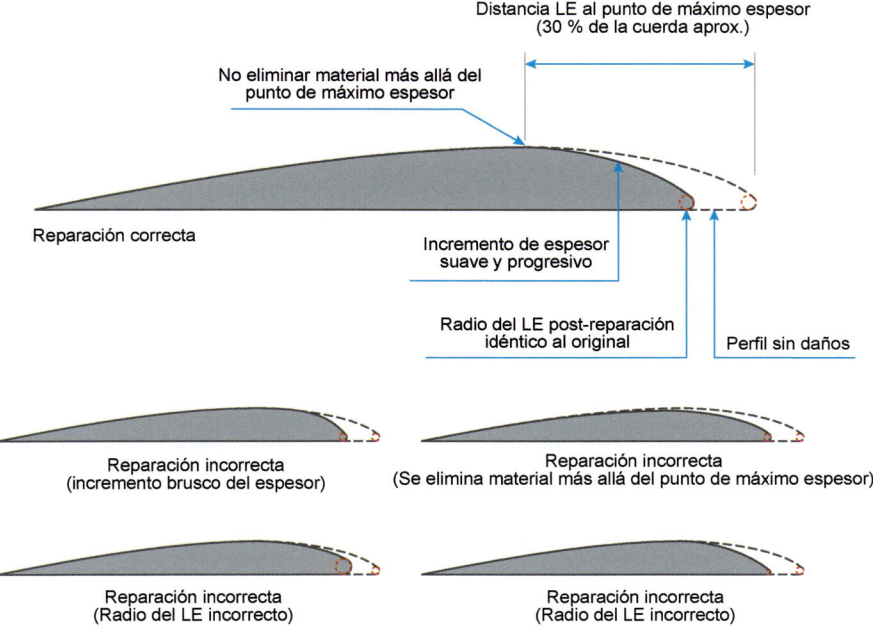

Antes de la reparación
Después de la reparación
Antes
de la reparación
Después
de la reparación
Antes
de la reparación
Después
de la reparación
Tamaño máximo del vaciado: 1/16 de pulgada de profundidad, 3/8 de pulgada de ancho y 1 pulgada de longitud.

Figura 6.28. Reparaciones típicas en palas de aluminio.

Distancia LE al punto de máximo espesor
(30 % de la cuerda aprox.)
No eliminar material más allá del
punto de máximo espesor
Reparación correcta
Incremento de espesor
suave y progresivo
Radio del LE post-reparación
idéntico al original
Perfil sin daños
Reparación incorrecta
(incremento brusco del espesor)
Reparación incorrecta
(Se elimina material más allá del punto de máximo espesor)
Reparación incorrecta
(Radio del LE incorrecto)
Reparación incorrecta
(Radio del LE incorrecto)

Figura 6.29. Normas que se deberán respetar cuando se elimina material del borde de ataque durante una reparación en una pala de aleación de aluminio.

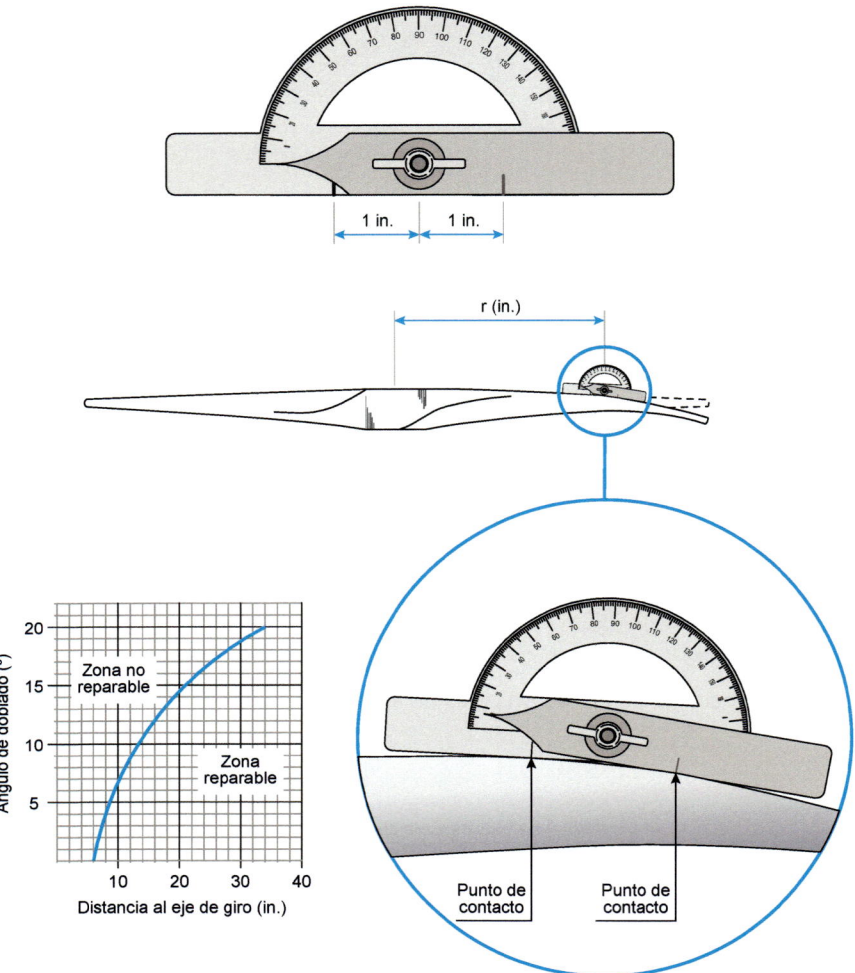

Figura 6.30. Las palas de aluminio dobladas se podrán enderezar siempre que la deformación quede dentro de los límites de reparabilidad definidos por el fabricante en el manual correspondiente.

- **Pala doblada:** si una pala está ligeramente doblada, será posible enderezarla siempre que el ángulo que se ha deformado sea inferior al indicado por el fabricante, en función de lo lejos que esté del eje de giro de la hélice (Figura 6.30). En la documentación técnica aparecerá una gráfica que indica los límites de reparabilidad de la pala en este sentido: por debajo de la curva se podrá enderezar la pala, por encima no.

Los daños en la zona de la raíz de la pala son reparaciones mayores y deberán ser evaluados por personal especializado ya que pueden provocar un fallo estructural catastrófico. En este caso, si fuera posible la reparación, solo se podrá llevar a cabo en centros aprobados por el fabricante. Mención especial requieren las grietas de fatiga transversales a la pala detectadas en la zona de la raíz. En caso de detectarse este tipo de daño, no hay reparación posible y se deberá cambiar la hélice (o la pala) por otra en buen estado.

Sabías que...

En cada reparación de una pala de aluminio se eliminará material. Este proceso no se puede repetir indefinidamente, ya que la resistencia mecánica de la hélice se resiente. En ocasiones, se establece un peso mínimo que debe tener la hélice para poder seguir funcionando.

6.5.3. Hélices de paso fijo de materiales compuestos

Las hélices fabricadas con materiales compuestos son las que mejores características presentan. Son ligeras, resistentes, no se corroen y tienen una alta reparabilidad. Para mantenerlas en buen estado, deberemos realizar las siguientes tareas:

- **Limpieza:** se limpiará la hélice diariamente para eliminar restos de suciedad, aceite o grasa, utilizando solo los productos y métodos aprobados por el fabricante. Como norma, se frotará una disolución jabonosa no alcalina sobre la pala con ayuda de un estropajo o un cepillo suave, se aclarará con agua corriente a baja presión y se secará con un paño que no arañe la superficie de la pala. También se puede utilizar metil n-propil cetona MPK o alcohol isopropílico para eliminar restos de aceite. Se deberán evitar disolventes más agresivos para evitar daños en la matriz del composite. Para la limpieza, se girará la hélice hasta la vertical y se limpiará la pala situada a las 6, moviendo la esponja hacia abajo, para evitar que el compuesto de limpieza resbale hasta el cubo, donde puede ser absorbido por capilaridad. Se evitará emplear equipos de limpieza a presión, ya que estos pueden romper los sellos y provocar que el líquido de limpieza penetre en el cubo o en otras cavidades. Si el avión opera cerca del mar, la limpieza deberá realizarse con mayor frecuencia si cabe, por el salitre presente en el aire.

- **Inspección:** se comprobará la presencia de grietas, muescas, erosión, ampollas y delaminaciones.

- **Verificación del par de apriete:** se comprobará el par de apriete en la inspección anual o de las 100 horas.

En general, la **inspección** de las hélices de composite se realizará de la siguiente forma:

- **Inspección visual:** se comprobará la existencia de cortes, muescas, ampollas, erosión o delaminaciones. Como norma, si las muescas tienen una profundidad menor a 0,020 pulgadas y se encuentran a más de 5,00 pulgadas del eje de la hélice, no se repararán hasta el siguiente *overhaul* siempre que no se observen delaminaciones.

Se pasará un papel de lija por las muescas que pudieran aparecer en la cantonera metálica del borde de ataque, solo para matar los bordes afilados y eliminar rebabas. Si aparecen varias grietas en la cantonera o estas son de una longitud importante, se deberá enviar la hélice a un centro especializado para que le realicen un *overhaul*.

- **Tap test:** para buscar delaminaciones se puede recurrir a un *tap test*. Este ensayo consiste en golpear la pala con una «moneda» de gran tamaño o con un martillo para escuchar cómo suena la pala. Si las láminas están correctamente pegadas el sonido será largo, mientras que si hay delaminaciones aparecerá un ruido sordo, que suena poco y sin timbre claro, que se apaga más rápido. Esta prueba se realiza a lo largo de la cantonera de borde de ataque y lo largo de la propia pala.

Se podrán acometer las siguientes reparaciones:

- **Botas del *de-icing* o del *anti-icing*:** cuando están dañadas, las botas del sistema antihielo se deberán cambiar por otras en buen estado. También se podrán cambiar las resistencias eléctricas y el cableado. El procedimiento para despegar la bota y pegar la nueva estará definido en la documentación técnica.

- **Cantoneras antierosión:** como las botas, se podrán despegar si tienen daños graves para pegar nuevas cantoneras en perfecto estado.

- **Grietas, muescas, delaminaciones, ampollas:** los daños en las palas se pueden reparar eliminando el material dañado y pegando láminas nuevas de fibra y resina. Para que el pegado de las telas nuevas sea perfecto se requiere aplicar presión con una bolsa de vacío y calor con una manta térmica. De esta forma, las palas recobran su forma y resistencia original. Ya no hay límite de peso como en las de aluminio. Así pues, las hélices de composite admiten reparaciones prácticamente sin fin.

6.5.4. Hélices de paso ajustable en tierra

El mantenimiento realizado sobre una hélice de paso ajustable en tierra dependerá en gran medida del material de fabricación de las palas. Las técnicas empleadas serán idénticas a las que acabamos de estudiar para palas de madera, aluminio o materiales compuestos.

El cubo se construye habitualmente con aleación de aluminio, requiriendo las siguientes acciones de mantenimiento:

- **Corrosión:** se inspeccionará el cubo en busca de corrosión. Si se detecta, se eliminará con un papel de lija dejando un acabado suave y progresivo. Posteriormente se realizará un tratamiento de conversión superficial con ácido crómico (Alodine o Bonderite) y se pintará.

- **Holguras:** se moverán las palas adelante y atrás y de izquierda a derecha para verificar si existe algún tipo de juego u holgura.

- **Grietas:** si se sospecha que puede existir una grieta en el cubo, se realizará una inspección con líquidos penetrantes (Figura 6.31).

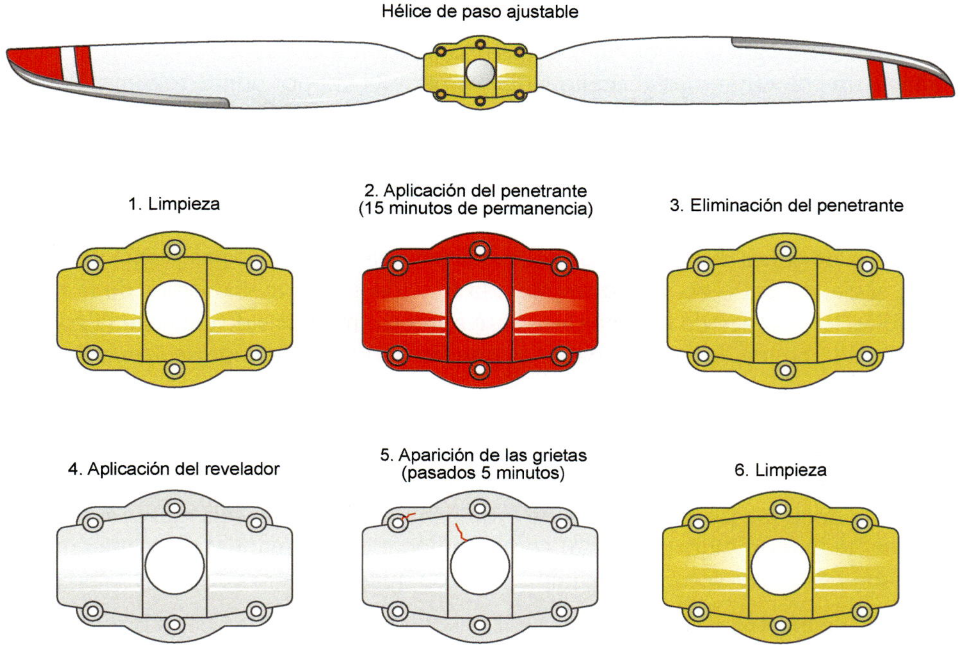

Figura 6.31. Proceso de inspección con líquidos penetrantes del cubo de una hélice de paso ajustable en tierra.

- **Comprobación dimensional:** en la inspección anual o de las 100 horas se verificarán las dimensiones del cubo, los pernos y los agujeros donde estos se alojan. Cualquier daño que aparezca en los pernos motivará su sustitución.

- **Ajuste del paso:** la diferencia entre el paso de cada pala no podrá exceder los 0,1°. De igual modo, cada pala no podrá exceder los 0,1° respecto al paso requerido. El ajuste del paso se realizará tal y como hemos estudiado con anterioridad.

6.5.5. Hélices de velocidad constante

Las hélices de velocidad constante requieren una mayor atención y cuidados que las de paso fijo o las de paso ajustable en tierra. En estas hélices nos podemos encontrar con los siguientes problemas específicos:

- **Pérdidas de aceite:** el sistema de cambio de paso de la gran mayoría de las hélices es hidráulico, emplea el aceite de lubricación del propio motor. Si las juntas o sellantes se dañan, la hélice perderá aceite, lo que no es admisible. En algunos casos, se puede cambiar la junta dañada sin desmontar la hélice de la aeronave, en otros, se deberá bajar la hélice para enviarla a un centro de mantenimiento especializado. En ocasiones, los sellos recién puestos pierden algo de aceite, ya que necesitan de un periodo de adaptación (unas 10 horas de vuelo, aproximadamente). Si los sellos y las juntas están en correcto estado, pero aun así la hélice pierde aceite, es posible que exista una grieta en el cubo (Figura 6.32). Para localizar estas grietas se puede añadir un colorante rojo al aceite, que nos permita ver por dónde rezuma. También se puede realizar un ensayo de líquidos penetrantes, de corrientes inducidas o de partículas magnéticas (Hartzell con cubo de acero), si así lo indica el manual de la hélice. La reparación de estas grietas, en caso de ser posible, es una tarea mayor, por lo que solo se podrá afrontar en un centro especializado.

- **Pérdidas de grasa:** distintas partes del mecanismo de cambio de paso están lubricadas con grasa. La grasa no solo disminuye la fricción en los mecanismos de la hélice, también los protege de la corrosión. Si se aprecian manchas de grasa en la zona del cubo de la hélice, lo más probable es que las boquillas de engrase *(zerk)* se hayan aflojado, dañado o perdido. Las pérdidas de grasa también pueden deberse a que los pernos que unen las dos mitades del cubo se hayan aflojado (tendremos que darles el par de apriete correspondiente) o que la junta situada entre ambas se haya dañado. Otra posibilidad es que se haya realizado un engrase excesivo. Se engrasará la hélice cada doce meses o 100 horas de funcionamiento o cada seis meses si opera en ambiente marino (humedad y sal en el ambiente). En el manual de mantenimiento de cada hélice se especificará el tipo de grasa que se deberá emplear en cada caso.

- **Pérdida de presión de gas:** algunas hélices abanderables utilizan gas a presión (aire o nitrógeno) para aumentar el ángulo de paso de las palas. Si esta presión es insuficiente,

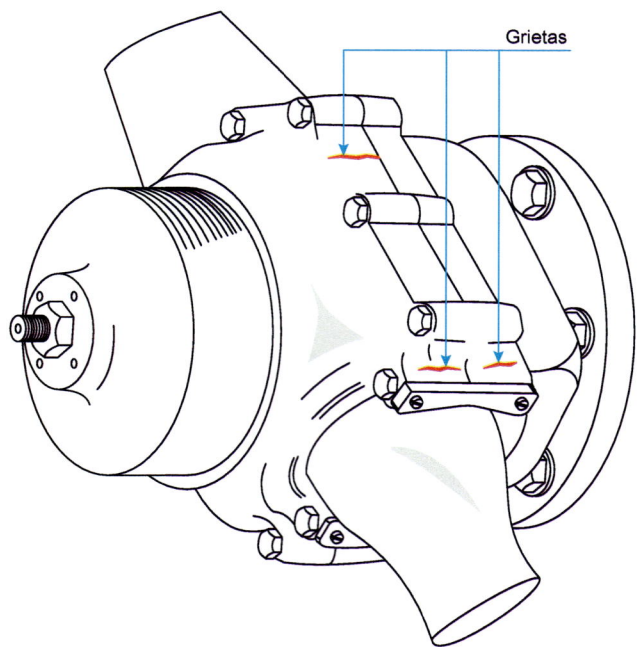

En cubos de acero, se podrá realizar una inspección de partículas magnéticas *(gnaflux)*.

Figura 6.32. Ubicación típica de grietas en el cubo de la hélice.

la hélice tendrá problemas para abanderarse y tendencia a la sobrevelocidad durante el funcionamiento en crucero. Por el contrario, si la presión es excesiva, la hélice tendrá dificultad para alcanzar las rpm máximas y una gran tendencia al abanderamiento. Se comprobará la presión si tenemos alguno de estos problemas y en la inspección de las 100 horas o mensual. Para ello, la hélice deberá estar bloqueada por los pasadores de paso mínimo y se cargará el gas a la presión indicada (Figura 6.33).

- **Acumulador:** muchos aviones se ayudan de un acumulador para la salida de bandera en vuelo. La presión de este acumulador se verificará cada 50 horas de vuelo o 6 meses (lo que se alcance primero). La presión típica del gas del acumulador será de 15 a 25 psi.

- **Holguras en las palas:** puede aparecer un poco de holgura en la fijación de las palas al cubo de la hélice. Se verificará el *blade shake* y el *blade twist* (Figura 6.34) para determinar si está dentro de los límites definidos en la documentación. Algunos fabricantes admiten un ligero *blade shake,* ya que desaparece cuando la hélice está

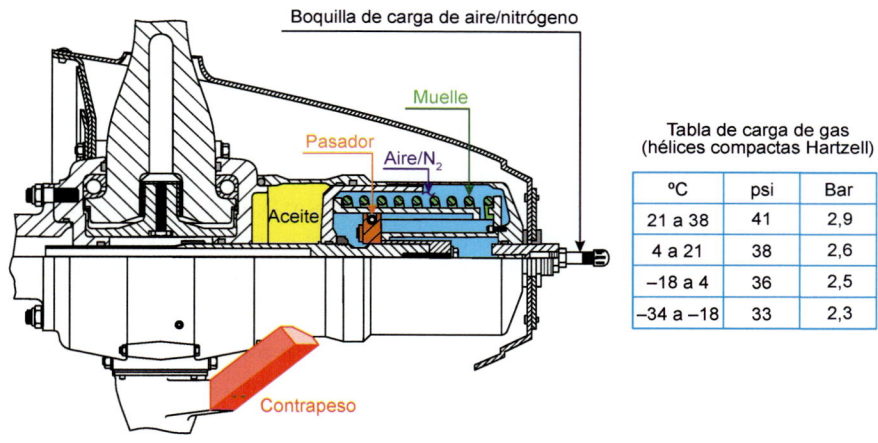

Tabla de carga de gas (hélices compactas Hartzell)		
ºC	psi	Bar
21 a 38	41	2,9
4 a 21	38	2,6
−18 a 4	36	2,5
−34 a −18	33	2,3

Figura 6.33. Carga de gas (aire o nitrógeno) en algunas hélices.

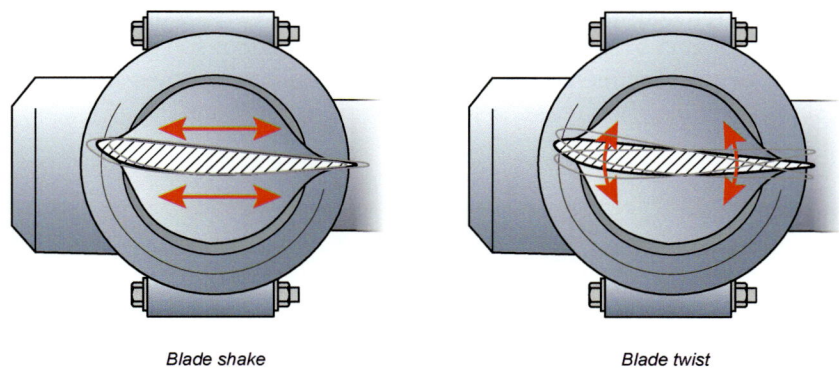

Blade shake   Blade twist

Figura 6.34. Holgura en el montaje de las palas *(blade shake & blade twist).*

girando gracias a la elevada fuerza centrífuga, mientras que el *blade twist* máximo es de 1,0°, típicamente.

- **Sobrevelocidad y par excesivo:** dependiendo del tiempo que dure la sobrevelocidad *(overspeed)* o el par excesivo *(overtorque),* y de su magnitud, se deberán realizar unas inspecciones u otras. El modelo de motor y de aeronave también condicionan las acciones a realizar. Las posibles reparaciones se adaptarán a cada caso.

- **Daños en las palas:** dependiendo del material de fabricación, los daños en las palas (grietas, muescas, corrosión, delaminaciones, impacto de rayo, botas dañadas, etc.) se corregirán de una forma u otra. En este caso podemos aplicar todo lo estudiado para hélices de paso fijo de aluminio o materiales compuestos, según proceda.

- *Track:* se verificará el *track* de la hélice de forma periódica.

- **Equilibrado:** se realizará el equilibrado estático y dinámico tal y como hemos estudiado en esta misma unidad.

- **Ajuste del paso mínimo:** el paso mínimo de la hélice está íntimamente relacionado con las rpm máximas. Si el paso mínimo es excesivo, la hélice tendrá problemas para acelerar hasta las rpm requeridas. En cambio, si es insuficiente, la hélice tendrá tendencia a la sobrevelocidad. En la Figura 6.20 se aprecia el tornillo de ajuste del paso mínimo en hélices Hartzell compactas.

- *Governor:* se ajustarán las rpm máximas y mínimas con los tornillos correspondientes. Si giramos en sentido horario el tornillo de rpm máximas, estas disminuirán. Si giramos en sentido horario el tornillo de rpm mínimas, estas aumentarán. También se comprobará si el *governor* ha perdido aceite y que los links están firmemente acoplados y sin holguras.

- **Tacómetro:** se verificará que el tacómetro de la hélice indica correctamente y que tiene las marcas (rpm máximas, rpm prohibidas, etc.) correctamente colocadas. Típicamente se exige una precisión de más/menos 10 rpm. Esta verificación se hace en todos los tipos de hélice, también en las de paso fijo.

- *Hunting & Surging:* se conoce como *hunting* a una leve variación cíclica de las rpm entorno a las seleccionadas por el piloto. Por su parte, el *surging* está caracterizado por una variación considerable de las rpm entorno a las seleccionadas, que desaparece después de una o dos oscilaciones. Si estos fenómenos son excesivos se deberá comprobar el funcionamiento del *governor,* de la unidad de combustible del motor y del sincronizador o sincrofase, si se dispone de este sistema.

Sabías que...

En las hélices hidromáticas Hamilton Standard (Hamilton Sundstrand) no tendremos problemas de pérdidas de grasa ya que carecen de ella. Se lubrican completamente con aceite.

6.1. ¿Qué tipo de desequilibrio aparecerá cuando el centro de gravedad de la hélice no se encuentra sobre el eje de giro?

6.2. Si la hélice no está equilibrada estáticamente, ¿puede estarlo dinámicamente?

6.3. Si la hélice no está equilibrada dinámicamente, ¿puede estarlo estáticamente?

6.4. El desequilibrio _____ (horizontal/vertical) tiene su origen en una incorrecta distribución de masas en la zona del cubo.

6.5. El desequilibrio _____ (horizontal/vertical) tiene su origen en una incorrecta distribución de masas en las palas (una pala pesa más que la otra).

6.6. ¿Cómo se corrige el desequilibrio vertical en una hélice de paso fijo de madera con cantoneras de borde de ataque?

6.7. ¿Cómo se corrige el desequilibrio horizontal en una hélice de paso fijo de aluminio?

6.8. ¿Es obligatorio realizar el equilibrado dinámico de todas las hélices?

6.9. ¿Qué tipo de equilibrado se realiza con la hélice instalada en el avión?

6.10. Un nivel de vibración *very rough* se corresponde con _____ IPS.

6.11. ¿Qué nivel de vibración se percibe por el pasaje y la tripulación, pero es soportable para la planta de potencia?

6.12. El máximo nivel de vibración permitido después de realizar un equilibrado dinámico es de _____ IPS.

6.13. La mayoría de los centros de mantenimiento que realizan equilibrados dinámicos garantizan un nivel de vibración de _____ IPS.

6.14. ¿Cómo se deberá colocar el avión antes de proceder a realizar un equilibrado dinámico?

6.15. ¿Qué velocidad máxima puede tener el viento relativo para que el equilibrado dinámico sea posible?

6.16. ¿Para qué se instala un segundo captador de vibraciones durante el equilibrado dinámico?

6.17. ¿Qué tipo de captador de vibraciones es el más utilizado en los equilibrados dinámicos?

6.18. ¿Dónde se puede pegar la cinta reflectante empleada en el equilibrado dinámico?

6.19. ¿Cuál es el número máximo de arandelas que podemos añadir en un mismo punto para equilibrar dinámicamente una hélice?

6.20. ¿Con qué dos situaciones derivadas del desequilibrio aerodinámico nos podemos encontrar?

6.21. En el cubo de una hélice vemos una etiqueta que indica «# 1 T SET 0°40' Coarse». ¿Qué quiere decir esto?

6.22. ¿Qué equipo es capaz de indicar en qué momento del giro de la hélice se produce una vibración?

6.23. ¿Qué bloqueos nos encontramos en un *propeller protractor*?

6.24. En una hélice de paso ajustable, ¿cuál es la diferencia máxima permitida entre los ángulos de paso de cada pala?

6.25. ¿Cómo se aumentará el ángulo de paso mínimo en una hélice Hartzell compacta?

6.26. ¿Qué es el *track* de la hélice?

6.27. En hélices metálicas de poco diámetro, el *track* máximo permitido será de _____ pulgadas.

6.28. El *track* máximo permitido en hélices de madera es _____ (menor/igual/mayor) que en hélices de aluminio.

6.29. ¿Qué precauciones deberemos tener en cuenta cuando realizamos el *track* a una hélice montada sobre un motor de pistón?

6.30. En hélices bipala, la posición más cómoda y segura para llevar a cabo la instalación suele ser con una pala a las _____ y otra a las _____.

6.31. ¿Cómo se corregirá la situación de *bottom* en el cono trasero de un eje estriado?

6.32. ¿Qué porcentaje de superficie de contacto deberá haber, como mínimo, entre el adaptador de la hélice y un eje cónico?

6.33. ¿Qué desventajas presenta la madera como material de fabricación de hélices?

6.34. El nivel de humedad ideal en la madera de la hélice está entre un _____ % y un _____ %.

6.35. Si una hélice de madera absorbe humedad, el par de apriete de los pernos que la unen al platillo de unión _____ (disminuirá/aumentará).

6.36. ¿Qué zonas acumulan más humedad en una hélice de madera durante el vuelo?

6.37. ¿En qué posición se deberá dejar la hélice justo después de la parada del motor?

6.38. ¿En qué posición se deberá dejar la hélice de madera en tierra?

6.39. ¿Qué características deberán tener las fundas empleadas para cubrir las hélices de madera?

6.40. ¿Qué tipo de jabón se emplea en la limpieza de las hélices de madera?

6.41. ¿En qué posición se colocará la pala de una hélice de madera para su limpieza?

6.42. ¿Cómo influye la cercanía del mar en la limpieza de la hélice?

6.43. ¿Es posible utilizar la hélice para tirar o empujar durante el movimiento del avión en pista?

6.44. Las reparaciones _____ (menores/mayores) de las hélices se pueden llevar a cabo por un técnico con conocimientos generales de mantenimiento.

6.45. Las hélices construidas con aleaciones de aluminio tienen una _____ (menor/mayor) eficiencia y durabilidad que las construidas con madera.

6.46. ¿Qué tipo de disolvente se emplea de forma habitual para limpiar restos de aceite en el cubo de una hélice de aluminio?

6.47. ¿Qué producto se utilizará en la limpieza de las palas de aluminio?

6.48. En un proceso de limpieza de una hélice de paso fijo de aluminio, ¿cómo se realizará el aclarado?

6.49. Durante el proceso de limpieza de cada pala de aluminio, estas deberán estar en la posición de las _____ en punto.

6.50. ¿Qué inhibidores se utilizan habitualmente para proteger el cubo de una hélice con palas de aluminio?

6.51. En bordes de ataque, el *blend ratio* típico es de _____:1, mientras que en la cara y el dorso de la pala será de _____:1.

6.52. El *tap test* se realiza esencialmente en hélices de _____ (madera/aluminio/composite).

6.53. En las palas de aluminio, la corrosión leve se eliminará frotando con un estropajo o un cepillo suave humedecido con una disolución de ácido _____.

6.54. ¿Qué es el Alodine?

6.55. ¿Dónde es más factible la reparación de una pala doblada, hacia la raíz o hacia la punta?

6.56. En palas de aluminio, ¿cómo se repararán las grietas transversales a la pala detectadas en la zona de la raíz?

6.57. ¿Qué disolventes se emplean comúnmente para eliminar restos de aceite de palas de materiales compuestos?

6.58. ¿Cómo se aplica presión habitualmente durante las reparaciones de palas de composite?

6.59. Los daños en las palas de _____ (madera/aluminio/composite) se pueden reparar eliminando el material dañado y pegando láminas nuevas de fibra y resina.

6.60. ¿Qué tres productos específicos se necesitan en una inspección con líquidos penetrantes del cubo de una hélice de paso ajustable?

6.61. Respecto a la carga de gas en una hélice de velocidad constante abanderable, cuanto mayor sea la temperatura _____ (menor/mayor) será la presión.

6.62. En hélices de velocidad constante, se engrasará el cubo cada _____ meses o _____ horas de funcionamiento o cada _____ meses si opera en ambiente marino (humedad y sal en el ambiente).

6.63. Si la presión del gas en una hélice abanderable es insuficiente, ¿qué problemas aparecerán?

6.64. ¿Qué paso deberá tener una hélice abanderable para realizar la carga de gas?

6.65. La presión típica del gas del acumulador será de _____ a _____ psi.

6.66. El movimiento que aparece cuando tiramos manualmente hacia delante y hacia atrás de la pala se denomina *blade* _____.

6.67. El *blade twist* máximo de una pala es de _____ grados típicamente.

6.68. El paso mínimo de la hélice de velocidad constante está íntimamente relacionado con las rpm _____ (mínimas/máximas).

6.69. En el *governor,* si giramos en sentido horario el tornillo de rpm máximas, estas _____ (disminuirán/aumentarán). Si giramos en sentido horario el tornillo de rpm mínimas, estas _____ (disminuirán/aumentarán).

6.70. ¿Qué precisión debe tener típicamente el tacómetro de la hélice?

6.71. Se conoce como _____ a una leve variación cíclica de las rpm entorno a las seleccionadas por el piloto.

Almacenamiento y conservación de hélices

Las tareas de preservación y almacenamiento de las hélices son una parte fundamental de su mantenimiento. Protegiéndolas adecuadamente en periodos de inactividad evitaremos la degradación de la hélice, lo que deriva en una mejora de la seguridad y en un beneficio económico. El método de conservación dependerá del tipo de hélice (paso fijo, velocidad constante, sistema antihielo equipado, etc.), de si esta se encuentra instalada en el avión o la hemos desmontado, y del tiempo de inactividad.

7.1. Hélice instalada en el avión

Con la hélice montada en el avión, podemos distinguir entre tres niveles de **preservación:**

- **Vuelos frecuentes** *(flyable storage):* de forma general, decimos que la aeronave opera frecuentemente cuando realiza al menos un vuelo al mes con una duración mínima de 30 minutos. En este caso, se realizará a la hélice el mantenimiento habitual: se limpiará regularmente, se engrasará, se le aplicarán los compuestos anticorrosión correspondientes en los elementos metálicos (MIL-C-16173 type II o MIL-C-8188), se encerarán las palas de madera, etc. La frecuencia de estas operaciones dependerá del tipo de hélice y del medio (humedad, contaminantes, salitre, etc.), pero podemos decir, de forma general, que se engrasará la hélice cada seis meses o menos. Por otro lado, se deberán colocar las fundas protectoras a las palas y el *spinner,* para prevenir la corrosión y erosión de la hélice (Figura 7.1). Estas fundas son impermeables, transpirables, hidrófobas, opacas y resistentes a los rayos UV, fabricándose habitualmente con una tela acrílica conocida como *sunbrella* o con un tejido a

Figura 7.1. Hélice con las palas protegidas con las fundas correspondientes.

base de poliéster forrado con una suave tela de microfibra para evitar arañazos en los componentes de la hélice. Las fundas ofrecen además cierto aislamiento térmico, lo que ayuda a mantener la temperatura de la hélice algo más estable. También será importante atar las palas de la hélice a la estructura del avión, por medio de correas de nailon, para evitar que el viento la haga girar (Figura 7.2). Por último, se debe tener en cuenta que, en una hélice bipala de madera, es conveniente girarla 180° de forma periódica, para que la humedad no se acumule en la parte baja de cada pala (recordemos que la hélice deberá estar en posición horizontal).

- **Inactividad temporal** *(temporary storage):* en este caso se prevé que el avión no vuele durante 90 días. Se colocarán las fundas sobre la hélice y el *spinner* y se realizarán los engrases en los plazos establecidos (al menos una vez cada seis meses). Se realizarán inspecciones periódicas para comprobar que no haya corrosión ni pérdidas de aceite. Durante la inspección se girará la hélice a mano, siempre en el sentido habitual de giro para no dañar las escobillas del sistema *de-icing*. En ciertos motores, este giro provoca que la bomba de lubricación también gire, moviendo el aceite por los mecanismos internos de la planta de potencia. De esta forma, se renueva la película protectora de aceite en engranajes, ejes, cojinetes, etc. En este sentido, Hamilton Sundstrand exige que cada semana se gire la hélice una vuelta y media (420°). En otras ocasiones, debemos poner en marcha el motor durante unos minutos, para así mover el aceite (una vez cada 45 días en el Saab S2000, por ejemplo). Y en hélices que se abanderan y desabanderan mediante una bomba eléctrica, se podrá activar esta bomba sin necesidad de poner en marcha el motor. Si la hélice es de madera, se recomienda bajarla del avión, sobre todo si se prevé que las temperaturas sean especialmente bajas, con frío y nieve, o especialmente altas.

Figura 7.2. Detalle de las correas de seguridad que evitan el giro de la hélice cuando el avión está en tierra (Airbus A400M).

- **Inactividad total** *(indefinite storage):* se cambiará el aceite del motor por aceite de preservación (MIL-C-6529 type II) y se pondrá a funcionar la planta de potencia durante unos minutos hasta conseguir que todos los componentes internos del motor y de la hélice, quedan totalmente impregnados. En ciertas ocasiones, no será necesario cambiar el aceite y bastará con añadir un aditivo de preservación como el VCI-10 o equivalente. En algunas hélices, será necesario aliviar la presión de aceite del cubo abriendo el tapón correspondiente una vez que el motor se ha detenido, para evitar sobresfuerzos a los sellos. A continuación, se aplicarán compuestos inhibidores de corrosión en las zonas externas de los componentes metálicos y se cubrirán con papel parafinado, así como con varias bolsas desecantes de gel de sílice, convenientemente repartidas, para absorber la humedad. Finalmente se colocarán las fundas protectoras. Cada cierto tiempo se procederá a inspeccionar la hélice para comprobar que no haya corrosión y se reaplicarán los compuestos inhibidores (tanto interior como exteriormente). Es importante tener en cuenta que, antes de volver a entrar en servicio, se deberá realizar a la hélice un proceso de despreservación, para eliminar todos estos compuestos protectores.

> ## Recuerda
>
> No se deben aplicar los inhibidores de corrosión sobre las superficies plásticas o de goma, como las botas del sistema antihielo, ya que las puede deteriorar.

7.2. Hélice desinstalada

En ocasiones será necesario bajar la hélice del avión para repararla, modificarla, mandarla a un *overhaul* (reacondicionamiento) o, directamente, para sustituirla por otra. Para que se conserve en perfecto estado y evitar su deterioro, hay que preservar la hélice y guardarla dentro de un contenedor apropiado. De forma general, debemos seguir las siguientes pautas:

- **Desmontaje de la hélice:** para bajar la hélice del avión, esta se izará empleando el utillaje indicado en el manual. De igual modo, si solo se necesita desmontar una pala, también se utilizará el útil específico.

- **Condiciones:** la hélice se preservará de forma óptima a una temperatura moderada, en un ambiente seco y libre de polvo y arena.

- **Preparación para almacenaje o envío:** si la hélice se va a almacenar durante un tiempo, o se la va a transportar a otro lugar, se deberá preservar adecuadamente dentro de un embalaje especialmente diseñado. En primer lugar, se limpiará y engrasará la hélice, aplicando a continuación el aceite de preservación y los inhibidores de corrosión que correspondan. Se colocará la hélice, apoyada en la parte trasera de su cubo, en posición horizontal en la caja de almacenamiento y se recubrirá con trozos de espuma impregnada en un inhibidor de la corrosión o en papel encerado, colocando bolsas de gel de sílice entre medias. Seguidamente se envolverá perfectamente todo el conjunto con un film plástico termorretráctil (Cortec VpCI *shrink film*). A continuación, se aplicará calor al film plástico para sellarlo y que se contraiga. Finalmente se introducirán más bolsas de gel de sílice en la caja y se pondrá la tapa. En algunas cajas de preservación metálicas es posible extraer el aire del interior e inyectar nitrógeno, protegiendo la hélice más si cabe. En el exterior del embalaje se colocará una etiqueta identificativa (con el PN y fecha de embalado) y otra de «frágil», y se indicará qué parte de la caja debe ir hacia arriba (no debemos darle la vuelta).

- **Colocación en estanterías:** las cajas donde se han almacenado las hélices se colocarán en estanterías, lejos de la humedad del suelo. Se permitirá la circulación de aire alrededor de las cajas. Algunas hélices bipala se pueden almacenar directamente sobre la estantería, colocadas en posición horizontal. Las de madera, además, deben almacenarse totalmente a oscuras.

- **Conexiones eléctricas:** se limpiarán y se les aplicará un compuesto de preservación (vaselina o similar). Se colocarán los tapones protectores correspondientes.

- **Instalación en un soporte de mantenimiento *(maintenance prop stand):*** en muchas ocasiones, la hélice se desmonta de forma temporal para realizar alguna acción concreta de mantenimiento en la propia hélice o en el motor. En estos casos, la hélice se instalará en un soporte móvil especial, en donde podremos girar la hélice a mano y llevar a cabo comprobaciones y reparaciones de forma cómoda. El soporte dispone de un eje o plato de unión, similar al del motor, en donde se fija la hélice.

- **Puntos de apoyo:** la hélice descansará siempre sobre su cubo, nunca sobre sus palas, mamparo del *spinner,* anillo del sistema *de-icing,* tubo beta o anillo beta, independientemente de si está en un embalaje de almacenamiento o en un soporte de mantenimiento. De esta forma se evitarán daños innecesarios en la hélice y sus sistemas.

- **Despiece parcial:** en algunas hélices debemos desmontar ciertos componentes para realizar la preservación correctamente. Habitualmente estos elementos desmontados se almacenan dentro del mismo embalaje que la hélice, para evitar extravíos.

- **Revisión:** cada cierto tiempo (cada año, como norma) se deberá verificar la preservación de la hélice y reponer las protecciones (inhibidores, aceites de preservación, bolsas de gel de sílice, etc.). Cuando la preservación la ha realizado el fabricante, esta revisión se retrasa aún más (varios años), pero en cualquier caso tendremos que consultar el manual de mantenimiento de la hélice en cuestión. Respecto a los problemas que nos podemos encontrar, son fundamentalmente tres: corrosión en elementos metálicos, delaminaciones en materiales compuestos y absorción de humedad y podredumbre en hélices de madera.

- **Puesta en servicio:** antes de volver a montar una hélice, es necesario comprobar que le acompaña la documentación pertinente: EASA Form 1 o FAA 8130-3, *Propeller log book* en orden. Después se deberá despreservar antes de instalarla sobre el eje del

Sabías que...

Para instalar una pieza o componente en la aeronave es imprescindible que esté acompañado por un documento que certifique que se ha fabricado o mantenido conforme a los procesos establecidos por el fabricante y la legislación vigente. En el entorno EASA (Europa), este certificado de aptitud para el servicio se denomina EASA Form 1. Este documento, definido en la Parte-M Appendix II, no es un albarán, ni una factura, ni una autorización de instalación o despacho de la aeronave tras la instalación, simplemente declara la idoneidad de los trabajos realizados en el mantenimiento o en la fabricación de un determinado producto, parte o accesorio, que se conoce comúnmente como ítem. En el entorno FAA (Estados Unidos), se emplea otro documento equivalente denominado FAA 8130-3.

motor: se eliminarán y reaplicarán los inhibidores de corrosión y la grasa, se cambiarán algunas juntas, etc. Antes, durante y después del montaje se inspeccionarán distintas partes de la hélice para verificar que, tras el tiempo de inactividad, esta es completamente operativa.

En lo que respecta a la preservación del ***governor*** y de los acumuladores que tenga la aeronave, debemos tener en cuenta lo siguiente:

- ***Governor* instalado en el motor:** en este caso, los procedimientos habituales de preservación del motor serán suficientes para conservar el *governor* en correcto estado. Así que bastará con que el aceite del motor se mueva de vez en cuando para evitar la aparición de corrosión, tapones en los conductos o gripado de algún componente. Dependiendo del motor, bastará con mover la hélice a mano, accionar la bomba eléctrica de abanderamiento o directamente arrancar la planta de potencia.

- ***Governor* desinstalado:** cuando se desinstala, se le deberá introducir abundante aceite de preservación MIL-C-6529C type II (motor de pistón) o MIL-C-6529C type III (motor de turbina) en sus conductos mientras movemos a mano su eje, garantizando que el aceite impregna cada rincón del *governor*. Se colocará una tapa que proteja el eje y la junta del *governor* y que evite la pérdida del aceite de preservación, así como la entrada de la humedad. Acto seguido se meterá en una bolsa de plástico y se envasará al vacío. Finalmente, se puede guardar en una caja a la que echaremos varias bolsas de gel de sílice.

- **Acumuladores:** se preservarán con aceite MIL-C-6529C type II (motor de pistón) o MIL-C-6529C type III (motor de turbina). Nos aseguraremos de que el acumulador no está presurizado y lo envasaremos al vacío.

• •

7.1. ¿De qué depende el método de preservación y conservación de la hélice?

7.2. De forma general, decimos que la aeronave opera frecuentemente cuando realiza al menos un vuelo cada _____ días, con una duración mínima de _____ minutos.

7.3. ¿Qué tipo de compuestos son el MIL-C-16173 type II y el MIL-C-8188? ¿Sobre qué materiales se aplican?

7.4. ¿En qué tipo de hélice se deberá aplicar cera periódicamente?

7.5. De forma general, se engrasará la hélice cada _____ meses o menos.

7.6. Las fundas que se colocan sobre las palas de aluminio tienen como objetivo proteger a estas de la _____ y de la _____.

7.7. ¿Qué características deben tener las fundas utilizadas para proteger a las hélices?

7.8. ¿Qué tipo de tejido es la *sunbrella*?

7.9. ¿Cómo se evita que la hélice gire en tierra?

7.10. ¿Cómo deberá quedar colocada una hélice bipala de madera una vez que se ha aparcado el avión?

7.11. Una hélice bipala de madera se deberá girar _____ grados de forma periódica para evitar la acumulación de humedad.

7.12. Como norma, se considera inactividad temporal cuando la hélice no ha operado durante _____ días.

7.13. ¿Qué puede suceder si se gira la hélice a mano en sentido contrario al habitual?

7.14. Durante un periodo de inactividad temporal del avión, ¿para qué se debe girar a mano la hélice periódicamente?

7.15. Si la hélice es de _____ (madera/aluminio/composite), se recomienda bajarla del avión, sobre todo si se prevé que las temperaturas sean especialmente bajas, con frío y nieve, o especialmente altas.

7.16. ¿Qué tipo de aceite es el MIL-C-6529 type II?

7.17. ¿Qué es el VCI-10?

7.18. ¿Qué misión tienen las bolsitas de gel de sílice que se colocan en el embalaje de la hélice?

7.19. ¿Sobre qué elemento de la pala no deberemos aplicar compuestos inhibidores de la corrosión?

7.20. Cuando se coloca la hélice en un embalaje para su transporte, esta deberá estar apoyada sobre _____ (el cubo/las palas).

7.21. ¿Qué dos datos deben aparecer siempre en el exterior del embalaje de una hélice?

7.22. Las palas se almacenarán colocadas de forma _____ (horizontal/vertical/diagonal).

7.23. ¿Qué tipo de hélice es necesario almacenarla en un recinto a oscuras?

7.24. Para preservar el *governor* de la hélice se utilizará aceite MIL-C- _____, si está instalado en un motor de pistón, y MIL-C-_____, si se trata de un motor de turbina.

Cuestionarios de preparación para el examen tipo test

En la elaboración de los test se ha tenido en cuenta lo recogido en la AMC&GM to *Part 66, Issue 2, Amendment* 8 del 2 de noviembre de 2023, en donde se especifica el número de preguntas que debe haber de cada submódulo en el examen del módulo. En el caso del Módulo 17, Hélices, el número de preguntas de cada parte será el siguiente:

17.1. Fundamentos: 8 preguntas.

17.2. Fabricación de hélices: 5 preguntas.

17.3. Control de paso de la hélice: 6 preguntas.

17.4. Sincronización de hélices: 2 preguntas.

17.5. Protección antihielo de la hélice: 3 preguntas.

17.6. Mantenimiento de la hélice: 6 preguntas.

17.7. Almacenamiento y conservación de hélices: 2 preguntas.

Para un total de 32 preguntas con tres respuestas posibles, de las cuales solo una será la correcta. Los fallos no restan y se deberá responder correctamente al menos al 75 % de las preguntas (24 preguntas en este caso). Se concederá un tiempo de 40 minutos.

1. EXAMEN TIPO 1

1. Para la misma potencia entregada, ¿qué tipo de motor mueve un mayor caudal de aire?
   a) Turbohélice.
   b) Turbofán.
   c) Turborreactor.

2. ¿En cuál de los siguientes casos la hélice producirá un rendimiento propulsivo mayor?
   a) Hélice de poco diámetro que gira a elevadas rpm.
   b) Hélice de gran diámetro que gira a bajas rpm.
   c) Hélice de gran diámetro que gira a elevadas rpm.

3. Si solo tenemos en cuenta el número de palas, ¿qué hélice tendrá más rendimiento?

 a) La que tenga un mayor número de palas.

 b) La que tenga un menor número de palas.

 c) La que tenga un número par de palas.

4. Durante el despegue interesa que la hélice tenga un paso…

 a) Bajo.

 b) Intermedio.

 c) Alto.

5. Para generar empuje de reversa, la hélice deberá…

 a) Cambiar el sentido de giro.

 b) Aumentar el paso hasta los 90°, aproximadamente.

 c) Reducir el paso hasta ángulos ligeramente negativos.

6. La estela de la hélice *(slipstrem)* de un avión monomotor provoca, principalmente, un movimiento de

 a) Cabeceo.

 b) Guiñada.

 c) Alabeo.

7. El paso geométrico es directamente proporcional…

 a) A la tangente del ángulo de paso.

 b) Al coseno del ángulo de paso.

 c) Al seno del ángulo de paso.

8. La hélice induce cierta velocidad tangencial al aire. Esta velocidad tangencial…

 a) Se reducirá disminuyendo el número de palas de la hélice.

 b) Es totalmente indeseable y empeora el rendimiento propulsivo.

 c) Es beneficiosa en términos generales, ya que mejora la refrigeración del motor.

9. La cantonera antiabrasión de la pala se sitúa…

 a) En la mitad interior de la pala (cercana al cubo), tanto en el borde de ataque como en el de salida.

 b) A lo largo de toda la pala (de raíz a punta), en el borde de ataque.

 c) De la mitad a la punta de la pala, solo en el borde de ataque.

10. ¿Qué parte de la pala se pinta típicamente de negro?

 a) La cara.

 b) La punta.

 c) El dorso.

11. Las hélices de paso fijo…

 a) Son ligeras, simples y baratas, muy utilizadas en aviación general.

 b) No se emplean actualmente.

 c) Presentan un rendimiento óptimo a diferentes velocidades de vuelo y rpm.

12. ¿Qué adhesivo se emplea habitualmente para pegar los tableros de madera con los que se construyen las hélices?

a) Resina de poliéster.

b) Resorcinol.

c) Caseína.

13. ¿Qué sistema de montaje de la hélice sobre el eje está en desuso?

a) Eje cónico.

b) Plato de unión.

c) Eje estriado.

14. ¿Qué fluido se emplea en los sistemas de cambio de paso hidráulicos?

a) Aceite de lubricación del motor.

b) *Skydroll.*

c) Polialfaolefina.

15. Cuanto más adelante esté la palanca de la hélice…

a) Mayores rpm.

b) Mayor ángulo de paso.

c) Mayor ángulo de ataque.

16. Un avión de pistón equipa una hélice de velocidad constante. Si aumenta la apertura de la válvula de mariposa…

a) La MAP aumentará y el paso bajará.

b) La MAP y las rpm bajarán.

c) La MAP, la potencia y el paso aumentarán.

17. ¿Con qué palanca se controla el tubo beta en un turbohélice?

a) *Power lever.*

b) *Propeller lever.*

c) *Mixture lever.*

18. ¿Qué función tiene el acoplamiento de seguridad de una hélice (motor turbohélice)?

a) Frenar la hélice cuando se encuentra en bandera, para evitar que gire por efecto del viento relativo.

b) Aumentar ligeramente el paso cuando las rpm son excesivas.

c) Desembragar la hélice del motor en caso de parada brusca del motor.

19. En un turbohélice con turbina libre, si se mueve hacia delante la palanca de potencia…

a) Aumentará el par entregado y el paso.

b) Aumentarán las rpm y la velocidad de vuelo.

c) Aumentará la ITT a costa de una reducción del paso.

20. El giro sincronizado de las hélices de un avión...

    a) Disminuye las vibraciones.

    b) Disminuye las vibraciones y aumenta el empuje.

    c) Disminuye las vibraciones y disminuye la resistencia aerodinámica.

21. El sistema de sincrofase consigue...

    a) Que las hélices giren a las mismas rpm y, además, acompasadas.

    b) Que las hélices giren a las mismas rpm, exclusivamente.

    c) Que las hélices absorban el mismo par de sus respectivos motores.

22. La formación de hielo en las palas de la hélice provoca...

    a) Una peor respuesta de la hélice a aceleraciones o deceleraciones, exclusivamente.

    b) Vibraciones en la hélice.

    c) Un riesgo para el pasaje, por posible desprendimiento del hielo formado.

23. En un sistema *anti-icing* de la hélice, el piloto podrá controlar...

    a) El caudal de fluido utilizado.

    b) La intensidad de corriente que circula por las resistencias.

    c) El inflado de las botas.

24. Las resistencias del *de-icing*...

    a) Están permanentemente conectadas.

    b) Están desconectadas hasta que los sensores de congelamiento detectan la formación de hielo.

    c) Se conectan y desconectan con una frecuencia determinada.

25. ¿En qué ATA encontraremos los procesos de mantenimiento de la hélice?

    a) ATA61.

    b) ATA67.

    c) ATA72.

26. ¿En qué zona de la hélice está el origen del desequilibrio estático horizontal?

    a) Zona del cubo.

    b) Zona de la punta de las palas, exclusivamente.

    c) En las palas.

27. ¿Qué nivel de vibración de la hélice es prácticamente imperceptible para la tripulación y el pasaje?

    a) Hasta 0,07 IPS.

    b) Hasta 0,10 IPS.

    c) Hasta 0,15 IPS.

28. Después de la puesta a cero del *propeller protractor,* ¿qué blocajes estarán apretados impidiendo el giro?

   a) Tanto el anillo-disco como el anillo-soporte.

   b) El anillo-disco.

   c) El anillo-soporte.

29. Si aparece el problema del *bottom* del cono delantero (hélices montadas sobre eje estriado), ¿cómo debemos proceder?

   a) Añadiendo un poco más de grasa al eje.

   b) Añadiendo un separador detrás del cono trasero.

   c) Mecanizando la punta del cono trasero.

30. Durante la limpieza de las palas de la hélice, ¿en qué posición deberá estar la pala que estamos limpiando?

   a) A las 4 o a las 10 en punto.

   b) A las 6 en punto.

   c) A las 3 o a las 9 en punto.

31. La hélice se deberá preservar...

   a) Después de cada vuelo.

   b) Cada noche, justo después del último vuelo del día.

   c) Cuando se prevé que va a estar un tiempo sin funcionar.

32. MIL-C-16173 *type* II y MIL-C-8188 son dos tipos de…

   a) Compuestos anticorrosión.

   b) Dos tipos de pala.

   c) Adaptadores montaje de la hélice.

2. EXAMEN TIPO 2

1. Una hélice aumenta en 40 m/s la velocidad del aire. Si mueve 20 kg/s de aire, ¿qué empuje producirá?

   a) 5 N.

   b) 800 N.

   c) 8000 N

2. ¿Con qué tipo de hélice se podrá volar a mayor velocidad?

   a) Hélice de poco diámetro que gira a elevadas rpm.

   b) Hélice de gran diámetro que gira a bajas rpm.

   c) Hélices grandes que giren a elevadas rpm.

3. Las hélices contrarrotativas…

   a) Tienen un mayor rendimiento que las simples.

   b) Disminuyen los costes operativos de la planta de potencia.

   c) Son las más utilizadas hoy en día.

4. El paso geométrico de una hélice de 2 m de diámetro y 45° de ángulo de paso es de…

a) 3,8 m

b) 4,7 m.

c) 6,2 m.

5. ¿Con qué configuración corremos el riesgo de provocar la sobrevelocidad de la hélice?

a) Bandera.

b) Reversa.

c) Autorrotación.

6. Si la hélice gira a derechas, ¿qué parte de la hélice producirá un mayor empuje durante el ascenso?

a) Izquierda.

b) Superior.

c) Derecha.

7. Si el diámetro de la hélice se dobla, el paso geométrico…

a) Se reduce a la mitad.

b) Permanecerá constante.

c) También se dobla.

8. En vuelo rectilíneo, nivelado y a velocidad constante, ¿qué ángulo forma la velocidad tangencial de la punta de la pala con la de avance de la aeronave?

a) Mayor de 90°.

b) 90°.

c) Menor de 90°.

9. ¿Cuál de los siguientes componentes se monta sobre la pala en la zona de la raíz?

a) Escobillas del sistema antihielo.

b) Cantonera antiabrasión.

c) Botas del sistema antihielo.

10. La relación del área total que ocupan las palas sin torsión entre el área del disco es lo que se conoce como…

a) Coeficiente de potencia.

b) Coeficiente de tracción.

c) Factor de solidez.

11. ¿Qué tipo de hélice se puede emplear tanto con motores de pistón como con turbohélices?

a) De dos posiciones y de velocidad constante.

b) De velocidad constante, únicamente.

c) De paso ajustable, de dos posiciones y de velocidad constante.

12. En hélices de madera, las cantoneras antierosión se fabrican habitualmente con…

    a) Fibra de carbono.

    b) Titanio.

    c) Acero, latón o monel.

13. ¿Qué función tiene el *spinner* de la hélice?

    a) Ayudar a la transmisión de par desde el motor a la hélice.

    b) Evitar la formación de hielo en las palas de la hélice.

    c) Reducir la resistencia aerodinámica del cubo de la hélice.

14. En hélices de dos posiciones, para el despegue el piloto…

    a) Permitirá que el aceite salga del cubo gracias a los contrapesos.

    b) Mandará aceite a presión al cubo.

    c) Permitirá que el aceite salga del cubo gracias al muelle.

15. En hélices de velocidad constante no abanderables, si el link que une el *governor* con la palanca de la hélice se rompe, la hélice…

    a) Adoptará el paso máximo.

    b) Adoptará el paso mínimo.

    c) Mantendrá el último paso seleccionado.

16. Con una hélice no abanderable de velocidad constante sin contrapesos, si la piloto mueve hacia delante la palanca de potencia…

    a) El aceite entrará en el cubo.

    b) El aceite saldrá del cubo.

    c) No entrará ni saldrá aceite del cubo.

17. Un avión de pistón equipa una hélice de velocidad constante. Si se quiere aumentar la potencia que entrega el motor…

    a) Se deberán ajustar las rpm en primer lugar y después mover el mando de gases.

    b) Se debe ajustar, en primer lugar, la potencia y después las rpm si fuera necesario.

    c) Se moverá la palanca de la hélice a la vez que el mando de gases.

18. En modo alfa, si se mueve la palanca de la hélice hacia atrás…

    a) El paso disminuye y las rpm aumentan.

    b) El paso y las rpm disminuyen.

    c) El paso aumenta y las rpm disminuyen.

19. En un turbohélice con turbina libre, ¿qué función tiene el *fuel topping governor*?

    a) Reducir las rpm de la hélice aumentando el paso en caso de necesidad.

    b) Reducir la cantidad de combustible inyectado si las rpm del generador de gas son excesivas.

    c) Controlar el paso en modo beta.

20. El sistema de sincronización de hélices se utiliza…

a) De forma exclusiva con motores turbohélice.

b) Habitualmente en aviación general.

c) Solo en hélices con capacidad de reversa.

21. El sensor de rpm del sistema de sincrofase es un…

a) Generador DC.

b) Generador de pulsos.

c) Generador AC.

22. ¿En qué zona de la hélice comienza a formarse el hielo?

a) En la zona central de la hélice.

b) En la punta de las palas.

c) En el borde de salida de las palas.

23. El fluido del sistema *anti-icing* se inyecta…

a) En la punta de las palas.

b) En la raíz de las palas.

c) En todo el borde de ataque de la pala, desde la raíz a la punta.

24. ¿Qué sistema anticongelamiento es el más utilizado en las hélices?

a) *De-icing*.

b) *Anti-icing*.

c) El inflado de las botas.

25. ¿Cuál es el principal problema que deriva de un desequilibrio en la hélice?

a) La bajada del rendimiento propulsivo.

b) La aparición de vibraciones.

c) El aumento en la resistencia al giro.

26. Una hélice de madera con cantoneras metálicas en las palas tiene un desequilibrio vertical, ¿cómo se corregirá esta situación?

a) Se instalará una plaquita de bronce en el lado más ligero del cubo.

b) Se añadirá estaño fundido sobre la cantonera de la pala más ligera.

c) Se lijará la madera de la pala más pesada, aplicando seguidamente una capa de barniz.

27. ¿Cómo se deberá posicionar el avión antes de la realización de un equilibrado dinámico?

a) De espaldas a la dirección del viento.

b) Encarado con la dirección del viento.

c) Perpendicular a la dirección del viento.

28. Sobre la utilización de un *propeller protractor* podemos decir que…

a) El *protractor* se apoyará en la cara de la punta de la pala para realizar la puesta a cero.

b) El *protractor* deberá tener la misma orientación durante la puesta a cero y la medida.

c) La precisión del *protractor* es de más/menos 1º.

29. En instalaciones de hélices sobre eje cónico, ¿qué porcentaje de la superficie del adaptador debe estar en contacto con el eje como mínimo?

a) 70 %.

b) 80 %.

c) 90 %.

30. Cuando el avión opera cerca del mar…

a) La erosión de las palas aumenta considerablemente.

b) Se deberán realizar equilibrados más frecuentes.

c) Se deberán realizar limpiezas y engrases más frecuentes de la hélice, si cabe.

31. La hélice se deberá preservar…

a) Solo cuando se desinstala del avión.

b) Cuando se prevé que va a estar un tiempo sin funcionar.

c) Solo cuando se envía a un centro autorizado para que la realicen un *overhaul*.

32. Los compuestos MIL-C-16173 *type* II y MIL-C-8188 se aplican sobre palas de…

a) Composite.

b) Aluminio.

c) Madera.

3. EXAMEN TIPO 3

1. Una hélice de 2 m de diámetro mueve 50 m^3/s de aire. La velocidad del aire al atravesar la hélice es de…

a) 15,9 m/s.

b) 25 m/s.

c) 100 m/s

2. ¿Qué circunstancia limita las rpm de giro de una hélice?

a) Las rpm que son capaces de soportar los cojinetes de la reductora de la hélice.

b) La aparición de fenómenos giroscópicos perjudiciales.

c) La aparición de ondas de choque en la punta de las palas al alcanzar la velocidad del sonido.

3. ¿Qué zona de la pala produce un mayor empuje?

a) La punta.

b) La zona media.

c) La raíz.

4. El paso geométrico es igual al paso efectivo…
   a) Más el resbalamiento.
   b) Menos el resbalamiento.
   c) Por el resbalamiento.

5. En un avión, ¿en qué situación es posible que la hélice entre en autorrotación?
   a) Ascensos.
   b) Descensos.
   c) Despegues.

6. Como consecuencia de la carga asimétrica, en un avión bimotor con hélices girando a derechas, el motor crítico será…
   a) El izquierdo.
   b) El que tenga más horas de vuelo.
   c) El derecho.

7. El paso geométrico depende del…
   a) Ángulo de ataque y el diámetro de la hélice.
   b) Ángulo de paso.
   c) Número de palas de la hélice.

8. El ángulo que forma la cara de la pala con el plano de rotación de la hélice es el ángulo de…
   a) Tracción.
   b) Ataque.
   c) Pala.

9. ¿Dónde se instala el manguito *(cuff)*?
   a) Sobre la espiga o mango de la pala.
   b) Sobre el cubo.
   c) En la punta de la pala.

10. Cuanto mayor sea el factor de solidez de la hélice…
   a) Menor será el empuje producido por la hélice y la potencia absorbida.
   b) Mayor será el empuje producido por la hélice y la potencia absorbida.
   c) Mayor será el empuje producido por la hélice y menor la potencia absorbida.

11. ¿Cuál de las siguientes hélices está en desuso actualmente?
   a) De paso fijo.
   b) De paso ajustable.
   c) De dos posiciones.

12. ¿Qué función tienen los taladros realizados en la punta de las palas de madera?
   a) Facilitar la salida de la humedad de la pala.
   b) Nos permiten inspeccionar el interior de la pala y facilitar la detección de daños internos.
   c) Alojan los contrapesos de equilibrado, empleados para reducir las vibraciones.

13. La hélice 74-D-M6-S6-0-56 (Sensenich) tiene un diámetro de…

   a) 6056 mm.

   b) 74 pulgadas.

   c) 74 cm.

14. Cuando la hélice de velocidad constante se encuentra en *overspeed,* será necesario…

   a) Mantener el paso constante.

   b) Disminuir el paso.

   c) Aumentar el paso.

15. En hélices abanderables de velocidad constante, la carga de gas tiende a…

   a) Aumentar el paso, al igual que la presión de aceite.

   b) Disminuir el paso, igual que el muelle.

   c) Aumentar el paso, igual que los contrapesos.

16. Con una hélice de velocidad constante arrastrada por un motor de pistón, el control de rpm se realizará…

   a) Mediante la palanca negra, exclusivamente.

   b) Mediante la palanca azul o la palanca negra.

   c) Mediante la palanca azul, exclusivamente.

17. Un avión de pistón equipa una hélice de velocidad constante. Si se quiere disminuir la potencia que entrega el motor y sus rpm…

   a) Se deberán ajustar las rpm en primer lugar y después mover el mando de gases.

   b) Se debe ajustar, en primer lugar, la potencia y, después, las rpm si fuera necesario, vigilando en todo momento el indicador de la MAP.

   c) Se moverá la palanca de la hélice a la vez que el mando de gases.

18. ¿Qué función tiene el PPC en modo alfa?

   a) Ninguna, permite el paso de aceite sin restricciones.

   b) Es el encargado de poner la hélice en bandera.

   c) Es el encargado de desabanderar la hélice.

19. La válvula beta es característica de turbohélices…

   a) Con turbina libre.

   b) Sin turbina libre.

   c) Sin capacidad de abanderar la hélice.

20. El sistema de sincronización de hélices consigue que…

   a) Las hélices giren acompasadas, con el mismo desfase.

   b) El empuje de crucero sea igual que el empuje de despegue.

   c) Las hélices del avión giren a las mismas rpm.

21. En un sistema de sincrofase...

    a) Las hélices girarán siempre en sentidos opuestos.

    b) El captador de rpm está integrado con el sistema de deshielo.

    c) Se puede seleccionar el desfase de giro de las hélices.

22. ¿En qué parte de la pala comienza la formación de hielo?

    a) En la punta.

    b) En la cara.

    c) En el mango o espiga.

23. ¿De qué sistema forma parte el *slinger ring*?

    a) *De-icing*.

    b) Sincrofase.

    c) *Anti-icing*.

24. Como norma, ¿cuántas resistencias calefactoras monta cada pala?

    a) 1.

    b) 2.

    c) 4.

25. Para conseguir que la hélice esté equilibrada estáticamente...

    a) El CG debe estar sobre el eje de giro y sobre el plano de rotación de la hélice.

    b) El CG debe estar sobre el plano de rotación de la hélice.

    c) Basta con que el CG esté sobre el eje de giro.

26. Una hélice de madera con cantoneras metálicas en las palas tiene un desequilibrio horizontal, ¿cómo se corregirá esta situación?

    a) Se instalará una plaquita de bronce en el lado más ligero del cubo.

    b) Se añadirá estaño fundido sobre la cantonera de la pala más ligera.

    c) Se insertará un plomo en el cubo, en la zona más ligera.

27. Para que el equilibrado dinámico sea eficaz, la velocidad del aire deberá ser inferior a...

    a) 5 kn.

    b) 20 kn.

    c) 50 kn.

28. Se ha realizado el reglaje de una hélice de paso ajustable, obteniéndose los siguientes ángulos de paso: 19,1° y 18,9°. ¿Son aceptables esas mediciones si se pretendía que el ángulo de paso fuera 19,0°?

    a) No, ya que la diferencia entre ambas es mayor de 0,1°.

    b) Sí, ya que la diferencia entre cada una y el ángulo deseado no es superior a 0,1°.

    c) No, porque una de las palas tiene un ángulo menor al deseado.

29. El nivel de humedad ideal para una hélice de madera es…
   a) De 0 a 4 %.
   b) De 10 a 12 %.
   c) De 25 a 40 %.

30. Típicamente, el *blend ratio* que se deberá respetar cuando reparamos el borde de ataque de una pala de aluminio es de…
   a) 10:1.
   b) 20:1.
   c) 50:1.

31. De forma general, decimos que la hélice opera frecuentemente cuando realiza al menos un vuelo…
   a) A la semana.
   b) Al mes.
   c) Al año.

32. ¿Qué función tienen las bolsas de gel de sílice que se emplean en el proceso de preservación de una hélice?
   a) Proteger de la humedad.
   b) Amortiguar los golpes que pueda sufrir el embalaje de la hélice.
   c) Indicar la calidad del proceso de preservación.

4. EXAMEN TIPO 4

1. Si el diámetro de una hélice se dobla, manteniendo constantes el resto de los parámetros, el empuje…
   a) Se reducirá.
   b) Se duplicará.
   c) Se cuadriplicará.

2. El empuje generado en la hélice será mayor…
   a) Cuanto menor sea la altitud y la temperatura del aire.
   b) Cuanto mayor sea la temperatura del aire.
   c) Cuanto mayor sea la altitud.

3. El coeficiente adimensional que indica la cantidad de empuje que desarrolla la hélice se denomina coeficiente de…
   a) Potencia.
   b) Avance.
   c) Tracción.

4. ¿En cuál de las siguientes situaciones será mayor el ángulo de ataque en las palas? (Hélice de paso fijo).
   a) Vuelo de crucero (velocidad constante y avión nivelado).
   b) Descenso.
   c) Inicio de la carrera de despegue.

5. ¿Con qué configuración el ángulo de ataque será el más negativo (−)?
a) Autorrotación.
b) Bandera.
c) Reversa.

6. Para que la hélice entre en resonancia, la frecuencia de la vibración deberá ser…
a) Igual o mayor a la frecuencia natural de vibración de la hélice.
b) Inferior a la frecuencia de vibración natural de la hélice.
c) Igual a la frecuencia natural de vibración de la hélice.

7. Si el resbalamiento de la hélice disminuye, el rendimiento propulsivo…
a) Aumentará.
b) Permanecerá constante.
c) Disminuirá.

8. ¿Con cuál de las siguientes hélices conseguiré un mayor rendimiento *a priori*?
a) 4 palas, 1,5 m de diámetro, 3500 rpm.
b) 2 palas, 2,5 m de diámetro, 1600 rpm.
c) 8 palas, 2 m de diámetro, 2000 rpm.

9. ¿Qué material se emplea habitualmente en la fabricación de cantoneras antiabrasión?
a) Aleación de aluminio 2024-T6.
b) Níquel.
c) Fibra de carbono.

10. Para vuelo a baja altitud y velocidad, es conveniente emplear hélices con un factor de solidez…
a) Bajo.
b) Negativo.
c) Alto.

11. En hélices de dos posiciones, en despegue se seleccionará…
a) El paso bajo, dejando el alto para crucero.
b) El paso bajo o el alto dependiendo de la longitud de pista disponible y de la altitud.
c) El paso alto, dejando el bajo para crucero.

12. La aleación de aluminio más empleada en la fabricación de palas es…
a) 5056-F.
b) 2025-T6.
c) 7075-T4.

13. La hélice 74-D-M6-S6-0-56 (Sensenich) tiene un paso de…
a) 56 pulgadas.
b) 6056 mm.
c) 56 cm.

14. ¿Cuál de las siguientes circunstancias puede provocar el *underspeed* de la hélice en hélices de velocidad constante?

a) Descensos.

b) Ascensos.

c) Aumento de la potencia del motor.

15. Las hélices hidromáticas abanderables Hamilton Standard…

a) No disponen de muelles ni contrapesos.

b) Se ayudan de una carga de gas para aumentar el paso.

c) Equipan unos contrapesos para ayudar a cambiar el paso.

16. ¿Qué función tiene el acumulador hidráulico que instalan muchas aeronaves con hélices abanderables?

a) Abanderar la hélice.

b) Desabanderar la hélice en vuelo.

c) Desabanderar la hélice tanto en tierra como en vuelo.

17. En vuelo, el modo de funcionamiento de la hélice es el…

a) Modo alfa siempre.

b) Modo beta habitualmente.

c) Modo alfa, como norma, pudiendo cambiar a beta en caso de necesidad.

18. En un sistema de reversa con tubo beta, ¿con qué palanca podemos actuar sobre el *underspeed governor*?

a) Palanca de potencia.

b) Palanca de riqueza.

c) Palanca de la hélice.

19. En hélices con actuadores de doble efecto…

a) No veremos nunca contrapesos.

b) Podemos encontrarnos con contrapesos para ayudar en el abanderamiento.

c) Podemos encontrarnos con contrapesos para ayudar al funcionamiento en reversa.

20. El sistema de sincronización de las hélices…

a) Es especialmente útil durante el despegue.

b) Muy frecuentemente opera solo en crucero.

c) Es imprescindible durante el aterrizaje.

21. El sistema sincrofase de una planta de potencia moderna…

a) Opera en todas las fases del vuelo, incluido despegues y aterrizajes.

b) Solo puede operar en crucero y en despegues.

c) Solo puede operar en crucero y en aterrizajes.

22. ¿Qué sistema previene la formación de hielo en las palas de la hélice?

    a) *Anti-icing*.

    b) *De-icing*.

    c) Tanto el *anti-icing* como el *de-icing*.

23. Las botas del sistema *anti-icing*…

    a) Tienen unas acanaladuras que trasladan el fluido hacia la parte media de la pala.

    b) Cuenten con unas resistencias eléctricas que funden el hielo.

    c) Se hinchan para romper el hielo formado en el borde de salida de la pala.

24. El sistema *de-icing* de la hélice…

    a) Emplea alcohol isopropílico en la mayoría de los casos.

    b) Evita que se forme hielo en las palas.

    c) Se conecta a la vez que el *de-icing* de la admisión del motor, habitualmente.

25. Respecto al equilibrado de la hélice, podemos afirmar que…

    a) Es posible conseguir equilibrado estático, pero no dinámico.

    b) Es posible que la hélice esté dinámicamente equilibrada pero no estáticamente.

    c) El equilibrado dinámico es obligatorio, el estático opcional.

26. Una hélice de aluminio de paso fijo tiene desequilibrio estático vertical, ¿cómo se corregirá esta situación?

    a) Se limará o lijará el borde de ataque o de salida de la pala más pesada en la zona de la raíz.

    b) Se limará o lijará el borde de ataque o de salida de la punta de la pala más pesada.

    c) Se soldará una pequeña cantidad de estaño en la punta de la pala más ligera.

27. ¿Qué tipo de captador de vibraciones es el más habitual en el equilibrado dinámico de la hélice?

    a) Inductivo.

    b) Infrarrojo.

    c) Piezoeléctrico.

28. Algunas hélices de velocidad constante disponen de un tornillo para el ajuste del paso mínimo, de tal manera que, si lo giramos en sentido horario, el paso mínimo…

    a) Disminuirá.

    b) Aumentará.

    c) No variará, pero aumentará el máximo.

29. Si la hélice de madera aumenta su nivel de humedad, el par de apriete de los pernos que la unen al plato de unión…

    a) Se mantendrá constante, siempre que no cambie la temperatura.

    b) Disminuirá.

    c) Aumentará.

30. Típicamente, el *blend ratio* que se deberá respetar cuando reparamos la cara de una pala de aluminio es de…

　　a) 10:1.

　　b) 20:1.

　　c) 50:1.

31. MIL-C-16173 *type* II y MIL-C-8188 son dos tipos de…

　　a) Compuestos anticorrosión.

　　b) Pala.

　　c) Adaptadores de montaje de la hélice.

32. Los inhibidores de corrosión…

　　a) Se aplicarán en cualquier parte de la hélice menos en el *spinner*.

　　b) Solo se emplearán si la hélice permanece instalada sobre el avión.

　　c) No deben aplicarse sobre las botas de deshielo.

5. EXAMEN TIPO 5

1. Una hélice mueve 100 m³/s de forma constante. Si el avión asciende, el gasto másico…

　　a) Disminuirá.

　　b) Permanecerá constante.

　　c) Aumentará.

2. El ángulo de ataque sobre la pala de una hélice…

　　a) Aumenta de raíz a punta.

　　b) Permanece aproximadamente constante a lo largo de la pala.

　　c) Disminuye de raíz a punta.

3. Un avión equipa una hélice de 2 m de diámetro que gira a 1800 rpm. Si la velocidad de vuelo es de 120 m/s, ¿cuál será el coeficiente de avance de la hélice?

　　a) 1,5.

　　b) 2.

　　c) 3.

4. Con una hélice de paso fijo, si la velocidad de vuelo aumenta ligeramente, el ángulo de ataque…

　　a) También aumentará.

　　b) No variará.

　　c) Disminuirá.

5. De las fuerzas que actúan sobre la hélice, la de mayor magnitud será la…

　　a) De flexión debida al par motor.

　　b) De flexión debida al empuje.

　　c) Centrífuga.

6. Para minimizar los problemas de carga asimétrica en un bimotor, la hélice izquierda girará en sentido…

a) Antihorario y la derecha en sentido horario.

b) Horario y la derecha en sentido antihorario.

c) Horario, al igual que la derecha.

7. En una hélice de 4 m de diámetro, el perfil que tiene el ángulo de paso representativo es el situado a…

a) 1 m del eje de giro.

b) 1,25 m del eje de giro.

c) 1,5 m del eje de giro.

8. ¿En qué hélice será mayor la velocidad tangencial de la punta de sus palas?

a) 2000 rpm y 2,5 m de diámetro.

b) 3000 rpm y 1,5 m de diámetro.

c) 2200 rpm y 2 m de diámetro.

9. ¿Qué material se emplea para fabricar las botas del sistema antihielo de la hélice?

a) Goma.

b) Kevlar.

c) Titanio.

10. Una hélice bipala, con palas largas y estrechas, tendrá un factor de solidez…

a) Negativo.

b) Bajo.

c) Alto.

11. En hélices de dos posiciones, cuando se envía aceite al cubo, el paso…

a) Aumentará.

b) Se mantendrá constante.

c) Se reducirá.

12. ¿En qué hélices se realiza un anodizado para protegerlas?

a) Hélices de acero.

b) Hélices de madera.

c) Hélices de aluminio.

13. El *spinner* del tipo *skull cap* se emplea en hélices de…

a) Velocidad constante.

b) Paso fijo.

c) Dos posiciones.

14. En una hélice de velocidad constante, si la potencia que entrega el motor aumenta, el paso deberá…

a) Aumentar.

b) Mantenerse constante.

c) Disminuir.

15. En hélices hidromáticas, si el piloto mueve la palanca de la hélice hacia delante, el sistema enviará aceite…

    a) A la parte delantera del pistón, sacándolo de la trasera.

    b) A la parte trasera del pistón, sacándolo de la delantera.

    c) A la parte delantera del pistón, venciendo la acción de los contrapesos.

16. En hélices abanderables con contrapesos, ¿qué tiene que hacer el piloto para poner la hélice en bandera?

    a) Mover la palanca de la hélice totalmente hacia atrás.

    b) Mover la palanca de la hélice totalmente hacia delante.

    c) Mover la palanca de potencia totalmente hacia atrás.

17. Un avión equipa un motor turbohélice sin turbina libre y una hélice con reversa. En modo alfa, la *power lever*…

    a) Controla el paso de la hélice.

    b) Controla la potencia y las rpm de la hélice.

    c) Controla la cantidad de combustible inyectado en el motor.

18. En modo beta, si movemos la palanca de la hélice hacia delante…

    a) El paso disminuirá (de −12° a −2°, por ejemplo) y las rpm de la hélice aumentarán.

    b) Las rpm aumentarán, pero el paso permanecerá constante.

    c) La hélice se abanderará.

19. ¿Qué es el *hotel mode* de un turbohélice?

    a) Un régimen de giro en el que se permite superar un 20% las rpm máximas de la hélice durante cortos periodos de tiempo.

    b) El modo en el que el FADEC toma el control total del motor y de la hélice.

    c) El funcionamiento del turbohélice como si fuera una APU, frenando la hélice.

20. La banda de captura del sistema de sincronización de hélices es de…

    a) 100 rpm.

    b) 150 rpm.

    c) 200 rpm.

21. En un sistema sincrofase…

    a) Uno de los motores será esclavo y el otro maestro, siempre.

    b) Puede haber motor esclavo y motor maestro, o no.

    c) El motor maestro debe girar más rápido que el esclavo.

22. ¿Qué sistema elimina el hielo formado en las palas de la hélice?

    a) *Anti-icing.*

    b) *De-icing.*

    c) Tanto el *anti-icing* como el *de-icing.*

23. Las botas de deshielo…

a) Se colocan en el borde de ataque, desde la raíz a la punta de la pala.

b) Están pegadas al borde de salida de las palas.

c) Se colocan en el borde de ataque en la zona de la espiga de la pala.

24. No se deberá girar en sentido contrario al habitual una hélice equipada con sistema…

a) *De-icing.*

b) *Anti-icing.*

c) Sincrofase.

25. ¿Qué desequilibrio se origina cuando los momentos dinámicos derivados de las fuerzas de inercia de los distintos componentes de la hélice no se anulan entre sí?

a) Equilibrado estático.

b) Equilibrado dinámico.

c) Tanto el equilibrado estático como el dinámico.

26. Una hélice de aluminio de paso fijo tiene desequilibrio estático horizontal, ¿cómo se corregirá esta situación?

a) Se limará o lijará el borde de ataque o de salida de la pala más pesada en la zona de la raíz.

b) Se limará o lijará el borde de ataque o de salida de la punta de la pala más pesada.

c) Se colocará una plaquita de bronce en la parte más ligera del cubo.

27. En un equilibrado dinámico, el captador de vibraciones envía una señal eléctrica a la unidad de control. ¿Qué magnitud de la señal indica el nivel de vibración de la hélice?

a) Amplitud.

b) Frecuencia.

c) Desfase.

28. En la comprobación del *track* de la hélice se verifica…

a) El ángulo que forman las palas entre sí.

b) El ángulo que forma el disco de la hélice con el eje de giro del motor.

c) El camino que sigue la punta de cada pala.

29. ¿Cada cuántas horas de vuelo, como mínimo, se deberá verificar el par de apriete en hélices de madera?

a) 50 horas.

b) 100 horas.

c) 600 horas.

30. Los vaciados realizados durante las reparaciones en palas de aluminio deberán estar dispuestos…

    a) Longitudinalmente a la pala.

    b) Transversalmente a la pala.

    c) A 45° del eje de torsión de la pala.

31. ¿Qué tipo de pala se protegerá aplicando una cera?

    a) Aluminio.

    b) Composite.

    c) Madera.

32. Cuando se baja la hélice del avión, esta se deberá apoyar…

    a) Sobre el mamparo del *spinner*.

    b) Siempre sobre el cubo.

    c) Sobre las palas, habitualmente.

6. EXAMEN TIPO 6

1. En la teoría del incremento de presión de la hélice…

    a) Se tiene en cuenta el efecto de la viscosidad del aire, pero no el de la resistencia aerodinámica.

    b) Se desprecia el efecto de la viscosidad del aire y de la resistencia aerodinámica.

    c) Se considera la resistencia aerodinámica de la hélice siempre que la velocidad de vuelo sea mayor de 200 kn.

2. El ángulo de paso de una pala…

    a) Aumenta de raíz a punta.

    b) Permanece aproximadamente constante a lo largo de la pala.

    c) Disminuye de raíz a punta.

3. Si la velocidad de vuelo aumenta, el coeficiente de avance de la hélice…

    a) También aumentará.

    b) Permanecerá constante.

    c) Disminuirá.

4. Con una hélice de paso fijo, si las rpm aumentan, el ángulo de ataque…

    a) También aumentará.

    b) No variará.

    c) Disminuirá.

5. Si las rpm de la hélice se doblan, la fuerza centrífuga que soporta…

    a) También se doblará.

    b) Se cuadruplicará.

    c) Se mantendrá constante siempre que el paso no varíe.

6. De las fuerzas torsionales que soportan las palas de la hélice podemos decir que…
   a) CTF < ATF.
   b) CTF = ATF.
   c) CTF > ATF.

7. Si el coeficiente de tracción aumenta, el rendimiento propulsivo de la hélice…
   a) También aumentará.
   b) No variará.
   c) Disminuirá.

8. Durante la carrera de despegue de un avión equipado con una hélice de paso fijo, el ángulo de ataque de las palas…
   a) Aumentará hasta los 10° aproximadamente para después mantenerse constante.
   b) Irá disminuyendo conforme el avión acelera.
   c) No variará en toda la carrera de despegue.

9. De la cara de una pala podemos decir que…
   a) Coincide con el extradós de los perfiles de la pala.
   b) Tiene mayor curvatura que el dorso de la pala.
   c) Es la superficie de la pala que siempre mira hacia la parte trasera del avión.

10. Para aumentar el rendimiento de la hélice, su factor de solidez deberá…
   a) Ser negativo.
   b) Aumentar.
   c) Disminuir.

11. ¿Qué tipo de hélice produce un mayor rendimiento?
   a) De paso fijo.
   b) De velocidad constante.
   c) De dos posiciones.

12. Las palas de aluminio se fabrican…
   a) Mediante un estampado (forja) y posterior mecanizado.
   b) Pegando láminas de aluminio con resina epoxi, refinando el perfil mediante mecanizado.
   c) Por moldeo y posterior mecanizado.

13. El *spinner* se instala atornillado…
   a) Directamente sobre el mecanismo de cambio de paso de la hélice.
   b) Al capó del motor.
   c) Al mamparo posterior del *spinner*.

14. Si, durante el vuelo, el piloto mueve hacia delante la palanca de color azul, el *speeder spring*…
   a) No variará su compresión.
   b) Aumentará su compresión.
   c) Disminuirá su compresión.

15. Para abanderar una hélice hidromática, el piloto deberá…

   a) Mantener pulsado el botón de abanderamiento hasta que la hélice alcance la posición de bandera, soltando entonces el botón.

   b) Mover la palanca de la hélice hacia atrás totalmente.

   c) Accionar el pulsador de abanderamiento, soltándolo inmediatamente.

16. Considerando un motor turbohélice sin turbina libre, ¿qué paso deberá adquirir la hélice cuando la planta de potencia se detiene en tierra?

   a) Bandera.

   b) Es indiferente el paso de la hélice cuando esta está parada.

   c) Un paso bajo (7°, aproximadamente).

17. ¿Qué tiene que hacer el piloto para pasar de modo alfa a modo beta?

   a) Mover la *power lever* hacia atrás, superando la posición FLIGHT IDLE.

   b) Pulsar el botón BETA MODE.

   c) Mover la palanca de la hélice completamente hacia atrás.

18. En un sistema de reversa con tubo beta, ¿en qué *governor* no se puede modificar la compresión del *speeder spring* desde la cabina?

   a) *Overspeed governor.*

   b) *Prop governor.*

   c) *Underspeed governor.*

19. Un sistema de control de paso electrónico permite ajustes de paso con una precisión de…

   a) Más o menos 0,1°.

   b) Más o menos 2°.

   c) Más o menos 20°.

20. Cuando se conecta el sistema de sincronización de hélices…

   a) La hélice que gira a más rpm se frenará para adaptarse a la más lenta.

   b) Le hélice que gira a menos rpm se acelerará hasta igualarse a las más rápida.

   c) El motor esclavo se adaptará a las rpm del maestro.

21. En los sistemas sincrofase donde no existe motor maestro o esclavo…

   a) Siempre se reducirán las rpm del motor que debe girar más lento.

   b) El motor más rápido se frena, mientas que el más lento se acelera.

   c) Siempre se aumentarán las rpm del motor que debe girar más rápido.

22. En las palas de la hélice, el hielo comienza a formarse…

   a) En el borde de ataque en la zona de la espiga.

   b) En el borde de ataque en la punta de la pala.

   c) En la parte media de la pala, tanto en el borde de ataque como en el de salida.

23. ¿Cuál de los siguientes fluidos no se emplea en el sistema *anti-icing*?

a) Metil-etil-cetona (MEK).

b) Alcohol isopropílico.

c) Disolución a base de fosfatos.

24. ¿Por qué no se debe girar en sentido contrario al habitual una hélice con sistema *de-icing*?

a) Porque se perderá líquido de deshielo.

b) Porque se dañan las escobillas.

c) Porque se desequilibra la hélice.

25. Una de las palas de una hélice tiene un ángulo de paso inadecuado, que habrá que corregir. Si, además, la hélice está desequilibrada estáticamente, ¿cómo procederemos?

a) Primero se realizará el equilibrado y, a continuación, se ajustará el paso.

b) Se ajustará el paso y se equilibrará la hélice, dando igual el orden de las operaciones.

c) Primero se ajustará el paso y después se realizará el equilibrado.

26. Una hélice de aluminio de velocidad constante tiene desequilibrio estático vertical, ¿cómo se corregirá esta situación?

a) Se limará o lijará el borde de ataque o de salida de la pala más pesada en la zona de la raíz.

b) Se limará o lijará el borde de ataque o de salida de la punta de la pala más pesada.

c) Atornillando unas plaquitas de equilibrado en el cubo, en la zona más ligera.

27. En un equilibrado dinámico, el fototacómetro envía una señal eléctrica a la unidad de control, ¿qué magnitud de la señal indica las rpm de la hélice?

a) Frecuencia.

b) Amplitud.

c) Desfase.

28. En hélices metálicas de 5 pies de diámetro, el *track* máximo permitido es, típicamente, de…

a) ¼ de pulgada.

b) 1/8 de pulgada.

c) 1/16 de pulgada.

29. Se tiene una hélice bipala de madera movida por un motor de pistón. Justo después de la parada del motor, la hélice se colocará…

a) En posición vertical.

b) En posición horizontal.

c) Lo más alejada posible de las zonas calientes, independientemente de la posición.

30. La corrosión leve en palas de aluminio se podrá eliminar frotando con un estropajo empapado en una disolución de ácido...

a) Nítrico.

b) Fosfórico.

c) Crómico.

31. De forma general, una hélice de velocidad constante se engrasará cada...

a) Día, después de último vuelo de la jornada.

b) 6 meses.

c) 3 años.

32. Para izar la hélice con una grúa...

a) Siempre utilizaremos el útil específico.

b) Se pasará una eslinga sobre dos palas haciendo un 8 y se colocará un mosquetón para insertar el enganche de la grúa.

c) Se deberá bajar el motor previamente.

7. EXAMEN TIPO 7

1. Según la teoría del incremento de presión de la hélice, si el salto de presiones que produce la hélice se dobla, entonces el empuje...

a) Se cuadriplicará.

b) Se reducirá a la mitad.

c) También se doblará.

2. ¿En qué zona de la pala la cuerda de los perfiles es mayor?

a) En la punta.

b) En la zona media.

c) En la raíz.

3. Si la velocidad de vuelo aumenta, interesa que el ángulo de paso de la hélice...

a) Disminuya.

b) Permanezca constante.

c) También aumente.

4. El ángulo que forma la cuerda de un perfil de la pala con el viento relativo se denomina...

a) Ángulo de pala.

b) Ángulo aerodinámico.

c) Ángulo de ataque.

5. La fuerza torsional aerodinámica tiende a...

a) Disminuir el ángulo de paso.

b) Disminuir el ángulo de ataque.

c) Aumentar el ángulo de paso.

6. ¿Qué fuerza se origina por la posición adelantada del centro de presiones en los perfiles que forman las palas de la hélice?

a) CTF.

b) ATF.

c) Flexión debida al empuje.

7. En una hélice de velocidad constante, al aumentar la velocidad de vuelo…

a) Aumentará el ángulo de ataque y disminuirá el paso.

b) Disminuirán el paso y el ángulo de ataque.

c) Aumentará el paso para mantener el ángulo de ataque constante.

8. Durante el vuelo de crucero, el ángulo de ataque de las palas de la hélice es de 10 grados. Este ángulo…

a) Debería ser menor para obtener un mayor rendimiento.

b) Es el ideal siempre que no se realicen ascensos o descensos.

c) Debería ser mayor para obtener un mayor rendimiento.

9. ¿Qué parte de la pala es más bien plana?

a) Espiga.

b) Cara.

c) Dorso.

10. Respecto al factor de solidez de la hélice, podemos decir que…

a) Cuanto mayor sea el factor de solidez, mayor deberá ser la potencia entregada por el motor.

b) Para vuelo a baja altitud y velocidad, es conveniente que el factor de solidez sea elevado.

c) Cuanto mayor sea el factor de solidez, mayor será el rendimiento propulsivo.

11. Actualmente, ¿qué material es el que menos se utiliza en la fabricación de palas?

a) Acero.

b) Fibra de vidrio.

c) Madera.

12. En la fabricación de palas, ¿qué tipo de material presenta una mayor relación resistencia-peso?

a) Madera.

b) Aluminio.

c) Materiales compuestos.

13. ¿Qué tipo de instalación hélice-motor no se ha empleado nunca en los turbohélices?

a) Eje cónico.

b) Plato portahélice.

c) Eje estriado.

14. En una hélice de velocidad constante no abanderable con contrapesos, para aumentar el paso…

    a) Se meterá aceite a presión en el cubo.

    b) Se meterá aceite de un lado del pistón y se sacará del otro.

    c) Se dejará que el aceite escape del cubo.

15. ¿En qué circunstancia cambia de posición la válvula de distribución de una hélice hidromática?

    a) Abanderamiento.

    b) Desabanderamiento.

    c) Aumento de potencia del motor.

16. Equipando una hélice de paso fijo, si se mueve el mando de gases de un motor de pistón hacia delante…

    a) La MAP, la potencia entregada y las rpm aumentarán.

    b) Aumentará la potencia entregada y las rpm se mantendrán constantes.

    c) Aumentarán las rpm y la potencia, pero la MAP disminuirá.

17. La palanca de potencia de un turbohélice controla…

    a) La cantidad de combustible inyectado en modo alfa y las rpm en modo beta.

    b) La cantidad de combustible inyectado en modo alfa y el paso directamente en modo beta.

    c) La cantidad de combustible inyectado exclusivamente, tanto en modo alfa como en modo beta.

18. ¿Qué paso es menor?

    a) *Flight idle.*

    b) *Feather.*

    c) *Ground idle.*

19. ¿Cuándo actúa el NTS?

    a) Cuando la hélice arrastra al motor, en lugar de que el motor arrastre a la hélice.

    b) Cuando las rpm son excesivas.

    c) Cuando el par de arrastre es excesivo.

20. Antes de conectar el sistema de sincronización de hélices, el piloto deberá…

    a) Mover la palanca de la hélice totalmente hacia delante.

    b) Igualar a mano las rpm de los motores.

    c) Abanderar una de las hélices.

21. En los sistemas sincrofase más modernos, la banda de captura es de…

    a) 20 rpm, acelerando al motor más lento exclusivamente.

    b) 100 rpm y no se puede tener el sistema conectado en despegues y aterrizajes.

    c) 50 rpm en despegue y 100 rpm en crucero.

22. ¿Qué sistema utiliza un fluido para evitar la formación de hielo en las palas?

a) *Anti-icing*.

b) *De-icing*.

c) Tanto *anti-icing* como *de-icing*.

23. En un sistema *anti-icing* de la hélice, ¿qué líquido es menos inflamable y más seguro?

a) Alcohol isopropílico.

b) Acetona mineral.

c) A base de fosfatos.

24. ¿Qué sistema anticongelamiento precisa de un amperímetro para evitar sobrecargas?

a) *De-icing*.

b) *Anti-icing*.

c) Tanto *de-icing* como *anti-icing*.

25. El equilibrado estático…

a) Se realiza con la hélice instalada en el avión.

b) Se realiza con la hélice desmontada del avión.

c) Se realizará primero con la hélice instalada y después con la hélice desmontada.

26. El equilibrado dinámico se realiza…

a) Con la hélice instalada en el avión.

b) Bajando la hélice del avión e instalándola en un banco de equilibrado.

c) En un banco de cuchillas.

27. En un equilibrado dinámico, ¿cuántas arandelas podremos colocar en un mismo punto del mamparo del *spinner* como máximo?

a) Hasta 20 arandelas.

b) Entre 8 y 11, dependiendo del modelo de la hélice.

c) En ningún caso serán más de cuatro arandelas.

28. En hélices de madera de 5 pies de diámetro, el *track* máximo permitido es, típicamente, de…

a) ¼ de pulgada.

b) 1/8 de pulgada.

c) 1/16 de pulgada.

29. Una vez que el motor se ha enfriado, se colocará una hélice bipala de madera…

a) En posición vertical.

b) En posición horizontal.

c) Con una pala a las 4 y otra a las 10.

30. En el tratamiento de conversión superficial, realizado sobre reparaciones en palas de aluminio, se utiliza una disolución de ácido…

a) Nítrico.

b) Fosfórico.

c) Crómico.

31. Las fundas empleadas para proteger las palas de las hélices deberán ser…

a) Transpirables e hidrófilas.

b) Impermeables y transpirables.

c) Resistentes a los rayos UV y transparentes.

32. En algunas cajas metálicas de preservación de hélices es posible extraer el aire del interior…

a) Generando el vacío en el interior.

b) E introducir un aceite de preservación.

c) E introducir nitrógeno.

8. EXAMEN TIPO 8

1. Una hélice de 2 m de diámetro produce un incremento de velocidad del aire de 40 m/s. Si el avión está volando a 80 m/s, ¿qué velocidad tendrá el aire justo a su paso por el disco de la hélice?

a) 100 m/s.

b) 120 m/s

c) 180 m/s.

2. ¿En qué zona de la pala la curvatura de los perfiles es mayor?

a) En la punta.

b) En la zona media de la pala.

c) En la raíz.

3. Durante el despegue, interesa que la hélice tenga un paso…

a) Bajo.

b) Intermedio.

c) Alto.

4. Para que la hélice funcione de forma óptima, el ángulo de ataque deberá estar entre…

a) 3° y 5°.

b) 2° y 4°.

c) 1° y 7°.

5. ¿Cuál de las siguientes fuerzas tiende a disminuir el paso de las palas de una hélice?

a) Flexión debida al empuje.

b) ATF.

c) CTF.

6. ¿En qué fase del vuelo es especialmente útil la configuración de bandera?

a) Despegue.

b) Aterrizaje.

c) Crucero.

7. Si las rpm de la hélice y la velocidad de vuelo permanecen constantes, al aumentar el ángulo de paso, el de ataque…

a) También aumentará.

b) No variará.

c) Disminuirá.

8. La velocidad de vuelo de un avión aumenta. Si la velocidad inducida por la hélice en su plano de rotación permanece constante, el rendimiento propulsivo…

a) Aumentará.

b) No variará.

c) Disminuirá.

9. En una hélice bipala, el dorso….

a) De una de las palas estará orientado hacia la parte delantera del avión y el de la otra estará orientado hacia la parte trasera.

b) De ambas palas está orientado hacia la parte trasera del avión.

c) De ambas palas está orientado hacia la parte delantera del avión.

10. Cuantas más palas tenga la hélice…

a) Mayor rendimiento propulsivo.

b) Mayor será el factor de solidez.

c) Menor será el factor de solidez.

11. Respecto al material de fabricación de las palas, ¿cuál de los siguientes materiales absorbe de forma natural las vibraciones, minimizando el riesgo de entrar en resonancia?

a) Acero.

b) Madera.

c) Aluminio.

12. ¿Qué función tiene el relleno de espuma de las palas fabricadas con materiales compuestos?

a) Dar rigidez y absorber vibraciones.

b) Absorber vibraciones, exclusivamente.

c) Dar rigidez, exclusivamente.

13. En la instalación de la hélice sobre un eje estriado se utilizan…

a) Tantos conos de centrado como palas tenga la hélice.

b) Dos conos de centrado, uno de ellos formado por dos piezas.

c) Un cono de centrado.

14. ¿En qué tipo de hélice no abanderable se dejará salir aceite del cubo para aumentar el paso?

    a) Sin contrapesos.

    b) Con contrapesos.

    c) Tanto en las que no tienen contrapesos como en las que sí los tienen.

15. Para desabanderar una hélice hidromática…

    a) Se drenará el aceite del cubo para que el muelle reduzca el paso.

    b) Se deberá introducir aceite en la parte trasera del cubo.

    c) Se deberá introducir aceite en la parte delantera del cubo.

16. Considerando un motor de pistón equipado con una hélice abanderable, si la piloto mueve hacia delante la palanca de potencia…

    a) Las rpm y la MAP aumentarán.

    b) La potencia entregada y el paso aumentarán.

    c) El paso se mantendrá constante, pero la potencia aumentará.

17. La palanca de la hélice de un turbohélice controla…

    a) Las rpm en modo alfa y el abanderamiento en modo beta.

    b) Las rpm en modo alfa y el paso directamente en modo beta.

    c) Las rpm en modo alfa y la cantidad de combustible inyectado en modo beta.

18. Durante un aterrizaje, el piloto desea ayudarse de la reversa de la hélice para frenar la aeronave. Para conseguir la mayor fuerza de frenada…

    a) Moverá completamente hacia atrás tanto la palanca de potencia como la de la hélice.

    b) Moverá totalmente hacia atrás la palanca de potencia y totalmente hacia delante la de la hélice.

    c) Moverá completamente hacia atrás la palanca de la hélice y totalmente hacia delante la de potencia.

19. Un avión de pistón equipa una hélice de velocidad constante. Si se quiere aumentar la potencia que entrega el motor…

    a) Se debe ajustar en primer lugar la potencia y después las rpm si fuera necesario.

    b) Se moverá la palanca de la hélice a la vez que el mando de gases.

    c) Se deberán ajustar las rpm en primer lugar y después mover el mando de gases.

20. Un sistema de sincronización dispone de un generador AC a modo de sensor de rpm. En este caso, ¿qué magnitud es la que se emplea para determinar las rpm?

    a) La frecuencia de la señal generada.

    b) La tensión efectiva de la señal generada.

    c) La impedancia del generador.

21. ¿Qué tipo de aeronaves equipan el sistema activo de supresión de ruido?

    a) La aviación general con motor de pistón.

    b) Las turbohélices de ala baja.

    c) Los aviones turbohélice de última generación.

22. ¿Qué sistema no utiliza un fluido para deshacerse del hielo formado en las palas?

    a) *Anti-icing.*

    b) *De-icing.*

    c) Tanto el *anti-icing* como el *de-icing.*

23. En un sistema *anti-icing* de la hélice, ¿qué fluido es más económico?

    a) Alcohol metílico.

    b) Alcohol isopropílico.

    c) Disolución fosfatada.

24. ¿Qué función tiene la válvula antirretorno de un sistema *anti-icing*?

    a) Evitar que el fluido anticongelante retorne al depósito.

    b) Puentear el filtro del sistema si este se atasca.

    c) Evitar el vaciado del depósito por sifón cuando se apaga el sistema.

25. ¿Qué tipo de equilibrado se realiza con la ayuda de un banco de cuchillas?

    a) Equilibrado estático.

    b) Equilibrado dinámico.

    c) Tanto el equilibrado estático como el dinámico.

26. ¿Qué nivel de vibración es más perjudicial para la hélice?

    a) 1,00 IPS.

    b) 0,50 IPS.

    c) 0,20 IPS.

27. Si una de las palas de la hélice tiene un ángulo de paso 2° mayor que el resto de las palas se producirá un desequilibrio...

    a) Estático

    b) Dinámico.

    c) Aerodinámico.

28. Como medida de seguridad, cuando se realiza el *tracking* de una hélice instalada sobre un motor de pistón, debemos...

    a) Derivar a masa ambas magnetos.

    b) Desconectar el cable que conecta a las magnetos con el interruptor de encendido.

    c) Evitar que las magnetos estén derivadas a masa.

29. Las fundas empleadas en tierra para proteger a las hélices de madera deben ser...

    a) Impermeables y transpirables.

    b) Impermeables y transparentes.

    c) Totalmente estancas.

30. ¿Qué término hace referencia a una leve variación cíclica de las rpm de la hélice en torno a las seleccionadas por el piloto?

    a) *Hunting.*

    b) *Surging.*

    c) *Tracking.*

31. Para evitar el giro de la hélice cuando el avión está aparcado, se emplean…

  a) Correas de nailon que sujetan una o varias palas a la estructura de la aeronave.

  b) Cadenas de acero enganchadas a las palas de la hélice y a un anclaje en la pista.

  c) Pasadores que atraviesan el mamparo del *spinner* y la bancada del motor.

32. Cuando se almacenan, las hélices bipala se deben colocar…

  a) Verticalmente, apoyadas sobre la punta de una de sus palas.

  b) De forma horizontal y separadas del suelo.

  c) Apoyadas sobre su *spinner*.

9. EXAMEN TIPO 9

1. Si el salto de velocidad que provoca la hélice en el aire aumenta, el rendimiento propulsivo…

  a) También aumentará.

  b) Disminuirá.

  c) Permanecerá constante.

2. ¿Con qué teoría podemos determinar el par resistente que produce la hélice?

  a) Teoría del incremento de presión.

  b) Teoría del elemento de pala.

  c) Tanto con la teoría del incremento de presión como con la del elemento de pala.

3. Durante el vuelo de crucero interesa que la hélice tenga un paso…

  a) Bajo.

  b) Intermedio.

  c) Alto.

4. ¿Con qué configuración la resistencia aerodinámica de la hélice es menor?

  a) Propulsora.

  b) Reversa.

  c) Bandera.

5. Las hélices más pesadas…

  a) Tienen peor comportamiento aerodinámico.

  b) Tienen la misma eficiencia que las más ligeras, pero tardarán más en acelerarse y decelerarse.

  c) Pueden producir problemas de homogeneidad de par en motores de pistón.

6. El ángulo de paso depende…

  a) Exclusivamente de la dirección del viento relativo.

  b) De la geometría de la hélice y de la dirección del viento relativo.

  c) Exclusivamente de la geometría de la hélice.

7. ¿En qué aspecto destacan las hélices de paso fijo respecto a las de velocidad constante?

    a) En rendimiento en crucero.

    b) En rendimiento en despegue.

    c) En costes operativos.

8. Señala la afirmación falsa:

    a) La sustentación y la resistencia aerodinámica de las palas de una hélice son directamente proporcionales al cuadrado de la velocidad del viento relativo.

    b) En vuelo horizontal, el avance del avión por cada vuelta de la hélice no podrá ser mayor que el paso geométrico de esta.

    c) La hélice opera de forma óptima cuando se alcanza $M = 1$ en la punta de las palas.

9. El dorso de la pala…

    a) Tiene mayor curvatura que la cara.

    b) Está pintado de negro para evitar reflejos al piloto.

    c) Estará orientado hacia la parte trasera del avión.

10. El factor de solidez de la hélice aumenta si…

    a) Aumenta el número de palas y la longitud de estas.

    b) Aumenta la longitud y la anchura de las palas.

    c) Aumenta la anchura de las palas y disminuye la longitud.

11. ¿Cuál de las siguientes maderas no se emplea habitualmente en la fabricación de palas?

    a) Abedul.

    b) Nogal.

    c) Castaño.

12. ¿Qué tipo de espuma se emplea habitualmente como relleno en palas de composite?

    a) Silicona.

    b) Poliéster.

    c) Polisulfuro.

13. ¿Qué tipo de acero se utiliza para fabricar palas?

    a) Silicio-manganeso.

    b) Cromo-vanadio.

    c) Cromo-níquel-molibdeno.

14. Cuando un avión equipado con una hélice de velocidad constante realiza un descenso…

    a) Las rpm de la hélice se mantendrán, pero el paso disminuirá.

    b) Las rpm de la hélice se mantendrán, pero el paso aumentará.

    c) Aumentarán tanto las rpm como el paso.

15. En una hélice abanderable de velocidad constante, si el aceite sale del cubo, el paso…

a) Aumenta.

b) Se mantendrá constante.

c) Disminuye.

16. Un avión de pistón equipa una hélice de velocidad constante. Observando los indicadores de cabina vemos que la MAP disminuye y las rpm permanecen constantes, ¿qué movimiento de las palancas habrá provocado esta situación?

a) Mando de gases hacia atrás, palanca de la hélice fija.

b) Mando de gases fijo, palanca de la hélice hacia delante.

c) Mando de gases hacia atrás y palanca de la hélice hacia delante.

17. ¿Qué elemento controla las rpm de la hélice en modo alfa?

a) *Prop governor.*

b) *Underspeed governor.*

c) *Alfa governor.*

18. Un avión equipa un motor turbohélice sin turbina libre y una hélice con reversa. En modo alfa, moviendo la *power lever* hacia delante…

a) Aumentará la potencia, el paso y la velocidad de vuelo.

b) Aumentará la potencia y las rpm.

c) Aumentará el paso, pero no la velocidad de vuelo.

19. Como norma, el *minitorque*…

a) Tiene como misión abanderar la hélice si el motor falla.

b) No será capaz de abanderar la hélice.

c) Disminuye la cantidad de combustible inyectado si el par es excesivo.

20. Típicamente, el motor maestro del sistema de sincronización en aviones bimotor es el…

a) Derecho.

b) Que tiene menor número de horas de vuelo acumuladas.

c) Izquierdo.

21. El sistema de sincronización actúa sobre…

a) La unidad de control de combustible.

b) El *speeder spring* del *governor.*

c) La válvula de mariposa del sistema de admisión.

22. Para prevenir la formación de hielo en las palas de la hélice…

a) Se empaparán las palas con un fluido anticongelante antes del despegue, no siendo necesario aplicaciones posteriores.

b) Se calentarán las palas con aire sangrado del compresor.

c) Se pulverizará de forma continua un fluido anticongelante sobre la pala.

23. ¿Qué sistema anticongelamiento podemos tener conectado durante todo el vuelo, por largo que sea?

a) *De-icing.*

b) *Anti-icing.*

c) Tanto el *de-icing* como el *anti-icing.*

24. ¿Qué sistema anticongelamiento elimina el hielo que se forma en la punta de las palas?

a) Ningún sistema empleado actualmente es capaz de eliminar el hielo formado en las puntas.

b) *De-icing.*

c) *Anti-icing.*

25. Realizando el equilibrado estático de la hélice vemos que esta oscila varias veces hasta que finalmente se detiene. La hélice estará…

a) Equilibrada estáticamente.

b) Desequilibrada estáticamente y, por tanto, también dinámicamente.

c) Dinámicamente equilibrada, pero desequilibrada estáticamente.

26. ¿Con qué nivel de vibración es aconsejable bajar la hélice del avión para resolver los problemas inherentes que tenga?

a) 0,25 IPS y mayores.

b) 0,50 IPS y mayores.

c) 1,00 IPS y mayores.

27. En el cubo de la hélice nos encontramos una etiqueta pegada con la siguiente indicación: #2 T SET 0°20′ *Coarse.* Esto quiere decir que…

a) La tolerancia del sistema de sincronización es de 0° y 20′.

b) La tolerancia permitida entre los pasos de las palas es de 0° y 20′.

c) Se ha ajustado el paso de la pala número 2, aumentando en 0° y 20′ su paso.

28. Cuando se aplica el par de apriete a los pernos que unen la hélice al plato de unión, se deberá…

a) Dar el par mínimo indicado y después, si fuera necesario, apretar más sin pasarnos el par máximo.

b) Calcular la media aritmética del par mínimo y máximo y darles ese par de apriete.

c) Dar el par máximo indicado y, a continuación, ir aflojando hasta el par mínimo.

29. Las hélices de madera se limpiarán empleando…

a) Un equipo de limpieza a presión.

b) Un cepillo y un jabón con un PH > 12.

c) Una esponja suave y un jabón neutro.

30. ¿Qué le sucede a una hélice de velocidad constante si la presión de gas es insuficiente?

    a) La hélice tendrá una excesiva tendencia al abanderamiento.

    b) La hélice tendrá problemas tanto para aumentar el paso como para disminuirlo.

    c) Tendrá tendencia a la sobrevelocidad durante el vuelo de crucero.

31. ¿Qué tipo de hélice bipala de paso fijo se deberá girar 180º periódicamente?

    a) Aluminio.

    b) Composite.

    c) Madera.

32. ¿Qué documento deberá acompañar a la hélice para poder instalarla en la aeronave?

    a) EASA Form 1.

    b) *Propeller service bulletin*.

    c) AMM ATA61.

10. EXAMEN TIPO 10

1. Un avión vuela a 160 m/s. Si su hélice aumenta la velocidad del aire en 40 m/s, el rendimiento propulsivo será del…

    a) 25%.

    b) 75%.

    c) 80%.

2. La fuerza de sustentación que producen los perfiles aerodinámicos que forman la pala de la hélice es…

    a) Perpendicular al plano de rotación.

    b) Paralela al eje de rotación de la hélice.

    c) Perpendicular a la cuerda.

3. Si el ángulo de paso aumenta, para mantener un elevado rendimiento necesitamos que el coeficiente de avance…

    a) Disminuya.

    b) Permanezca constante.

    c) También aumente.

4. La configuración de bandera es especialmente útil en…

    a) Aviones polimotores.

    b) Aviones monomotor.

    c) Helicópteros.

5. Se tiene un avión monomotor con la hélice girando a derechas. Debido a los efectos giroscópicos, si el piloto empuja los mandos de vuelo para iniciar un descenso, el morro del avión tendrá tendencia a…

    a) Guiñar a la derecha.

    b) Alabear a izquierdas.

    c) Guiñar a la izquierda.

6. ¿Con qué configuración la fuerza del torque de la hélice está dirigida a favor de su giro?

a) Bandera y autorrotación.

b) Reversa.

c) Autorrotación, exclusivamente.

7. La sustentación producida en la punta de las palas de la hélice...

a) Es prácticamente nula por efecto del torbellino de punta de pala.

b) Es la máxima, por tener la mayor velocidad tangencial.

c) Es prácticamente nula ya que esta zona trabaja habitualmente en régimen transónico.

8. ¿En cuál de las siguientes situaciones produce mayor empuje una hélice?

a) Tiempo cálido y húmedo en vuelo de crucero.

b) A gran altitud, en vuelo a alta velocidad.

c) Tiempo frío a nivel del mar (SL).

9. En un avión monomotor, la hélice (bipala) está situada justo delante del piloto. En este caso, ¿qué parte de la hélice ve el piloto?

a) El dorso de una pala y la cara de la otra pala.

b) La cara.

c) El dorso.

10. ¿Qué ventaja presentan las palas con forma de «cimitarra» respecto a las convencionales?

a) Son más fáciles y baratas de fabricar y reparar.

b) Evitan mejor la formación de hielo.

c) Retrasan los efectos del transónico en las puntas.

11. En la fabricación de hélices se emplea madera...

a) Laminada.

b) Contrachapada.

c) Maciza.

12. ¿Qué función tiene la tuerca de retención en la instalación de la hélice sobre un eje estriado?

a) Facilitar el desmontaje, exclusivamente.

b) Mantener la hélice en su posición, exclusivamente.

c) Mantener la hélice en su posición y facilitar el desmontaje.

13. En las puntas de las palas de madera se colocan unos manguitos de...

a) Acero.

b) Fibra de carbono.

c) Plástico.

14. Si el piloto mueve hacia atrás la palanca de la hélice, resulta que el ángulo de ataque en las palas…

   a) Aumentará.

   b) Disminuirá.

   c) Se mantendrá constante.

15. Con una hélice abanderable de velocidad constante, si la piloto mueve hacia delante la palanca de potencia…

   a) El aceite entrará en el cubo.

   b) El aceite saldrá del cubo.

   c) No entrará ni saldrá aceite del cubo.

16. Un avión de pistón equipa una hélice de velocidad constante. Si se mueve la palanca de la hélice hacia delante, quedando fijo el mando de gases, entonces…

   a) Las rpm y la MAP subirán, el paso bajará.

   b) La MAP y las rpm bajarán.

   c) Las rpm subirán, la MAP y paso bajarán.

17. En modo beta, si la *power lever* se mueve totalmente hacia atrás…

   a) Las rpm disminuirán, por lo que el paso deberá acercarse progresivamente a 0°.

   b) El paso negativo aumentará (de –5° a –12°, por ejemplo).

   c) Se reducirá la cantidad de combustible inyectado en el motor.

18. ¿En qué circunstancias el piloto deberá vigilar con mayor atención el indicador de par (TORQ) del turbohélice?

   a) En vuelo de crucero a gran altitud.

   b) Durante el descenso y aproximación a la pista.

   c) En despegues.

19. En caso de fallo del motor, ¿qué sistema se encarga de abanderar la hélice de forma automática?

   a) *Autofeather*.

   b) NTS.

   c) *Minitorque*.

20. Si el aspa del *synchroscope* está girando es porque…

   a) Las rpm de las hélice no son iguales.

   b) El sistema ha sincronizado las rpm de las hélices.

   c) El *governor* de uno de los motores está dañado.

21. ¿Qué sistema reduce en mayor medida las vibraciones?

   a) Sincrofase.

   b) Sincronización.

   c) Sincrofase y sincronización consiguen la misma reducción de vibraciones.

22. ¿Qué sistema de protección frente a engelamiento en la hélice es el más utilizado actualmente?

   a) *Anti-icing*.

   b) *De-icing*.

   c) Sincrofase.

23. Un sistema *de-icing*...

   a) Despega de las palas el hielo que se forma.

   b) Evita la formación de hielo en las palas.

   c) Emplea una mezcla de alcohol isopropílico y fosfatos.

24. El sistema *de-icing* cuenta con dos resistencias por cada pala...

   a) Una en el borde de ataque y otra en el borde de salida.

   b) Una más cerca de la raíz y otra un poco más alejada.

   c) Una en la raíz y otra en la punta.

25. ¿En qué zona de la hélice está el origen del desequilibrio estático vertical?

   a) Zona del cubo.

   b) Zona de la punta de las palas, exclusivamente.

   c) En las palas.

26. Después de realizar el equilibrado dinámico, ¿cuál será el nivel de vibración máximo?

   a) 0,15 IPS.

   b) 0,25 IPS.

   c) 0,40 IPS.

27. En la gráfica de un analizador de espectro, vemos que aparece un pico a 45 Hz. Si la hélice está girando a 1800 rpm, ¿dónde estará el origen de la vibración con mayor probabilidad?

   a) En la hélice.

   b) En algún componente del motor.

   c) No se podrá saber sin saber la amplitud del pico detectado.

28. Si aparece el problema del *bottom* del cono trasero (hélices montadas sobre eje estriado), ¿cómo deberemos proceder?

   a) Mecanizando el cubo de la hélice.

   b) Añadiendo un separador detrás del cono trasero.

   c) Mecanizando la punta del cono trasero.

29. Las hélices de paso fijo de aluminio se limpiarán empleando...

   a) Una esponja suave y un jabón no alcalino.

   b) Un equipo de limpieza a presión.

   c) Un cepillo y un jabón con un PH > 12.

30. ¿Sobre qué tipo de pala tiene más sentido realizar un *tap test*?

a) De materiales compuestos.

b) De madera.

c) De aleación de aluminio.

31. Cuando se gira la hélice de un turbohélice a mano, el sentido de giro será…

a) El habitual.

b) El contrario al habitual.

c) Siempre a derechas.

32. Para preservar un *governor* que está instalado sobre un motor de pistón, ¿qué aceite se empleará de forma habitual?

a) MIL-C-6529C type III.

b) MIL-C-6529C type II.

c) PR-1828.

Soluciones a las preguntas de autoevaluación

1.1. Empuje, tracción.

1.2. *Thrust; propeller.*

1.3. Grandes; baja.

1.4. 40 m/s.

1.5. 125,7 kg/s.

1.6. Desprecia.

1.7. No sirve.

1.8. 125 m/s, la mitad del incremento total.

1.9. Menor.

1.10. 0,8 (80 %).

1.11. Gran; bajas.

1.12. 188,5 m/s; 195,4 m/s.

1.13. Sí.

1.14. Ángulo de pala o de paso.

1.15. Ángulo de ataque.

1.16. Aumentará.

1.17. De la forma del perfil y del ángulo de ataque.

1.18. Raíz.

1.19. La cuerda será máxima en la zona central de la pala, disminuyendo hacia la punta y hacia la raíz.

1.20. Raíz.

1.21. La zona central.

1.22. Más; mayores; mayor.

1.23. Hélices contrarrotativas.

1.24. Por el efecto del torbellino de punta de pala, que iguala las presiones de la cara y el dorso.

1.25. Directamente.

1.26. J = 2.

1.27. Altos; bajos.

1.28. 4,71 m; 71 cm.

1.29. Aumenta.

1.30. Propulsora y autorrotación.

1.31. Reversa.

1.32. Bandera.

1.33. Entre 2° y 4°.

1.34. Autorrotación.

1.35. La fuerza centrífuga.

1.36. Aumentar.

1.37. Disminuir.

1.38. Menor.

1.39. Fuerza de flexión debida al empuje.

1.40. Se multiplica por cuatro.

1.41. Elevado.

1.42. Derecha.

1.43. Derecha.

1.44. Con los mandos de vuelo (pedales) o con un compensador *(trim)*.

1.45. El izquierdo.

1.46. Igual a la natural de vibración.

2. FABRICACIÓN DE HÉLICES

2.1. Cantonera antierosión.

2.2. Cara.

2.3. Cubo.

2.4. Ataque.

2.5. Dorso.

2.6. Cara.

2.7. Factor de solidez.

2.8. Mayor; mayor.

2.9. Mayor.

2.10. Menor.

2.11. Menor.

2.12. En vuelo a baja altitud y/o baja velocidad; vuelo a gran velocidad y/o altitud.

2.13. Pala de tipo cimitarra.

2.14. Son ligeras, simples, baratas y de fácil instalación y mantenimiento.

2.15. Dos posiciones.

2.16. Paso fijo y de paso ajustable.

2.17. Hélice de velocidad constante (paso variable).

2.18. *Governor.*

2.19. Aviación ligera, aviación general.

2.20. Abedul, roble y nogal.

2.21. Laminada.

2.22. Resorcinol.

2.23. Acero, latón o monel (Ni + Cu).

2.24. Para drenar el agua que puedan absorber con ayuda de la fuerza centrífuga.

2.25. De 0,04 in (broca de #60); 3/16 in.

2.26. Gruesas.

2.27. Acero al cromo-níquel-molibdeno SAE-AISI-4340.

2.28. Más.

2.29. Aluminio-cobre 2025-T6.

2.30. Mediante un proceso de anodizado.

2.31. Materiales compuestos.

2.32. Resina epoxi.

2.33. Carbono, vidrio y aramida (kevlar).

2.34. Aumentar la rigidez de la pala sin aumentar el peso excesivamente y absorber vibraciones.

2.35. Níquel.

2.36. Eje estriado.

2.37. Forzar la instalación de la hélice en una posición determinada.

2.38. Evitar el desplazamiento axial de la hélice y servir como extractor del cono delantero.

2.39. Dos.

2.40. Disminuye la resistencia aerodinámica de la hélice y ayuda a dirigir el aire hacia los conductos de refrigeración de algunos motores.

3. CONTROL DE PASO DE LA HÉLICE

3.1. Hélice de paso controlable de dos posiciones.

3.2. El aceite de lubricación del motor.

3.3. Disminuirá.

3.4. Aumentar; crucero.

3.5. *Overspeed.*

3.6. Disminuir; disminuir.

3.7. Delante; bajo.

3.8. Disminuir.

3.9. Aumentará; permanezcan constantes.

3.10. *Pilot valve.*

3.11. Detectar las rpm de giro de la hélice y/o el motor.

3.12. Azul.

3.13. Aumentará; disminuirá; aumentarán.

3.14. *Overspeed.*

3.15. Entre; disminuya.

3.16. Abrirán; entre; aumente.

3.17. Disminuir el paso cuando las rpm son insuficientes.

3.18. Mediante dos tornillos que limitan el movimiento de la palanca de control del *speeder spring* en el *governor.*

3.19. Salga de; mínimo.

3.20. Despegue.

3.21. Doble.

3.22. Delante.

3.23. Aumenta; delante; disminuyendo.

3.24. Pulsar el botón *feather,* soltándolo a continuación.

3.25. Durante el desabanderamiento.

3.26. Abajo.

3.27. Disminuir.

3.28. Tanto los contrapesos, como el muelle como el gas intentan aumentar el paso (hasta bandera si les dejamos).

3.29. Salir de bandera en vuelo.

3.30. Mover la palanca de la hélice completamente hacia atrás.

3.31. Bajo.

3.32. Mando de gases.

3.33. La MAP disminuirá, la potencia se mantendrá constante, las rpm aumentarán gracias a que el paso disminuye.

3.34. La MAP y la potencia se mantendrán constantes, las rpm aumentarán gracias a que el paso disminuye.

3.35. Las rpm permanecerán constantes gracias a un aumento del paso.

3.36. Las rpm permanecen constantes gracias a que el paso aumenta, provocando un aumento en la velocidad de vuelo.

3.37. Aumentar.

3.38. Ayudan a frenar el avión en la carrera de aterrizaje y mejoran la maniobrabilidad en tierra.

3.39. El mismo.

3.40. Alfa; beta.

3.41. No; sí.

3.42. La potencia, controlando la cantidad de combustible inyectado en la turbina; el paso, a través del PPC y el tubo beta.

3.43. Las rpm a través del *governor;* las rpm a través de la unidad de combustible.

3.44. La hélice se abanderará.

3.45. Pulsar el botón UNFEATHER.

3.46. NG, NP, ITT, TORQ, caudalímetro de combustible.

3.47. Tanto por ciento (%).

3.48. Aumentará.

3.49. ITT.

3.50. TORQ (par máximo).

3.51. FLIGHT IDLE.

3.52. No, solo podremos entrar en modo beta cuando el WoW *(weight on wheels)* esté activo.

3.53. Alfa.

3.54. Aumentará; no variarán.

3.55. Aumentarán.

3.56. El *speeder spring* del *underspeed governor*, que a su vez controla la cantidad de combustible inyectado en el motor.

3.57. Beta.

3.58. NP < 96 %.

3.59. Proteger al motor y la hélice de la sobrevelocidad.

3.60. Manual (palanca de la hélice o botón) o automático (NTS, TSS).

3.61. Aumentará.

3.62. GROUND IDLE; 50 %; REVERSE.

3.63. Moverá la *propeller condition lever* totalmente hacia delante, estando el generador de gas funcionando.

3.64. Se controlan de forma automática a través de la unidad de control de combustible.

3.65. Permitir que el aceite salga del cubo en caso de que NP > 100 %, para aumentar el paso y reducir las rpm.

3.66. Reducir la cantidad de combustible inyectado si NP > 105 %, para reducir las rpm de la hélice.

3.67. PW-PT6.

3.68. Hélices Curtiss eléctricas.

3.69. Es el ordenador que se encarga de decidir si debe entrar o salir aceite de la hélice, para ajustar el paso y las rpm; EHV es la electroválvula que permite la entrada y salida de aceite del cubo.

3.70. ± 2 rpm; ± 3°.

3.71. TSS *(thrust sensitive signal)*.

4. SINCRONIZACIÓN DE HÉLICES

4.1. Disminuir las vibraciones y el ruido producido en la planta de potencia; manteniendo igualadas las rpm de giro de las hélices.

4.2. En todas menos en despegues y aterrizajes.

4.3. 100 rpm.

4.4. Mayor.

4.5. Sincrofase.

4.6. Esclavo.

4.7. Captador magnético y generador AC.

4.8. *Synchroscope*.

4.9. 1; 2.

4.10. Sincrofase.

4.11. Un generador de pulsos electromagnético.

4.12. Aumenta.

4.13. 1200 rpm.

4.14. EPCS.

4.15. 20 rpm.

4.16. ANVS.

4.17. Micrófonos.

5. PROTECCIÓN ANTIHIELO DE LA HÉLICE

5.1. Disminuye el rendimiento propulsivo, aumenta el peso de la hélice y las vibraciones.

5.2. Borde de ataque de la raíz de la pala.

5.3. *Anti-icing; de-icing*.

5.4. No.

5.5. El piloto actúa sobre el reóstato de control, variando la intensidad que recorre la bomba eléctrica y de esta manera sus rpm y el caudal entregado.

5.6. A las de la hélice.

5.7. Botas.

5.8. Alcohol isopropílico y fosfatos.

5.9. Alcohol isopropílico.

5.10. Unas resistencias eléctricas calientan la pala y funden el hielo en la superficie de contacto, despegándolo. La fuerza centrífuga lo lanzará al aire.

5.11. *De-icing.*

5.12. *De-icing.*

5.13. Dos *(inboard y outboard)*.

5.14. *De-icing.*

5.15. Es indiferente, dependerá de la aeronave.

5.16. Siempre en el sentido normal de giro.

6. MANTENIMIENTO DE LA HÉLICE

6.1. Desequilibrio estático y dinámico.

6.2. No.

6.3. Sí.

6.4. Vertical.

6.5. Horizontal.

6.6. Colocando una plaquita de bronce en el lado más ligero del cubo.

6.7. Eliminando material de la punta de la pala más pesada.

6.8. No; en algunas hélices no será obligatorio, pero sí recomendable.

6.9. Dinámico.

6.10. 1,00 IPS.

6.11. *Slightly rough* (0,25 IPS).

6.12. 0,15 IPS.

6.13. 0,07 IPS.

6.14. Encarado con el viento relativo.

6.15. 20 nudos (37 km/h).

6.16. Para determinar con mayor precisión si el origen del desequilibrio está en la hélice o en el motor.

6.17. Piezoeléctrico.

6.18. En el mamparo del *spinner* o en el dorso de la pala.

6.19. De 8 a 11 dependiendo del modelo de hélice.

6.20. Empuje desigual y resistencia al giro desigual.

6.21. Se ha aumentado *(Coarse)* el ángulo de paso de la pala número uno (#1) en 0°40′ para corregir un empuje desigual y minimizar el desequilibrio aerodinámico.

6.22. El analizador de espectro.

6.23. Disco-anillo y anillo-soporte.

6.24. 0,1°.

6.25. Girando el tornillo de ajuste en sentido horario.

6.26. El camino que sigue la punta de una pala de la hélice mientras esta gira.

6.27. 1/16 de pulgada.

6.28. Mayor.

6.29. Nos deberemos asegurar que las magnetos están convenientemente derivadas a masa para evitar "pistonadas" que provoquen un rápido giro de la hélice.

6.30. 4; 10.

6.31. Esta situación se corregirá mecanizando el cono, quitándole un poco de la punta para permitir que la hélice se mueva totalmente hacia atrás y asiente perfectamente.

6.32. 70%.

6.33. Se degradan en ambientes húmedos y bajo la acción de la luz ultravioleta y el calor.

6.34. Un 10% y un 12%.

6.35. Aumentará.

6.36. La punta de las palas.

6.37. Se podrá dejar en posición vertical, horizontal o en ángulo, es indiferente siempre que se aleje de las partes calientes mientras el motor se enfría.

6.38. En posición horizontal.

6.39. Se cubrirá la hélice con unas fundas impermeables, pero transpirables. Es conveniente que las fundas sean opacas y que no dejen pasar la luz ultravioleta.

6.40. Jabón no alcalino.

6.41. A las 6.

6.42. Si el avión opera cerca del mar, la limpieza deberá realizarse con mayor frecuencia si cabe, por el salitre presente en el aire.

6.43. No, en ningún caso.

6.44. Menores.

6.45. Mayor.

6.46. Disolvente tipo *stoddard* (MIL-PRF-680 type I).

6.47. Disolución de jabón neutro (ni ácido ni alcalino).

6.48. Para el aclarado, se empleará agua corriente aplicada a chorro, apenas sin presión.

6.49. 6 en punto.

6.50. LPS3 o el Ardrox AV30.

6.51. 10:1; 20:1.

6.52. Composite.

6.53. Fosfórico.

6.54. Una disolución a base de ácido crómico utilizada en la conversión superficial de aleaciones de aluminio.

6.55. Hacia la punta.

6.56. No se podrán reparar como norma, se deberá desechar la pala.

6.57. MPK (metil n-propil cetona) o alcohol isopropílico.

6.58. Se utilizará una bolsa de vacío.

6.59. Composite.

6.60. Penetrante, eliminador y revelador.

6.61. Mayor.

6.62. 12 meses; 100 horas; 6 meses.

6.63. La hélice tendrá problemas para abanderarse y tendencia a la sobrevelocidad durante el funcionamiento en crucero.

6.64. Paso mínimo (bloqueada con los pasadores):

6.65. 15 a 25.

6.66. *Shake.*

6.67. 1,0 grados.

6.68. Máximas.

6.69. Disminuirán; aumentarán.

6.70. Más/menos 10 rpm.

6.71. *Hunting.*

7. ALMACENAMIENTO Y CONSERVACIÓN DE HÉLICES

7.1. Dependerá del tipo de hélice (paso fijo, velocidad constante, sistema antihielo equipado, etc.), de si esta se encuentra instalada en el avión o la hemos desmontado, y del tiempo de inactividad.

7.2. 30; 30.

7.3. Aceites de preservación; metales.

7.4. Madera.

7.5. 6.

7.6. Corrosión; erosión.

7.7. Deben ser impermeables, transpirables, hidrófobas, opacas y resistentes a los rayos UV.

7.8. Tejido acrílico.

7.9. Atándola a algún elemento fijo de la aeronave mediante correas de nailon.

7.10. Colocada de forma horizontal.

7.11. 180°.

7.12. 90 días.

7.13. Que se dañen las escobillas del sistema *de-icing*.

7.14. Para mover el aceite y que este proteja a los elementos internos de la hélice y el motor.

7.15. Madera.

7.16. Aceite de preservación.

7.17. Un aditivo de preservación que se añade al aceite.

7.18. Absorber humedad.

7.19. Botas del sistema antihielo.

7.20. El cubo.

7.21. P/N y fecha de embalado.

7.22. Horizontal.

7.23. Hélice de madera.

7.24. MIL-C-6529C type II; MIL-C-6529C type III.

Respuestas test

SOLUCIONES A LAS PREGUNTAS DE TEST

Pregunta	Examen tipo 1	2	3	4	5	6	7	8	9	10
1	a)	b)	a)	c)	a)	b)	c)	a)	b)	c)
2	b)	a)	c)	a)	b)	c)	b)	c)	b)	c)
3	b)	a)	b)	c)	b)	a)	c)	a)	c)	c)
4	a)	b)	a)	c)	c)	a)	c)	b)	c)	a)
5	c)	c)	b)	a)	c)	b)	c)	c)	b)	c)
6	b)	c)	a)	c)	b)	c)	b)	a)	c)	c)
7	a)	c)	b)	a)	c)	a)	c)	a)	c)	a)
8	b)	b)	c)	b)	a)	b)	a)	a)	c)	c)
9	c)	c)	a)	b)	a)	c)	b)	c)	a)	b)
10	a)	c)	b)	a)	b)	c)	a)	b)	c)	c)
11	a)	b)	c)	a)	c)	b)	a)	b)	c)	a)
12	b)	c)	a)	b)	c)	a)	c)	a)	b)	c)
13	a)	c)	b)	a)	b)	c)	a)	b)	c)	c)
14	a)	b)	c)	b)	a)	b)	c)	b)	b)	c)
15	a)	b)	c)	a)	a)	c)	b)	c)	a)	b)
16	c)	a)	c)	b)	a)	c)	a)	b)	a)	c)
17	a)	a)	b)	a)	c)	a)	b)	c)	a)	b)
18	c)	c)	a)	c)	b)	a)	c)	b)	a)	c)
19	a)	b)	a)	b)	c)	b)	a)	c)	b)	a)
20	a)	b)	c)	b)	a)	c)	b)	a)	c)	a)
21	a)	b)	c)	a)	b)	c)	a)	c)	b)	a)
22	b)	a)	c)	a)	b)	a)	a)	b)	c)	b)
23	a)	b)	c)	a)	c)	a)	c)	b)	a)	a)
24	c)	a)	b)	c)	a)	b)	a)	c)	a)	b)
25	a)	b)	c)	a)	b)	c)	b)	a)	b)	a)
26	c)	a)	b)	a)	b)	c)	a)	a)	c)	a)
27	a)	b)	b)	c)	a)	a)	b)	c)	c)	b)
28	c)	b)	a)	b)	c)	c)	b)	a)	a)	c)
29	b)	a)	b)	c)	a)	c)	b)	a)	c)	a)
30	b)	c)	a)	b)	a)	b)	c)	a)	c)	a)
31	c)	b)	b)	a)	c)	b)	b)	a)	c)	a)
32	a)	b)	a)	c)	b)	a)	c)	b)	a)	b)

Bibliografía

A&P Technician: *Powerplant*. Jeppesen Sanderson. 1997.

Advisory Circular AC 35-01 v1.1, Wooden Propellers. Australian Government, Civil Aviation Safety Authority. 2022.

Aircraft Propeller Maintenance, AC 20-37E. US Department of transportation (FAA), Flight Standards Service (Washington D.C.). 2005.

Aircraft propellers and controls. Frank Delp. Jeppesen. 1979.

AMT Certification series: *Module 17A, Propeller*. Charles L. Rodriguez. Aircraft Technical Book Company. 2016.

AMT Series: Powerplant. Dale Crane. ASA. 1995.

Constant speed composite owner/operator information manual MPC-26. McCauley Propeller Systems. 2022.

Constant speed composite owner/operator information manual MPC-27. McCauley Propeller Systems. 2017.

Constant Speed Propeller Operator's Manual (AP3&4 series). Airmaster Propellers LTD. 2013.

Propeller Owner/Operator Information MPC-28. McCauley Propeller Systems. 2011.

Propeller Owner's Manual and Logbook (Manual No. 136, 61-00-36, Revision 4, April 2024). Hartzell Propeller LLC. 2024.

Propeller Owner's Manual and Logbook (Manual No. 145, 61-00-45, Revision 15, May 2024). Hartzell Propeller LLC. 2024.

Propeller Owner's Manual and Logbook (Manual No. 147, 61-00-47, Revision 22, October 2024). Hartzell Propeller LLC. 2024.

Propeller System Technology Guide. McCauley Propeller Systems.

Standard Practices Manual (Manual No. 202A, 61-01-02, Revision 67, March 2025). Hartzell Propeller LLC. 2025.

Super King Air 200/B200 Pilot Training Manual. Beechcraft Aircraft Corp. 2002.

TPE331 Pilot Tips. Honeywell International Inc. 2004.

Wood Propellers: installation, operation, & maintenance. Integral flange cranckshafts, DOC#: WOOD-CF-REV-B.DOC 7-29-15. Sensenich Wood Propeller Co., Inc. 2015.